重庆市骨干高等职业院校建设项目规划教材
重庆水利电力职业技术学院课程改革系列教材

# 水电站

主　编　王晓琴　王世儒
副主编　雷伟丽　吴明洋　闵志华
主　审　李前杰

黄河水利出版社
·郑州·

## 内 容 提 要

本书是重庆市骨干高等职业院校建设项目规划教材、重庆水利电力职业技术学院课程改革系列教材之一，由重庆市财政重点支持，根据高职高专教育水电站课程标准及理实一体化教学要求编写而成。本书共分为八个项目，既全面介绍水电站的基本概念，又重点突出专业技能，主要讲述了水力发电的基本原理及特点，水轮机的基本构造、基本原理、特性及辅助设备，水电站进水口，引水建筑物，压力管道，水锤及调压室，水电站厂房，以及与水利水电工程相关的法律法规等内容。

本书可作为高职高专院校水利水电建筑工程、水利工程施工技术、水利水电工程管理等专业的教材，也可供水利类相关专业的师生及工程技术人员参考使用。


**图书在版编目(CIP)数据**

水电站/王晓琴，王世儒主编. —郑州：黄河水利出版社，2016.11

重庆市骨干高等职业院校建设项目规划教材

ISBN 978-7-5509-1576-3

Ⅰ. ①水… Ⅱ. ①王… ②王… Ⅲ. ①水力发电站-高等职业教育-教材 Ⅳ. ①TV74

中国版本图书馆 CIP 数据核字(2016)第 273232 号

组稿编辑：王路平　电话：0371-66022212　E-mail：hhslwlp@163.com

出 版 社：黄河水利出版社　网址：www.rycp.cn

地址：河南省郑州市顺河路黄委会综合楼 14 层　邮政编码：450003

发行单位：黄河水利出版社

发行部电话：0371-66026940、66020550、66028024、66022620(传真)

E-mail：hhslcbs@126.com

承印单位：河南承创印务有限公司

开本：787 mm×1 092 mm　1/16

印张：12.75

字数：300 千字　印数：1—1 600

版次：2016 年 11 月第 1 版　印次：2016 年 11 月第 1 次印刷

定价：31.00 元

# 前 言

按照“重庆市骨干高等职业院校建设项目”规划要求，水利水电建筑工程专业是该项目的重点建设专业之一，由重庆市财政支持、重庆水利电力职业技术学院负责组织实施。按照子项目建设方案和任务书，通过广泛深入的行业、市场调研，与行业、企业专家共同研讨，不断创新基于职业岗位能力的“三轮递进，两线融通”的人才培养模式，以水利水电建设一线的主要技术岗位核心能力为主线，兼顾学生职业迁徙和可持续发展需要，构建基于职业岗位能力分析的教学做一体化课程体系，优化课程内容，进行精品资源共享课程与优质核心课程的建设。经过三年的探索和实践，已形成初步建设成果。为了固化骨干建设成果，进一步将其应用到教学之中，最终实现让学生受益，经学院审核，决定正式出版系列课程改革教材，包括优质核心课程和精品资源共享课程等。

本书在编写过程中，考虑到高等职业技术教育的教学要求，并借鉴高等院校现有《水电站》教科书的体系，本着既要贯彻“少而精”，又力求突出科学性、先进性、针对性、实用性和注重技能培养的原则，对内容进行了调整与重组。全书共八个项目，主要讲述了水力发电的基本原理及特点，水轮机的基本构造、基本原理、特性及辅助设备，水电站进水口，引水建筑物，压力管道，水锤及调压室，水电站厂房，以及与水利水电工程相关的法律法规等内容。各专业可根据自身的教学目标及教学时数，对教材内容进行取舍。

本书编写人员及编写分工如下：中国长江三峡集团公司万佳俊编写项目一，重庆水利电力职业技术学院王晓琴编写项目二、项目六，重庆水利电力职业技术学院闵志华编写项目三，重庆水利电力职业技术学院雷伟丽编写项目四，重庆水利电力职业技术学院吴明洋、二滩实业官地分公司张士河编写项目五，重庆水利电力职业技术学院王世儒编写项目七、项目八。本书由王晓琴、王世儒担任主编，并负责全书统稿；由雷伟丽、吴明洋、闵志华担任副主编；由重庆水利电力职业技术学院李前杰担任主审。

本书在编写过程中，承蒙有关院校和生产单位给予的大力支持，并引用了其他院校教材中的部分资料，谨此致以衷心的感谢！

限于编者水平，书中难免会出现不妥之处，欢迎广大师生及读者批评指正。

编 者

2016 年 7 月

# 目 录

# 项目一 认识一座水电站

## 任务一 水电站的组成

水电站是将水能转换为电能的综合工程设施，又称水电厂。一般包括挡水建筑物、泄水建筑物和水电站引水系统、发电厂房、机电设备等。它利用挡水建筑物集中落差形成水头，并汇集、调节水流流量，经引水系统流入厂房推动水轮发电机组转化为电能，再经升压变压器、开关站和输电线路输入电网。有些水电站除发电所需的建筑物外，还常有为防洪、灌溉、航运、过木、过鱼等综合利用目的服务的其他建筑物。这些建筑物的综合体称为水电站枢纽或水利枢纽。

图 1-1 是向家坝水电站枢纽三维模型。向家坝水电站是金沙江水电基地下游 4 级开发中的最末一个梯级电站，上距溪洛渡水电站坝址 157 km，下距水富城区 1.5 km、宜宾市区 33 km。坝顶高程 384 m，坝顶长度 909.26 m，左岸布置一级垂直升船机，最大提升高度为 114.20 m，可以通过 2 ×500 t 一顶两驳船队，或者 1 000 t 级一顶一驳船队，设计单向年过坝货运量 254 万 t。整个枢纽由两岸非溢流坝、左岸坝后厂房、左岸升船机、河中溢流坝、右岸地下厂房、两岸灌溉取水口等部分组成。

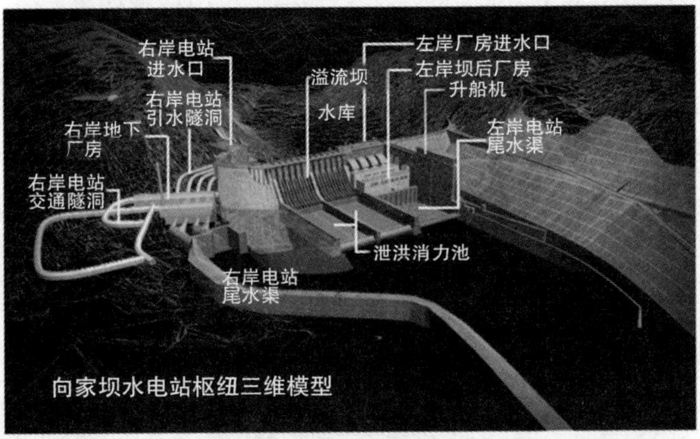


图 1-1 向家坝水电站枢纽三维模型

### 一、进水口

从河道或水库按发电要求引进发电流量的引水道首部建筑物，以发电为目的而专门修建的进水建筑物，称为水电站的进水口。水电站的进水口分为有压进水口（潜没式进水口）和无压进水口（开敞式进水口）两大类，如图 1-2、图 1-3 所示。

水电站进水口的作用就是引进符合发电要求的用水。

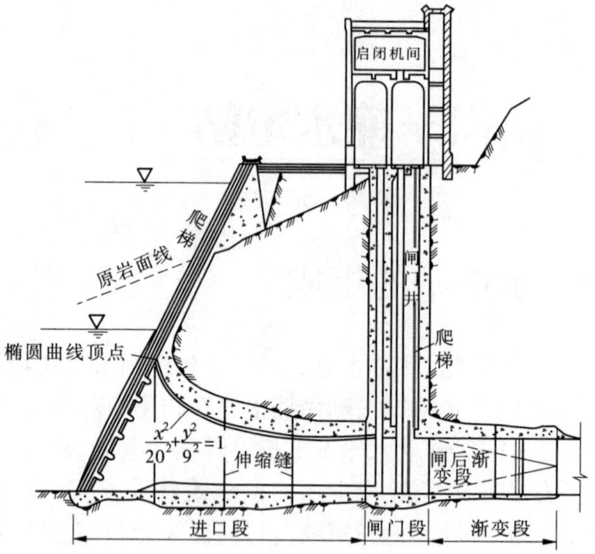


图 1-2 有压进水口

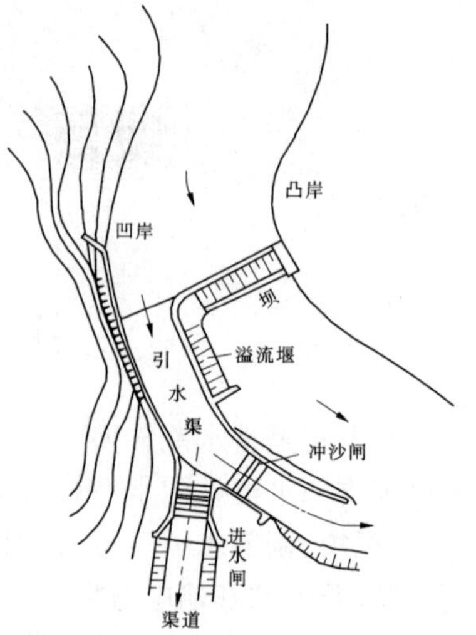


图 1-3 无压进水口

## 二、引水建筑物

向水电站输送发电流量的明渠及其渠系建筑物、压力隧洞、压力管道等，称为水电站的引水建筑物。根据水流流态及特性，水电站的引水建筑物可分为无压引水建筑物和有压引水建筑物两大类，如图 1-4、图 1-5 所示。

引水建筑物的作用是集中落差，形成水头，输送发电所需的流量。

1—坝；2—进水口；3—沉沙池；4—引水渠道；5—日调节池；6—压力前池；7—压力管道；8—发电厂房；9—尾水渠；10—配电站；11—泄水道

图 1-4 无压引水建筑物

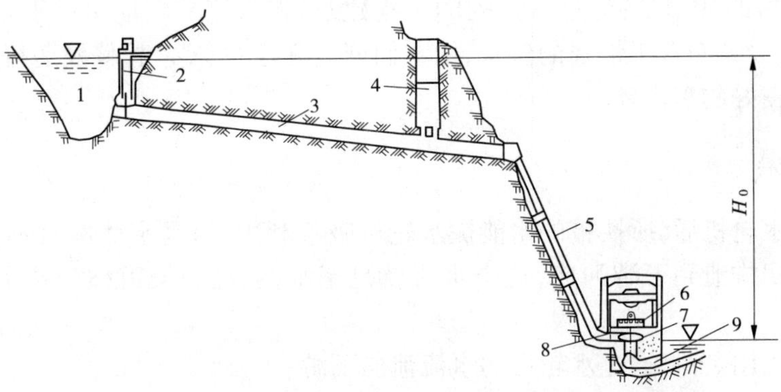


1—水库;2—进水建筑物;3—隧洞;4—调压室;5—压力钢管;
6—发电机;7—水轮机;8—蝶阀;9—泄水道

**图 1-5 有压引水建筑物**

## 三、厂房

水电站厂房是水工建筑物及机械、电气设备的综合体。水电站厂房包括主厂房(见图 1-6)和副厂房。安装水轮发电机组的房间称为主厂房,是直接将水能转变为电能的车间,是厂房的主体。为安装和检修主厂房内的机电设备需要设置安装间或称装配场。

布置各种机电控制设备和辅助设备的房间,以及运行管理人员的工作和生活用房,统称副厂房,一般围绕主厂房布置。它通常位于主厂房的一端,并成为主厂房的一部分。

**图 1-6 水电站主厂房**

水电站厂房的功用是:通过一系列的工程建筑,将水流平顺地引进水轮机并流向下游;将各种机电设备布置于恰当的位置,给它们创造良好的安装、检修及运行条件;为运行管理人员创造良好的工作环境。

### 四、尾水渠

水流经过水轮机后,所挟带的水能被水轮机吸收利用,但是水体本身不会被消耗,水流从水电站厂房排泄到下游河床,这个水流就是尾水,流经的渠道称为尾水渠,见图 1-1 和图 1-4。

尾水渠的功用是:将通过水轮机的水流泄向下游。

### 五、泄水建筑物

泄水建筑物是指用以宣泄洪水或放空水库的建筑物,如开敞式河岸溢洪道、溢流坝、泄洪洞及放水底孔等。

泄水建筑物的功用是:宣泄洪水或放空水库,保护水工建筑物安全。除此之外,为了综合利用,水电站枢纽还可能包括其他一些建筑物,如过鱼建筑物、灌溉取水建筑物、通航建筑物等。

## 任务二 水力发电的基本原理及特点

### 一、水能利用原理

现代化社会最显著的特点之一,是人们在从事一切生产活动和日常生活中,广泛地使用电能。电能一般是由各种原动机带动交流发电机发送出来的。根据能量守恒定律,要原动机发电,必须有其他形式的能量作为“原料”连续不断地输送到原动机中去。随着“原料”的不同,发电的方式也就不同。如在天然的河流上,修建不同的水工建筑物来集中水头并引入一定的流量,便取得了水能。用这种方式作为“原料”,将其输送到水轮机中使其旋转做功,带动发电机发电,这种发电方式就称为水力发电。这是现代电力生产的重要方式之一。

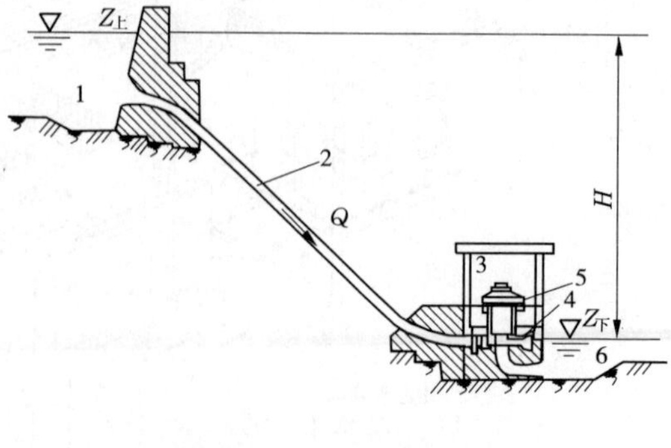


1—水池;2—压力水管;3—水电站厂房;
4—水轮机;5—发电机;6—尾水渠

**图 1-7 水电站示意图**

如图 1-7 所示,高处水池中的水体,具有较高的势能,当水池中的水由压力水管流过安装在水电站厂房内的水轮机而排至水电站下游的尾水渠时,水流冲击水轮机的转轮旋转,使水能转换为旋转的机械能,水轮机的转轮又带动发电机转子旋转,在发电机的定子绕组上产生感应电势,当它和外电路接通后,便产生了电流,发电机就向外供电了。这就是水能转换为机械能然后再转换为电能的全过程。

在水力发电的全过程中,为了实现电能的连续生产而修建的一系列水工建筑物,所安装的水轮发电机组及其附属设备和变电站的总体,称为水电站。

将水能转换为电能的过程用框图综合表达如下:

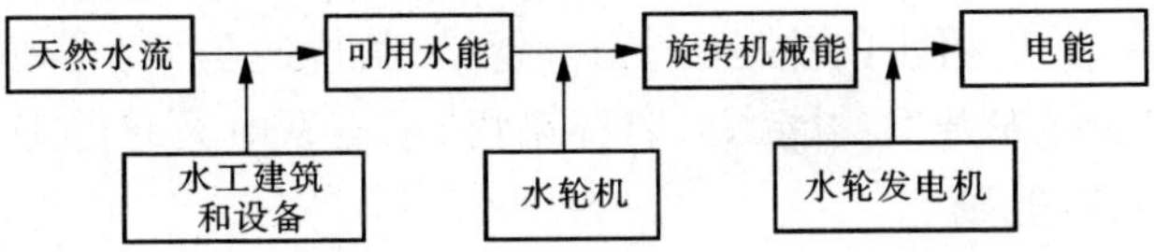


## 二、水电站的出力、发电量和装机容量

### (一)水电站的出力

通常把水流在单位时间内做功的能力,叫作水流出力。水电站所利用的水流出力,简称为水电站的出力,其大小与所取得的水头($H$)和流量($Q$)之间的关系为

$$N = 9.81\eta QH \quad (\text{kW}) \tag{1-1}$$

式中 $N$——水电站出力,kW;

$\eta$——水电站效率(%);

$H$——水头,m;

$Q$——流量,$m^3/s$。

水电站效率 $\eta$ 是考虑到引水系统、水轮机、发电机和传动设备都存在能量损失而采用的系数。该值一般随水头和流量的变化而改变,常以设计工作状态下的数值为计算值。若设 $K=9.81\eta$,则由式(1-1)得

$$N = KHQ \quad (\text{kW}) \tag{1-2}$$

式中 $K$——水电站出力系数。

在规划水电站时,大中型水电站一般取 $K=7.5\sim8.5$,小型水电站取 $K=6.0\sim7.5$。

### (二)水电站的发电量

水电站的发电量是指在某一段时间($T$)内,水电站所发出的电能总量,单位是kWh。其计算方法,对于较短的时段,如日、月等,发电量 $E$ 可由该时段内电站的平均出力 $\overline{N}$ 和该时段的小时数 $T$ 相乘得出,即

$$E = \overline{N}T \quad (\text{kWh}) \tag{1-3}$$

式中 $E$——$T$ 时段内发电量,kWh;

$T$——计算时段内小时数,h;

$\overline{N}$——$T$ 时段内平均出力,kW。

对于较长时段,如季、年等,由式(1-3)先计算该季或年内各日(或月)的发电量,然后再相加得出。

### (三)水电站的装机容量

水电站的装机容量和发电量是有一定内在联系的两个不同含义的概念,也是水电站的两个重要的动能指标。水电站的装机容量是指电站所有机组额定容量的总和。所谓机组额定容量,是指发电机的铭牌出力,即水电站机组的单机容量。水电站的装机容量决定了它在正常工作情况下的最大出力,是表示水电站规模大小和发电能力的一个重要动能

指标。

## 三、水力发电特点

水流从高处向低处流动所具有的能量称为水能,其中对人们有用的称为水能资源。水能资源是一种清洁的、可再生的能源,利用得越早,其价值越大。因此,在条件允许的情况下,水能资源应作为优先开发的能源。具体来讲,水力发电具有以下几方面特点。

**(一)水能为可贮存能源**

电能不能贮存,生产与消费(发电、输电、用电)必须同时完成。水能则可存蓄在水库里,根据电力系统的要求进行生产,水库是电力系统的贮能库。

**(二)水能为可再生能源**

由于水循环具有周期性,且周期短,大致为一年(水文年),所以水能资源是一种可再生能源,如不及早加以利用,就会白白浪费。地球上的水虽可再生,但总量有限,对人类有用的淡水资源更有限,因此不能无节制地开采,必须珍惜,合理开发利用。

**(三)水力发电具有可逆性**

位于高处的水体引向低处的水轮发电机组,将水能转换成电能。反过来,位于低处的水体通过电动抽水机组,吸收电力系统能量将水送往高处水库贮存,将电能又转换成水能。利用这种水力发电的可逆性修建抽水蓄能电站,对提高电力系统的负荷调节能力具有独特的作用。

**(四)水火互济,调峰灵活**

电力用户的用电量是时刻变化着的,电网中的日负荷有高峰也有低谷。火电厂、核电站从开机到正常运行通常需要几个小时,宜担负基荷运行。水电站启动灵活,在1~2 min内就能从停机状态达到满负荷运行、并网供电,宜于担任调峰、调频、事故备用,与火电厂配合运行,互相补充。

**(五)可综合利用,多方得益**

水力发电只利用水流的能量,不消耗水量。因此,水资源可以综合利用,除发电以外,还可同时兼得防洪、灌溉、航运、给水、水产养殖、旅游等方面的效益,进行多目标开发,既兴利,又除害。

**(六)水电成本低、效率高**

水力发电不消耗燃料,不需要开采和运输发电所用的燃料所投入的大量人力和设施,自动化程度高,运行和维修费用低,所以水电站电能生产成本低,一般只有相同容量的火电厂运行成本的1/5~1/8;且水电站的能源利用率高,可达85%以上,而火电厂燃煤热能效率只有40%左右。

**(七)美化环境,能源洁净**

水电站在生产电能的过程中不产生有害气体,无废渣,无废水,无化学污染和热污染。不仅如此,水电站的建成,在上游形成了水库,环境幽静,水体纯洁,空气清新,湖光山色,大大地改善了环境,还可以成为风景游览区。

**(八)受自然条件限制较大**

修建水电站需要考虑多方面的因素,如水量、落差、地质、地形、地理、环境、土地淹没、移民、政治、经济、交通等。水能资源只能就地开发,不少地区的水能资源很丰富,但由于当地经济不发达,交通不便,难以充分开发和利用。大部分水电站至负荷中心或与电网连接点有相当距离,需要修建昂贵的输变电工程。

**(九)一次性投资大,工期长**

水力发电,其工程规模往往巨大,加之整个工程的实施要考虑水文情况、季节气候影响、水工建筑施工、机械安装、移民安置、施工技术、资金到位等诸多因素,工程投资及复杂程度巨大。小型工程其工期为3~5年,中型工程为8~10年,大型工程需10年以上。

**(十)一旦出现事故,后果严重**

巨大的水压力一旦因设计、施工、自然破坏或管理不当,将导致高压水管的破裂或溃坝等严重后果,对下游产生的灾害及水电站本身的破坏都是毁灭性的。因此,作为水利工作者,要求有极高的责任心及科学态度,做好勘测、设计及施工等环节的每一项工作。

# 任务三　水能资源的开发方式及水电站的基本类型

## 一、水能资源的开发方式

**(一)按集中落差的方式分类**

由水电站出力计算公式 $N=9.81\eta QH$ 可知,若要将水能转化为电能,必须有流量和水头。而最关键的是,首先要在水电站的上、下游形成集中落差,构成发电水头。所以,水能资源的开发方式多是按照集中落差的方式来分类的,一般分为坝式、引水式和混合式三种基本方式。

1. 坝式开发

在河流峡谷处拦河筑坝,坝前壅水,在坝址处形成集中落差,用输水管或隧洞,引取上游水库中的水通过设在水电站厂房内的水轮机带动发电机发电,发电后将尾水引至坝下游原河道,这种开发方式称为坝式开发。

坝式开发具有以下特点:

(1)其水头取决于坝高。坝式开发的水头一般不高,目前坝式开发的最大水头不超过300 m。

(2)其发电的引用流量较大,电站的规模也大,水能利用较充分(主要因为上游形成的水库,可以用来调节流量)。目前,世界上装机容量超过2 000 MW的巨型水电站大都是坝式开发方式。此外,坝式开发的水库其综合利用效益高,可同时满足防洪、发电、供水等兴利除害要求。

(3)水电站的投资大,工期长。这主要是由于工程的规模大、水库造成的淹没范围大、迁移人口多所造成的。

适用于坝式开发的河流条件是河道坡降较缓,流量较大,并宜于筑坝建库的河段。

2. 引水式开发

在河道坡降较陡的河段上游,修筑低坝或在无坝情况下取水,通过人工建造的引水道(如明渠、隧洞或管道等),引水至河段下游形成集中落差,再由高压管道引水至厂房进行发电。这种用引水道集中水头的开发方式称为引水式开发。

引水式开发又可根据引水道是否有压分为有压引水式开发和无压引水式开发。

3. 混合式开发

在一个河段上,同时采用坝和有压引水道共同集中落差的开发方式,称为混合式开发。在这种开发方式下,先由坝集中一部分落差后,再通过有压引水道(如有压隧洞或有压管道)集中坝后河段上另一部分落差,形成了电站的总水头。

**(二)按径流调节的程度分类**

水电站出力的大小除与水头有关外,还有另一个重要因素就是流量。因此,我们还可以由取得流量的方式进行分类。

1. 径流式开发

在水电站取水口上游没有大的水库,不能对径流进行调节,只能直接引用河中径流发电,这种开发方式称为径流式开发。如前所述的无调节池的引水开发方式及库容很小的坝式开发。无调节水电站的运行方式,出力变化都取决于天然流量的大小,丰水期由于发电引用流量受到水电站过流能力的限制,且无水库蓄水或蓄水能力不足,只能出现弃水,而枯水期因流量小,出力不足。

这种开发方式多在不宜筑坝建库的河段采用,这类水电站具有工程量小、淹没损失小等优点。

2. 蓄水式开发

在取水口上游有较大的水库,这样就能依靠水库按照用电负荷对径流进行调节,丰水时满足发电所需之外的多余水量存蓄于水库,以补充枯水时发电水量的不足,这种开发方式称为蓄水式开发。如前所述的库容较大的有一定调节能力的坝式开发和混合式开发,以及有日调节池的引水式开发方式都属此类。调节径流的能力取决于有效库容、多年平均年径流量和天然径流在时间上分布的不均衡性。我们可以按调节径流周期长短,将相应水电站称为日调节水电站、年调节水电站和多年调节水电站。

3. 集水网道式开发

有些山区地形陡峻,河流小而众多、分散且流量较小,经济上既不允许建造许多分散的小型水电站,又不可能筑高坝来全盘加以开发。因此,在这些分散的小河流上根据各自条件选点修筑一些小水库,在它们之间用许多引水道来汇集流量,集中水头,形成一个集水网系统,这种开发方式称为集水网道式开发,见图1-8。

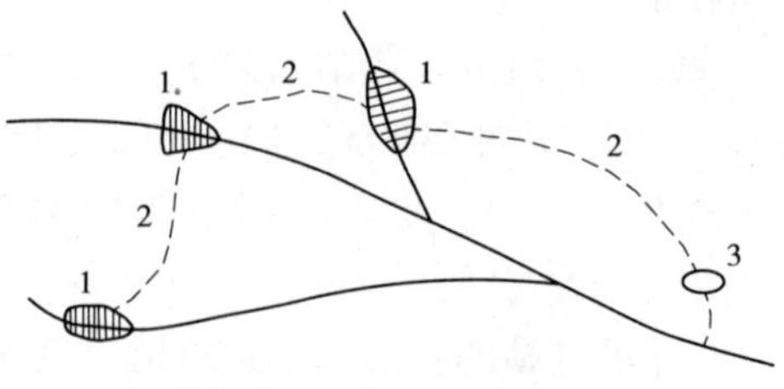


1—水库;2—引水道;3—水电站

**图1-8 集水网道式开发**

## 二、水电站的基本类型

水电站的类型按照不同的分类方式,其名称也是不同的,如按径流调节的程度不同进行分类,有径流式水电站、蓄水式水电站及集水网道式水电站。但多数情况下我们都是按集中落差的方式来分类的。

## (一)坝式水电站

所谓坝式水电站,就是水能的开发方式为坝式的水电站,即用坝(或闸)来集中水头的水电站称为坝式水电站。按照坝和水电站厂房相对位置的不同,坝式水电站又可分为河床式和坝后式两种。

### 1. 河床式水电站

河床式水电站是指水电站厂房修建在河床中或渠道上,与坝(或闸)布置成一条直线或成某一角度,水电站建筑物集中布置在电站坝段上,厂房本身是挡水建筑物的一部分,并承受水压力,如图 1-9 所示。

图 1-9　河床式水电站布置示意图

河床式水电站,一般修建在平原河段上,为避免造成大量淹没而修建低坝,适当抬高水位。由于水头不高,所安装的水轮发电机组的厂房和坝并排建造在河道中。因所引用的流量较大,河床式水电站又称为低水头大流量水电站。小型水电站水头一般为8 ~ 10 m,大中型水电站水头一般在 25 m 以下。

水电站建筑物组成包括进水口、引水道及厂房等。进水口后的引水道较短,河水直接由厂房上游引入水轮机。由于水电站水头低、流量大,大都安装直径大、转速低的轴流式水轮发电机组。机组台数较多时,整个厂房的长度较长。我国著名的富春江水电站及葛洲坝水电站都是河床式水电站。

### 2. 坝后式水电站

如果水头较高或因河道狭窄而不宜将电站厂房与挡水坝并排布置,常将电站厂房布置在坝的后面,故称为坝后式水电站,如图 1-10 所示。

在坝后式水电站的水利枢纽中,水电站建筑物集中布置在坝段后,大都靠河道一岸,以利于布置主变压器场与对外交通等设施。其建筑物组成包括拦河坝、溢洪道、电站进水口及其附属设备、厂房和输变电设施等。拦河坝一般较高,坝形可以是重力坝、支墩坝或拱坝。电站取水口处的拦污栅、闸门及其启闭设备均布置在坝的上游与坝身合成一体。泄水建筑物多设计成坝体溢流形式。由于水头较高,厂房本身重量不足以维持其稳定,因此厂房不挡水,坝与厂房之间用永久缝分开,电站坝段与溢流坝段间用导流墙隔开,使电站进水和尾水的水流不受泄水建筑物泄洪时干扰。

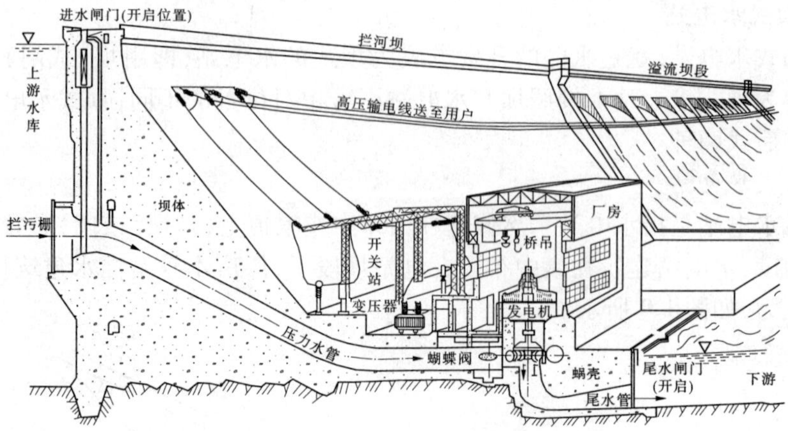


**图 1-10 坝后式水电站透视图**

坝后式水电站一般宜建在河流中上游的山区峡谷地段,集中落差为中高水头。我国著名的三峡水电站便是坝后式水电站。

**(二)引水式水电站**

所谓引水式水电站,就是水能的开发方式为引水式的水电站,即用引水道集中水头的水电站。引水式水电站根据引水建筑物的不同又可分为无压引水式水电站和有压引水式水电站两种。

1. 无压引水式水电站

引水道为无压明渠或无压隧洞的引水式水电站称为无压引水式水电站。

无压引水式水电站水利枢纽的主要特点是:具有较长的渠道、无压隧洞、渡槽等,如图 1-4 所示。

无压引水式水电站多建造在河流坡度较陡的河段上,一般用来集中高、中水头。其枢纽建筑物一般分为三个组成部分:

(1)首部枢纽。由坝(低坝或无坝)、进水口及沉沙池(多泥沙河流)等建筑物组成。

(2)引水建筑物。紧接于进水口之后,在引水渠道上有时设有渡槽、涵洞、倒虹吸管及桥梁等附属建筑物,在引水渠道的尾端与压力前池相接。

(3)厂区枢纽。由压力前池(有时设有日调节池)、高压管道、厂房、变电及配电设备和尾水渠等建筑物组成。

2. 有压引水式水电站

引水道为有压的隧洞、压力管道的引水式水电站称为有压引水式水电站,如图 1-5 所示。

有压引水式水电站水利枢纽的特点是:具有较长的有压引水道,一般为有压隧洞。其枢纽建筑物分为:

(1)首部枢纽。含拦河坝及进水口。

(2)有压引水建筑物。

(3)厂区枢纽。包括调压室、压力管道、电站厂房及尾水渠等建筑物。

有压引水式水电站常建于河道坡降较陡或有河弯宜于修建压力管道集中落差的河

段。在河弯地段裁弯取直引水，引取高山湖泊的蓄水发电；在高差很大的毗邻流域引水等，均可获得相当大的水头，有利于修建有压引水式水电站。

### （三）混合式水电站

通过拦河筑坝集中部分落差，再通过引水道集中一部分落差而形成水头的水电站，称为混合式水电站。如图 1-11 所示，由坝集中水头 $H_1$，然后由隧洞集中水头 $H_2$，形成总发电水头 $H = H_1 + H_2$，压力水流由高压管道引至地下厂房，进行发电。

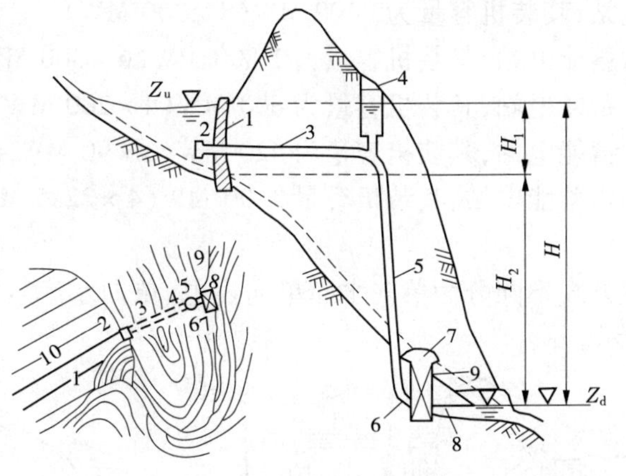


1—坝；2—进水口；3—隧洞；4—调压井；5—斜井；6—高压管道；7—地下厂房；8—尾水洞；9—交通洞；10—蓄水库

**图 1-11　混合式水电站**

当上游河段有良好的筑坝建库条件，下游河段坡降较大时，适于修建混合式水电站。但在实际工程中很少采用混合式水电站这一名称，常将具有一定长度引水建筑物的水电站统称为引水式水电站。

## 三、抽水蓄能电站与潮汐电站简介

### （一）抽水蓄能电站

抽水蓄能电站是以水体为储能介质，对电能的供求起调节作用的一种形式，或者说其主要解决电力系统的调峰问题，如图 1-12 所示。

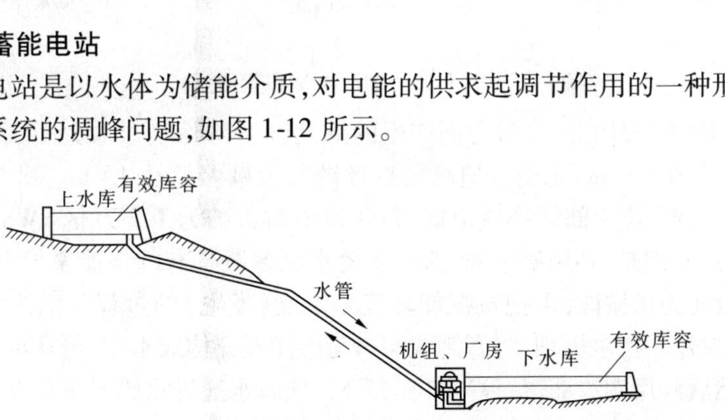


**图 1-12　抽水蓄能电站示意图**

其枢纽建筑物主要有上、下两个水库，用输水建筑物相连，蓄能电站一般采用可逆式机组，有抽水蓄能和放水发电两个过程：

（1）抽水蓄能：系统负荷低时，利用系统多余的电能带动泵站机组（电动机 + 水泵）将下水库的水抽到上水库,将电能以水的势能形式贮存起来。

(2)放水发电:系统负荷高时,将上水库的水放下来推动水轮发电机组(水轮机+发电机)发电,以补充系统中电能的不足。

抽水蓄能电站不但可有效解决用电高峰与低谷时电力供求的矛盾,而且随着我国电力行业的改革,实行负荷高峰高电价、负荷低峰低电价后,抽水蓄能电站的经济效益是显著的。我国已建抽水蓄能电站如下:

广州抽水蓄能电站,其装机容量为2 400 MW(8×300 MW);

浙江天荒坪抽水蓄能电站,其装机容量为1 800 MW(6×300 MW);

北京十三陵抽水蓄能电站,其装机容量为800 MW(4×200 MW);

河北潘家口抽水蓄能电站,其装机容量为420 MW(3×90 MW+150 MW);

西藏羊卓雍湖抽水蓄能电站,其装机容量为90 MW(4×22.5 MW)。

**(二)潮汐电站**

潮汐发电按开发方式不同分为单向水库单向发电、单向水库双向发电及双向水库潮汐发电,如图1-13所示。

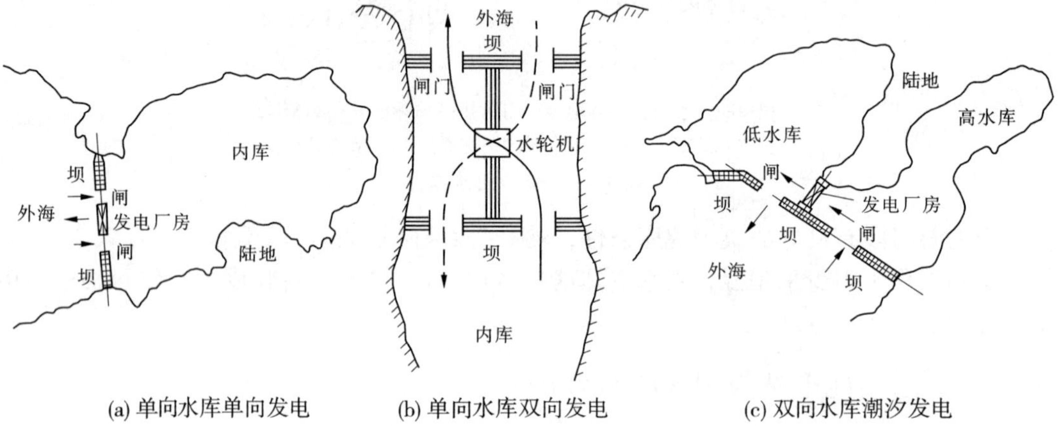


**图1-13 潮汐电站布置图**

潮汐现象是海水因受日月引力而产生的周期性升降运动,即海水的潮涨潮落。正常潮汐的最大潮差为8.9 m,北美芬迪湾蒙克顿港最大潮差竟达19 m。世界海洋潮汐能蕴藏量约为27亿kW,若全部转换成电能,每年发电量大约为1.2万亿kWh。

潮汐发电的原理是:利用潮水涨、落产生的水位差所具有的势能来发电,也就是把海水涨、落潮的能量变为机械能,再把机械能转变为电能(发电)的过程。潮汐发电就是在海湾或有潮汐的河口建一拦水堤坝,将海湾或河口与海洋隔开构成水库,再在坝内或坝房安装水轮发电机组,然后利用潮汐涨落时海水位的升降,使海水通过水轮机带动发电机发电。

由于潮汐发电的开发成本较高和技术上的原因,所以它发展不快。

# 项目二　水电站动力设备

## 任务一　水轮机的类型与基本构造

### 一、水轮机的类型和应用范围

#### （一）水轮机的基本类型

水轮机是将水流能量转换成机械能的一种原动机，根据水流能量转换特征不同，把水轮机分为反击式和冲击式两大类。

利用水流的势能（位能和压能）和动能的水轮机，称为反击式水轮机；只利用水流动能的水轮机，称为冲击式水轮机。

两大类水轮机按水流流经转轮的方向及结构特征不同，又分为若干种形式。

近代水轮机的主要类型如下：

- 水轮机
  - 反击式
    - 混流式（HL）
    - 轴流式（ZL）
      - 轴流转桨式（ZZ）
      - 轴流定桨式（ZD）
    - 斜流式（XL）
    - 贯流式（GL）
      - 贯流转桨式（GZ）
      - 贯流定桨式（GD）
  - 冲击式
    - 切击式（水斗式）（CJ）
    - 斜击式（XJ）
    - 双击式（SJ）

1. 反击式水轮机

反击式水轮机转轮由若干个具有空间三维扭曲面的叶片组成，压力水流充满水轮机的整个流道。当压力水流通过转轮时，受转轮叶片作用使水流的压力、流速大小和方向发生变化，因而水流便以其压能和动能给转轮以反作用力，此反作用力形成旋转力矩使转轮转动。

反击式水轮机按水流流入和流出转轮方向的不同，又分为混流式、轴流式、斜流式和贯流式。

2. 冲击式水轮机

冲击式水轮机是在大气中进行能量交换的，水流能量以动能形态转换为转轮旋转的机械能。有压水流先经过喷嘴形成高速自由射流，将压能转变为动能并冲击转轮旋转，故称为冲击式。在同一时间内水流只冲击部分转轮，水流不充满水轮机的整个流道，转轮只部分进水。根据转轮的进水特征，冲击式水轮机又分为切击式、斜击式和双击式等三种形式。

#### （二）水轮机的特点及应用范围

1. 混流式水轮机

混流式水轮机又称弗朗西斯（Francis）式水轮机，水流自径向进入转轮，大体上沿轴向流出,如图 2-1 所示。

混流式水轮机结构简单,运行可靠,效率高,是应用最为广泛的机型。混流式水轮机应用水头范围大,一般为 20 ~ 700 m,最高达 734 m。我国龙羊峡水电站 320 MW 的水轮发电机组,就是采用混流式水轮机。

2. 轴流式水轮机

水流进入和流出这种水轮机的转轮时,都是轴向的,故称为轴流式水轮机。其应用水头为3 ~ 80 m,如图 2-2 所示。根据转轮叶片在运转中能否转动,又分为轴流定桨式和轴流转桨式两种。轴流转桨式又称为卡普兰(Kaplan)式。

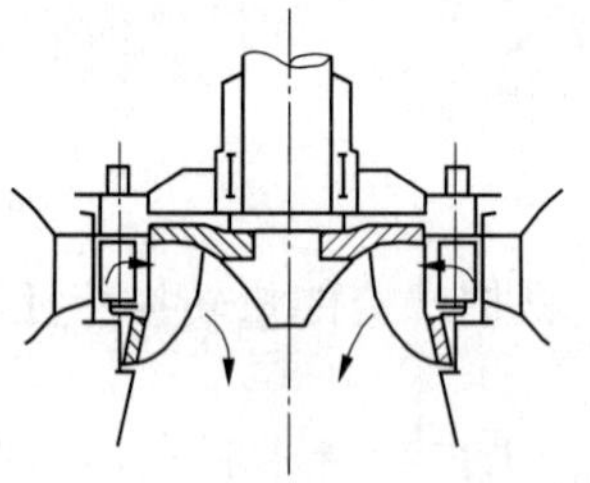

图 2-1 混流式水轮机

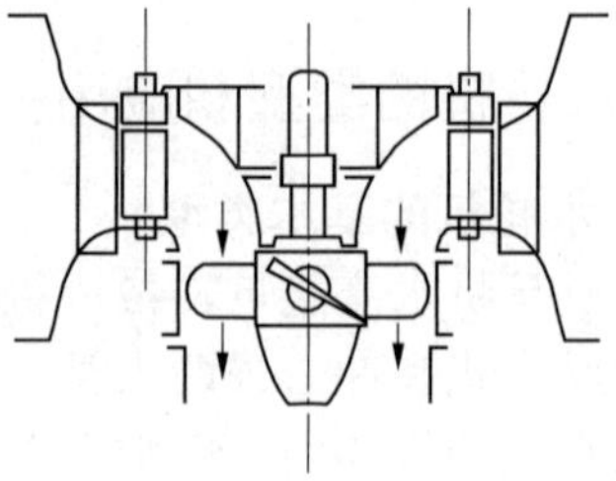

图 2-2 轴流式水轮机

轴流定桨式水轮机的转轮叶片在运行时是固定不动的,因而结构简单。由于叶片固定,当水头及负荷变化时,叶片角度不能迎合水流流态变化情况,效率会急剧下降,因此这种水轮机一般用于水头和负荷变化幅度较小的电站。轴流定桨式水轮机的应用水头一般为 3 ~ 50 m。

轴流转桨式水轮机适用于负荷变化幅度较大的大中型低水头电站,其应用水头一般为2 ~ 88 m。我国葛洲坝水电站安装的 175 MW 机组,就是采用的轴流转桨式水轮机。

3. 斜流式水轮机

水流流经斜流式水轮机转轮时,水流方向与轴线成某一倾斜角度。它是 20 世纪 50 年代发展起来的一种机型,其结构和特性方面均介于混流式和轴流转桨式之间,如图 2-3所示。斜流式水轮机的叶片角度也可以根据运行需要进行调整,实现导叶与转轮叶片的双重调节。斜流式水轮机有较高的高效率区,且具有可逆性,常作为水泵水轮机用于抽水蓄能电站中。

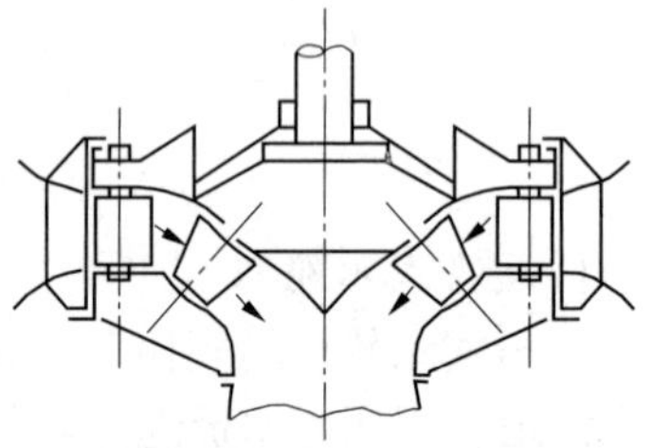

图 2-3 斜流式水轮机

其应用水头范围一般为 40 ~ 200 m,因其结构复杂,造价较高,很少用于小型水电站。

4. 贯流式水轮机

将轴流式水轮机的主轴装置成水平(或倾斜),且不设置蜗壳,采用直尾水管,水流一直贯通,即成为贯流式水轮机,如图 2-4 所示。贯流式水轮机是开发低水头水力资源的一种机型,应用水头通常在 20 m 以下。

贯流式水轮机也有定桨与转桨之分。由于发电机的装置方式及传动方式不同,这种水轮机又分为全贯流

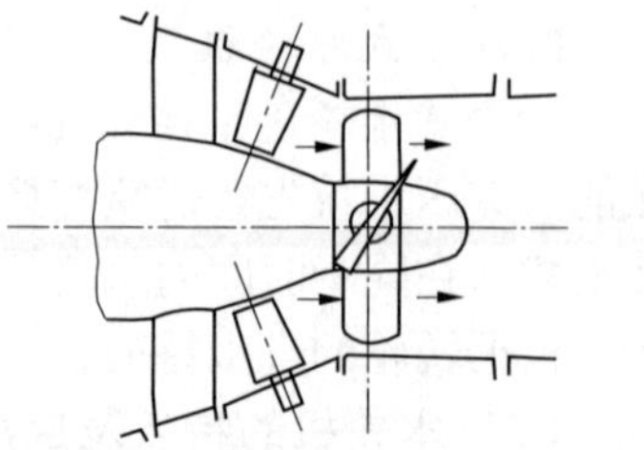

图 2-4 贯流式水轮机

式和半贯流式两类。将发电机转子安装在水轮机转轮外缘的叫全贯流式水轮机，如图2-5所示。它的优点是流道平直、过流量大、效率高。但由于转轮叶片外缘的线速度大、周线长，因而旋转密封困难。目前，这种机型已很少被使用。半贯流式水轮机有灯泡式、轴伸式（见图2-6）、竖井式（见图2-7）和虹吸式等结构形式。目前应用较多的是灯泡贯流式水轮机，其结构紧凑、稳定性好、效率高，发电机布置在被水绕流的钢制灯泡体内，水轮机与发电机可直接连接，也可通过增速装置连接。

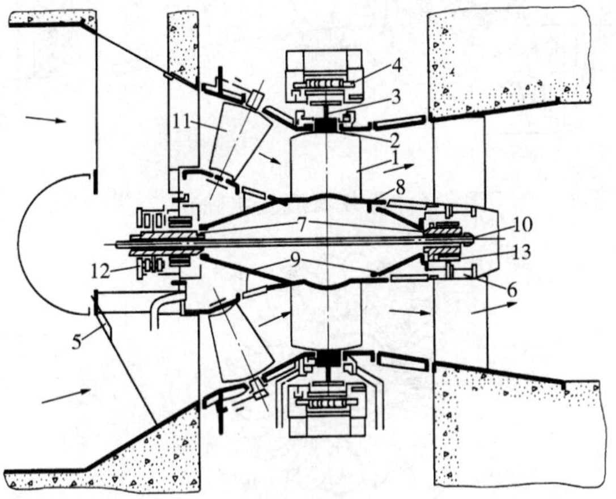


1—转轮叶片；2—转轮轮缘；3—发电机转子轮辋；4—发电机定子；5、6—支柱；7—轴颈；8—轮毂；9—锥形插入物；10—拉紧杆；11—导叶；12—推力轴承；13—导轴承

**图2-5　全贯流式水轮机**

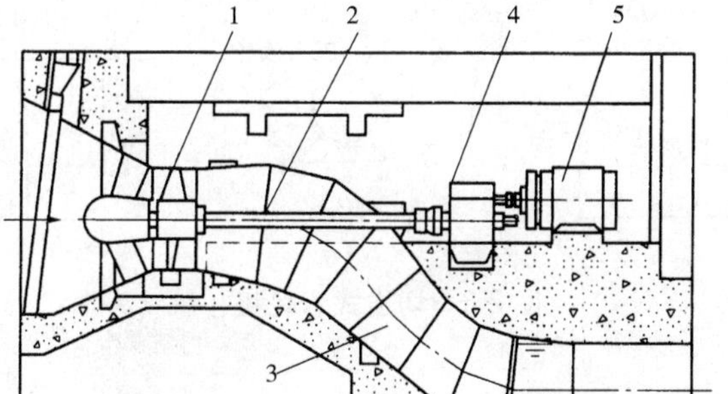


1—转轮；2—水轮机主轴；3—尾水管；4—齿轮转动机构；5—发电机

**图2-6　轴伸贯流式水轮机**

5. 切击式水轮机

切击式水轮机一般又称为水斗式水轮机或佩尔顿（Pelton）水轮机，如图2-8所示。它是冲击式水轮机中应用最广泛的一种机型，适用于高水头电站。中小型切击式水轮机应用水头范围为100～800 m，大型切击式水轮机一般应用在400 m水头以上，目前最高应用水头达1 770 m。

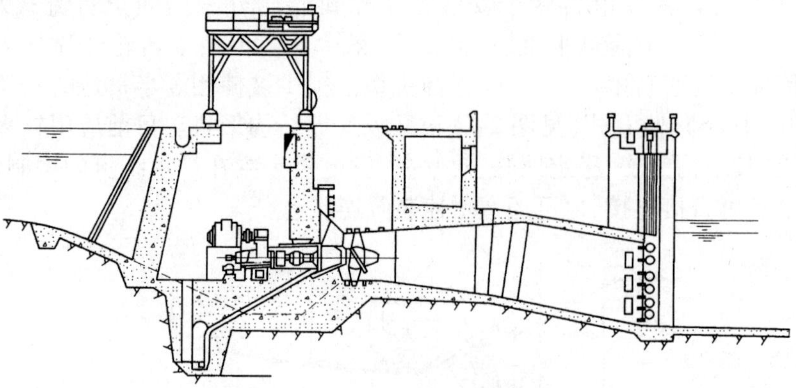

图 2-7 竖井贯流式水轮机

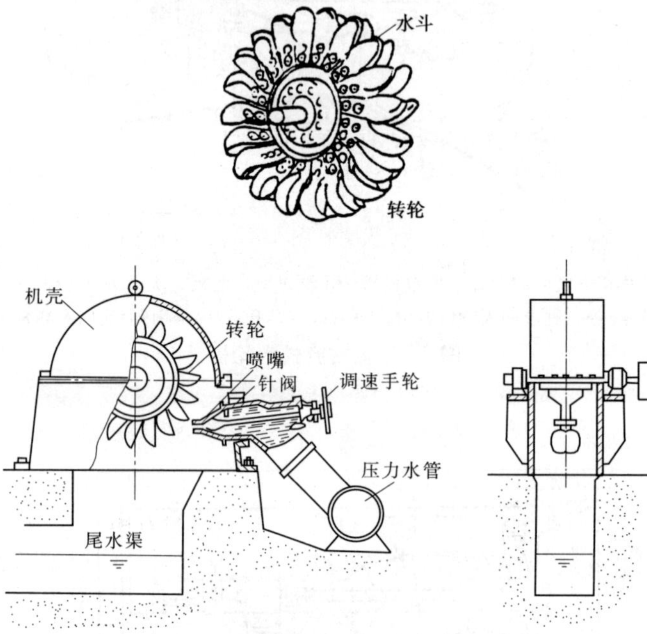


图 2-8 切击式水轮机

6. 斜击式水轮机

斜击式水轮机,射流与转轮平面夹角约为 22.5°,如图 2-9 所示。这种水轮机用在中小型水电站,使用水头一般在 400 m 以下,最大单机出力可达 4 000 kW。

7. 双击式水轮机

双击式水轮机,结构简单,制造容易,但效率低,只适应于小型水电站,如图 2-10 所示,应用水头范围为 10～150 m。

## 二、水轮机的基本部件

水轮机的基本部件较多,这里只简要介绍对水轮机能量转换过程有直接影响的主要过流部件。

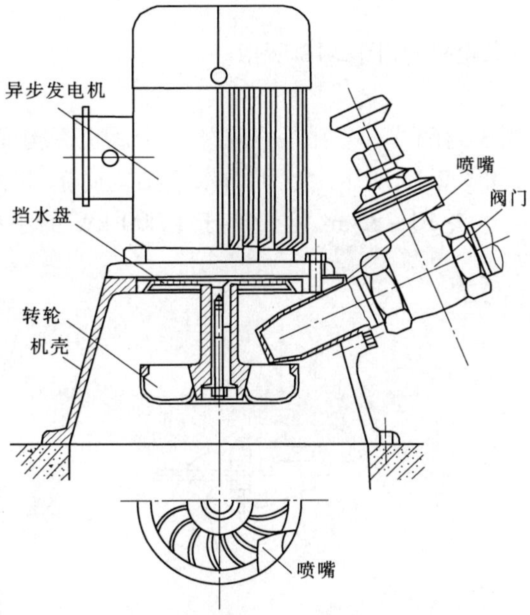


图 2-9　斜击式水轮机

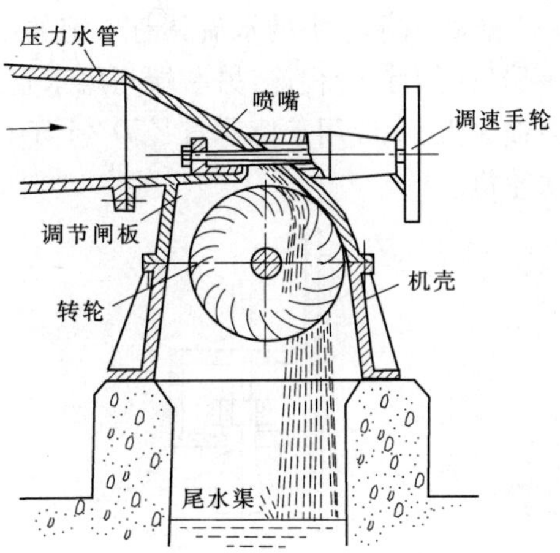


图 2-10　双击式水轮机

## (一)反击式水轮机

反击式水轮机一般有四大基本过流部件,即引水部件、导水部件、工作部件和泄水部件。不同形式的反击式水轮机,上述四大部件不尽相同。

1. 引水部件

引水部件又称引水室,反击式水轮机引水室的主要作用是以最小的水力损失将水流引向导水机构,尽可能保证水流沿导水机构周围均匀、轴对称地流入,并使水流进入导水机构前形成一定的环量以及保证空气不进入转轮。

为适应不同的条件,引水室有不同的形式,常用的类型有开敞式和封闭式两类。开敞式又称为明槽式;封闭式引水室中水流不具有自由水面,有压力槽式、罐式、蜗壳式三种。

1)明槽式引水室

明槽式引水室的水面与大气相通,如图 2-11 所示。为了减少明槽内的水力损失及保证水流的轴对称,明槽式引水室的平面尺寸通常比较大。这种引水室一般用于水头 10 m 以下、转轮直径小于 2 m 的小型电站。

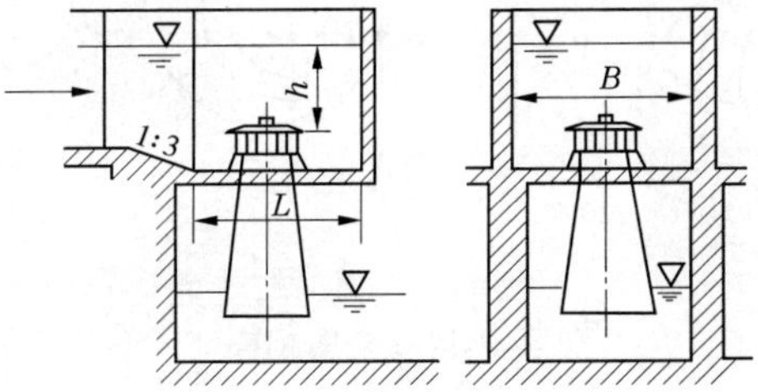


图 2-11　明槽式引水室

2)压力槽式引水室

压力槽式引水室适用于 8 ~ 20 m 的小型水轮机,如图 2-12 所示。

3)罐式引水室

罐式引水室中的水流具有一定的压力,属于封闭式。它由一个圆锥形金属机壳构成,一端与压力钢管相连,另一端与尾水管连接,如图 2-13 所示。这种引水室结构简单,但水力损失大,一般用于标称直径 $D_1$ 小于 0.5 m、水头 10 ~ 35 m、容量小于 1 000 kW 的小型水轮机。

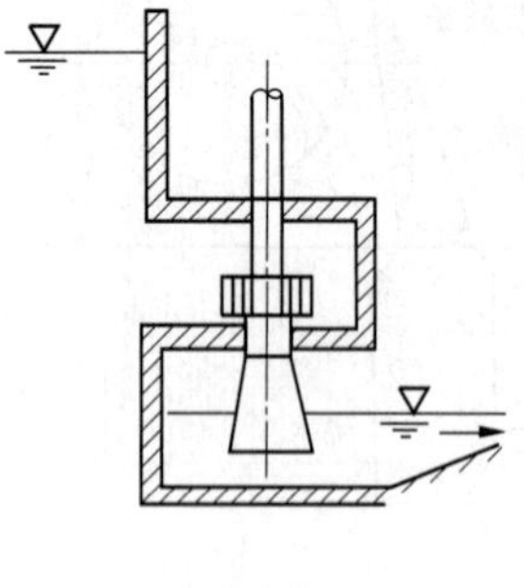

图 2-12 压力槽式引水室

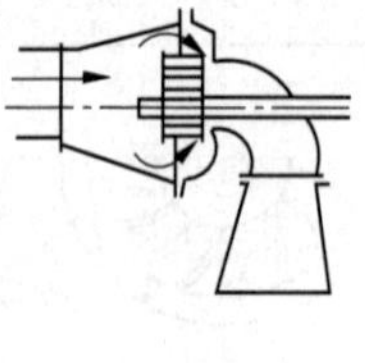

图 2-13 罐式引水室

4)蜗壳式引水室

蜗壳式引水室俗称蜗壳,其进口与压力引水管相连,沿进口断面向末端,断面面积逐渐缩小,属于封闭式引水室。

垂直于压力水管来水方向的蜗壳断面,叫作蜗壳的进口断面。蜗壳断面面积为零的一端,称为蜗壳的鼻(末)端,由鼻端到任意断面所形成的圆心角叫该断面的包角,由鼻端到进口断面之间所形成的圆心角为最大包角($\varphi_0$),称为全包角,简称为蜗壳的包角。

水轮机的应用水头不同,作用在蜗壳内的水压力也不相同。水头高则水压力大,要求蜗壳具有较高的强度,因此采用金属制造;而低水头时压力较小,强度可以降低,故一般采用混凝土制作。

金属蜗壳通常采用铸造或钢板焊接结构,其断面为圆形,最大包角接近 360°(通常为 345°),如图 2-14 所示。工作水头在 40 m 以上时,一般采用金属蜗壳。

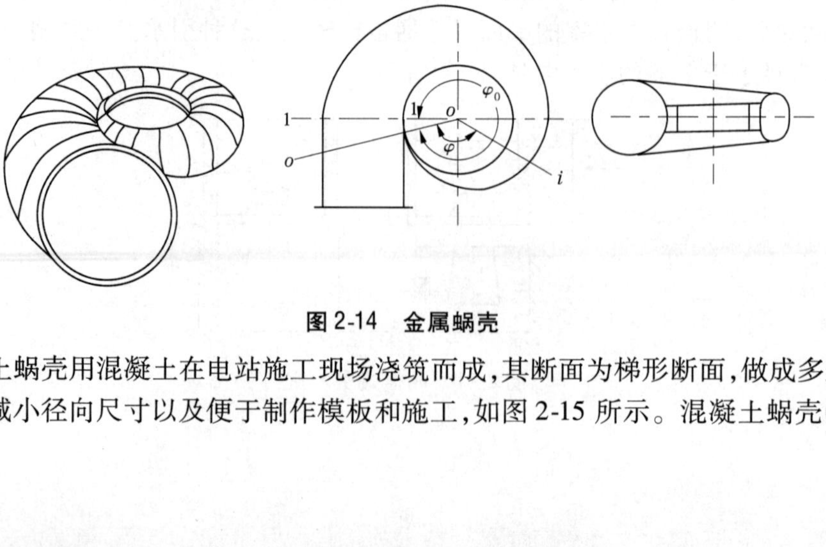

图 2-14 金属蜗壳

混凝土蜗壳用混凝土在电站施工现场浇筑而成,其断面为梯形断面,做成多边形梯形断面可以减小径向尺寸以及便于制作模板和施工,如图 2-15 所示。混凝土蜗壳的最大包角通常为 180°，应用水头在 40 m 以下。梯形断面根据厂房设计的要求可能有 4 种形状。一般为了布置接力器的方便，多采用平顶式或下伸式的蜗壳断面；为了减小进口段的基岩开挖，多采用对称式或上伸式的蜗壳断面。

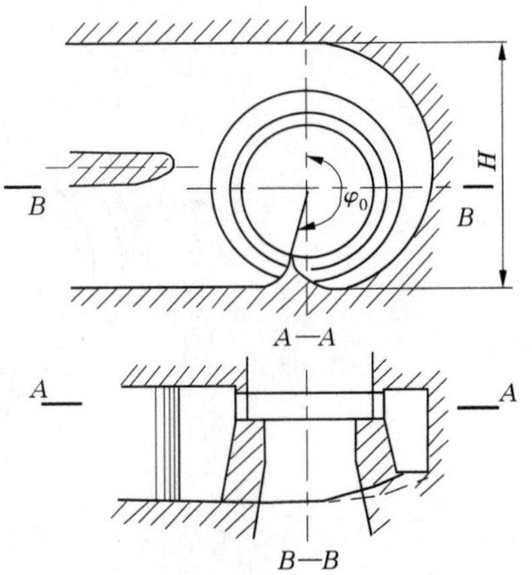


图 2-15 混凝土蜗壳

2. 导水部件

导水部件即导水机构，位于引水室和转轮之间，它的作用是引导水流以一定的方向进入转轮，形成一定的速度矩，并根据机组负荷变化调节水轮机的流量以达到改变水轮机功率的目的。为达到上述目的，通常导水机构是由流线形的导叶及其转动机构（包括转臂、连杆、剪断销、控制环等）组成的，而控制环的转动是通过调速器控制油压接力器来实现的，其原理如图 2-16、图 2-17 所示。当与控制环相连的连杆同时带动所有转臂转动时，转臂带动导叶以相等的角速度沿同一方向关闭，反之开启。

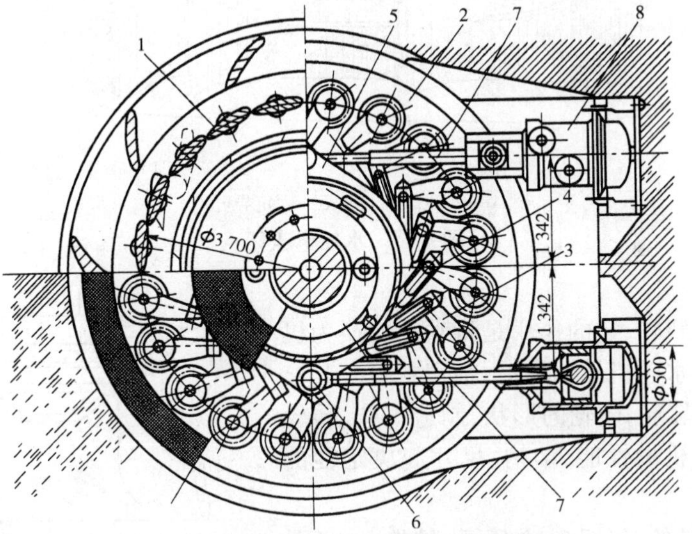


1—导叶；2—顶盖；3—转臂；4—连杆；5—控制环；6—轴销；7—推拉杆；8—接力器

图 2-16 水轮机导水机构 （单位：mm）

（1）活动导叶。导叶均匀布置在转轮的外围，为减少水力损失，其断面设计成翼形，导叶可随其轴转动，称为活动导叶。为保证水轮机在停止运行时，导叶关闭不漏水，在导叶的上下端面、导叶间隙均设有橡胶或不锈钢的密封装置。

（2）座环。位于引水部件（蜗壳）与导水机构之间，由上环、下环和中间若干个流线形立柱（也称固定导叶）组成，如图 2-18 所示。其作用是承受水轮发电机的部分重量、水轮机的轴向水推力、顶盖的重量及部分混凝土重量，并将此荷载通过立柱传给下部基础。同时，座环也是水轮机的过流部件和水轮机安装基准部件。

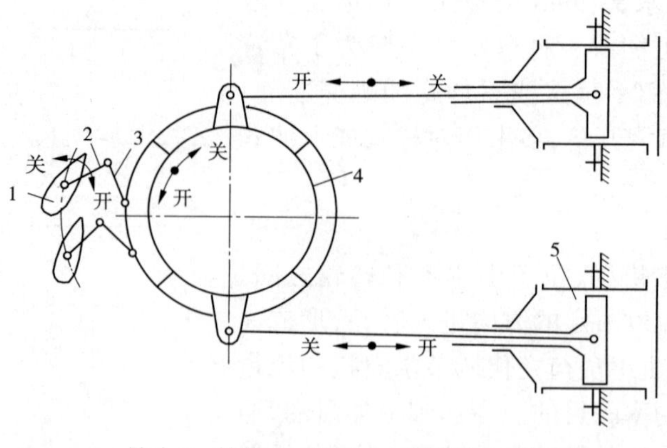


1—导叶;2—转臂;3—连杆;4—控制环;5—接力器

**图 2-17 接力器的工作原理图**

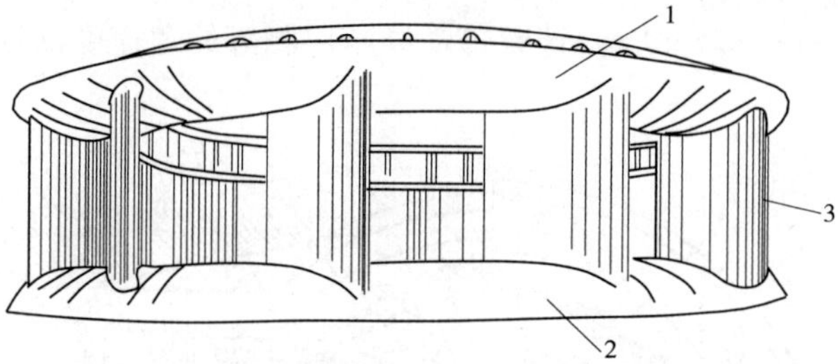


1—上环;2—下环;3—固定导叶

**图 2-18 水轮机座环**

3. 工作部件

工作部件即转轮,它的作用是将水能转换为机械能,包括转轮、水轮机导轴承、主轴密封等。其核心部件是水轮机转轮,转轮的形状、制造工艺、转轮叶片数目对水轮机的性能、结构、尺寸起决定性的作用。

(1)混流式转轮:如图 2-19 所示,转轮由上冠、下环、叶片和泄水锥四部分组成。转轮叶片均匀分布在上冠与下环之间,一般转轮叶片数目为 12 ~ 20 片。泄水锥用来引导水流平顺沿轴向流动,避免出流相互撞击,减少水头损失和振动。

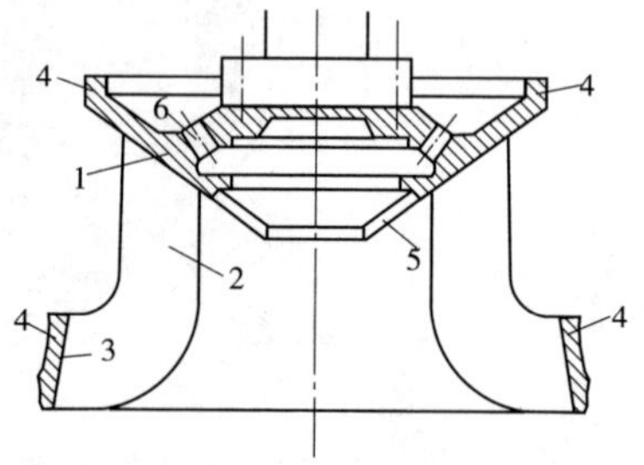


1—上冠;2—转轮叶片;3—下环;4—止漏环;5—泄水锥;6—减压孔

**图 2-19 混流式转轮**

为适应不同水头和流量的要求,转轮形状不同。转轮形状用转轮进口边最大直径(即标称直径 $D_1$)、出口边最大直径($D_2$)、进口边高度($b_0$)来表示,如图 2-20 所示。

中、低水头(中、高比转速)混流式转轮的特征:$D_1 \leqslant D_2$,且 $\frac{b_0}{D_1} = 0.2 \sim 0.39$,数值较大,适用于水头低、流量大的水电站。

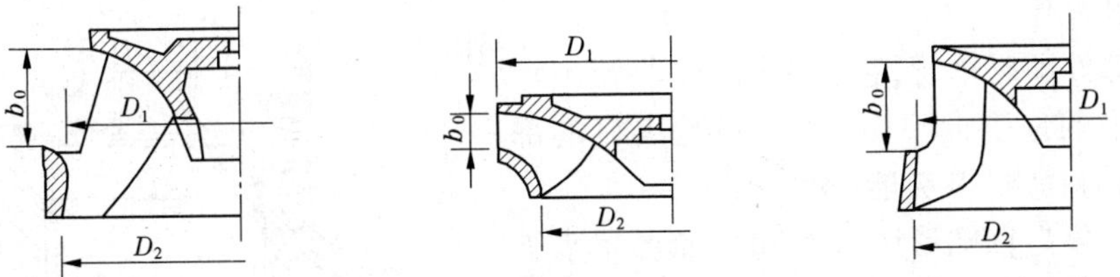


(a)适用于低水头 (b)适用于高水头 (c)适用于中水头

**图 2-20 混流式转轮剖面图**

高水头(低比转速)混流式转轮的特征：$D_1 > D_2$，且$\frac{b_0}{D_1} < 0.2$，数值较小，适用于水头较高、流量相对较小的水电站。

(2)轴流式转轮：如图 2-21 所示，由轮毂、叶片和泄水锥组成。它分为轴流定桨式转轮和轴流转桨式转轮。轴流定桨式转轮叶片形状类似船舶的螺旋桨，叶片固定，水轮机制造厂通常可提供同一转轮型号及标称直径而叶片转角 $\varphi$ 不相同的定桨式转轮，电站依具体情况选择。轴流转桨式转轮叶片在工作过程中可绕自身轴线转动。其工作原理如图 2-22 所示。

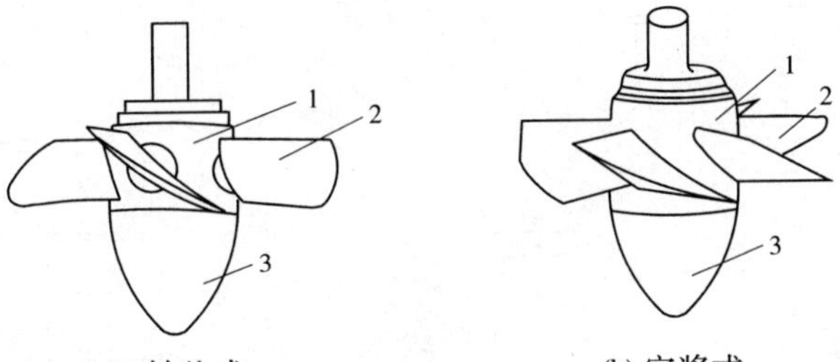


(a) 转桨式 (b) 定桨式

1—轮毂；2—叶片；3—泄水锥

**图 2-21 轴流式转轮**

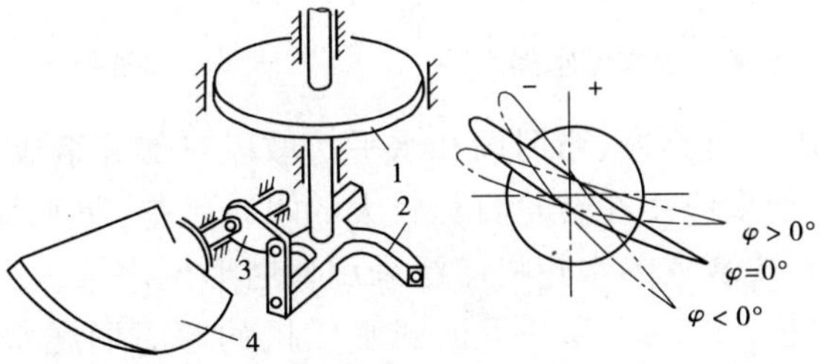


1—活塞；2—操作架；3—转臂；4—叶片

**图 2-22 转桨机构原理图**

(3)斜流式转轮：如图 2-23 所示，其结构与轴流式转轮相似，水流流经转轮时与主轴成某一倾斜角度，这种转轮结构复杂，制造工艺要求很高。

(4)贯流式转轮：与轴流式转轮整体形状类似，相当于水平放置的轴流式水轮机，水流直接贯入，过流能力大，水力损失最小，适用于低水头、大流量的电站。

4. 泄水部件

泄水部件即尾水管，它的作用为：将流出转轮的水流平顺地引向下游，回收转轮出口的部分动能（动力真空）及势能（静力真空）。

尾水管分为直锥形尾水管和弯曲形尾水管两类。

1）直锥形尾水管

如图 2-24 所示，直锥形尾水管是由钢板成型后焊接而成的。直锥形尾水管水力损失小，效率高，结构简单，制作方便，一般用于 $D_1<0.8$ m 的小型水轮机。

2）弯曲形尾水管

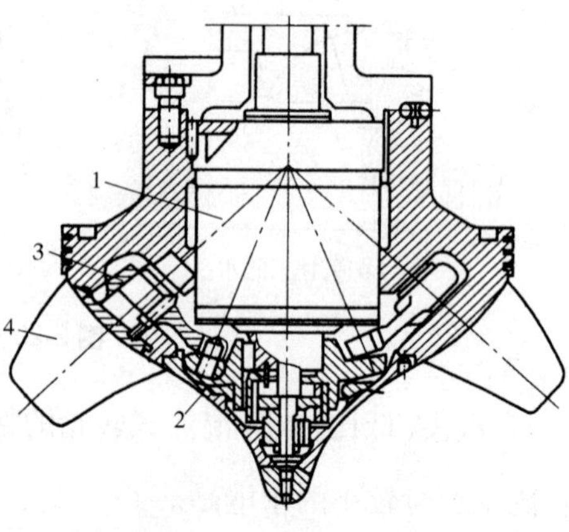


1—刮板接力器；2—操作架；3—转臂；4—桨叶

图 2-23　斜流式转轮

弯曲形尾水管又分为弯锥形尾水管和弯肘形尾水管。

弯锥形尾水管，水流从转轮流出经过 90°的弯管后进入直锥管，由于弯管内水流速度大，且水流方向发生急剧变化，因此水力损失大、效率低，只用于中小型卧轴水轮机，如图 2-25所示。

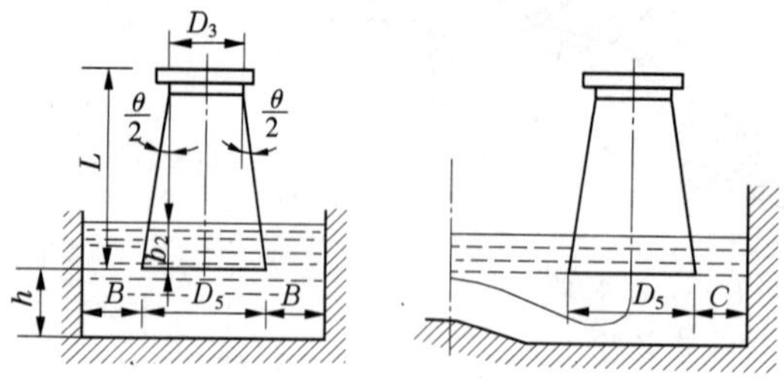


图 2-24　直锥形尾水管和尾水渠

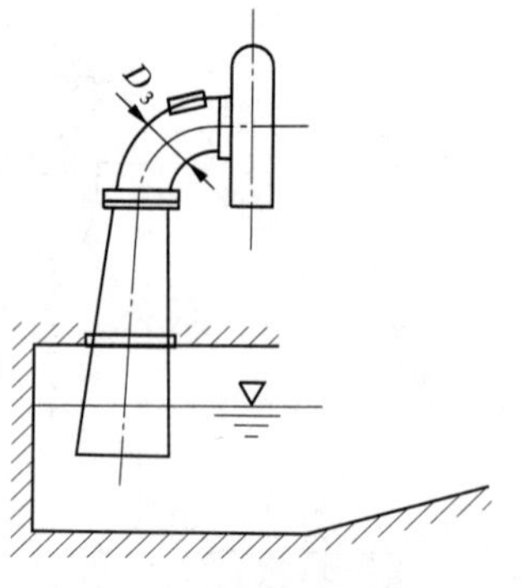


图 2-25　弯锥形尾水管

弯肘形尾水管，由进口直锥段、弯肘段和水平扩散段三部分组成。直锥形尾水管虽然水力损失小、效率高，但如果应用在转轮直径较大的水轮机中，尾水管将要做得很长，基础开挖深。因此，大中型立式装置的水轮机广泛采用弯肘形尾水管。图 2-26 为一轴流转桨式水轮机的弯肘形尾水管，图 2-27 为一混流式水轮机的弯肘形尾水管。其中，弯肘段是一 90°变截面弯管，对于混凝土浇制的肘管，为施工模板制作的方便，通常由许多几何面组成，如图 2-28 所示。这些几何面是圆锥面 $A$、斜圆面 $B$、斜水平面 $C$、水平圆柱面 $D$、垂直圆柱面 $E$、水平面 $F$、垂直面 $G$ 和底部水平面 $H$。

水头大于 150 m，或尾水管中的平均流速大于 6 m/s 时，为了防止高速水流的冲刷剥蚀，肘管需加钢板衬砌。为了便于钢板成型，可采用由圆形进口断面经椭圆形断面过渡到矩形断面的肘管。

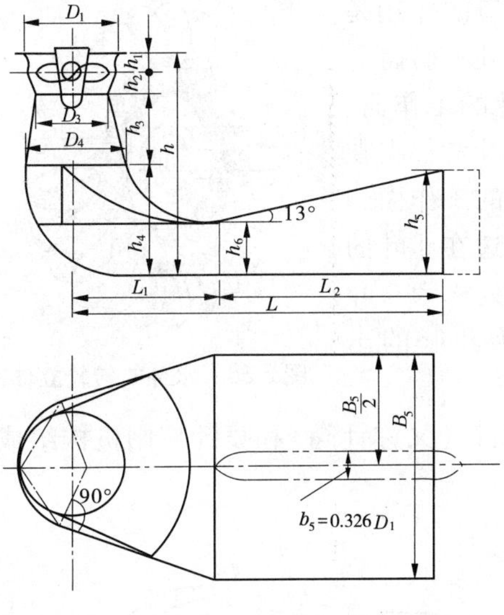


图 2-26 轴流转桨式水轮机的弯肘形尾水管

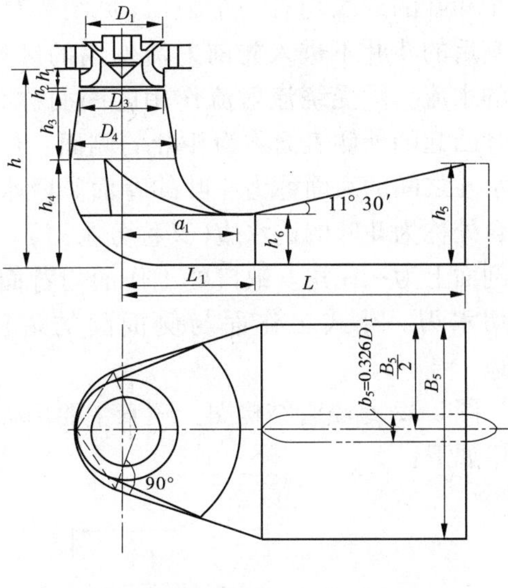


图 2-27 混流式水轮机的弯肘形尾水管

## (二)冲击式水轮机

冲击式水轮机结构一般比较简单,按水流的流向可分为切击式(水斗式)、斜击式和双击式三种。这里着重论述冲击式水轮机中最常用的水斗式水轮机,其装置如图 2-29 所示。可以看出,水斗式水轮机是由引水管、喷管、外调节机构、转轮、机壳及尾水槽等组成的。高压水流由引水管流入喷管后,经过喷嘴将水流的势能转变为射流的动能,高速水流冲击做功后,自由落入尾水槽流向下游河道。

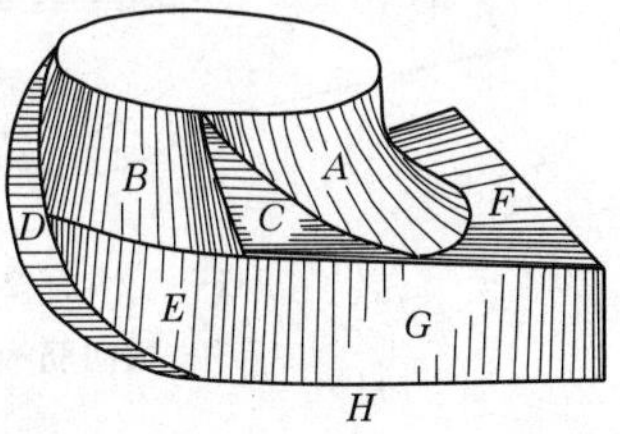


图 2-28 混凝土肘管几何面

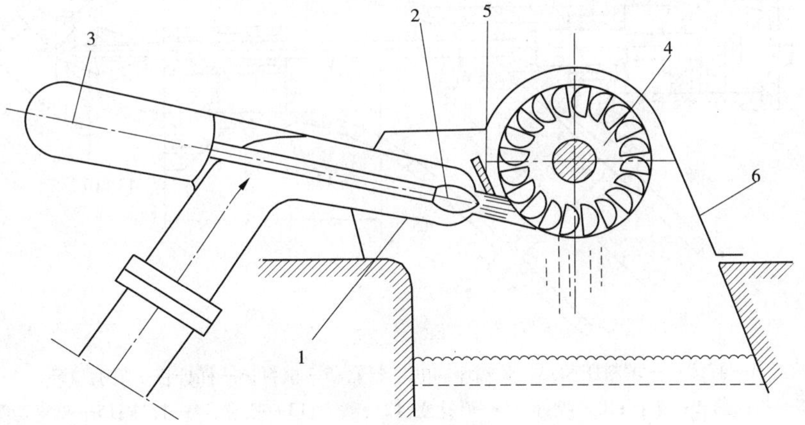


1—喷嘴;2—喷针;3—喷针控制机构;4—转轮;5—外调节机构;6—机壳

图 2-29 水斗式水轮机的结构示意图

水斗式转轮立体图如图 2-30 所示,它是由轮辐、若干呈双碗状的水斗组成的。转轮每个斗叶的外缘均有一个缺口(见图2-31),缺口的作用是使其后的斗叶不进入先前射流作用的区域,并且不妨碍先前的水流。承受绕流射流作用的凹面称为斗叶的工作面。斗叶凸起的外侧表面称为斗叶的侧面。位于斗叶背部夹在两水斗之间的表面称为斗叶的背面。两水斗间的工作面的接合处称为斗叶的进水边(又称分水刃)。进水边在斗叶的横剖面上为一锐角。缺口处工作面与背面接合处称为斗叶的切水刃。斗式工作面与侧面间的端面称为斗叶的出水边。

图2-30 水斗式转轮立体图

图2-32是喷管结构图。喷管主要由喷嘴、喷针(又称针阀)和喷针控制机构组成,其作用如下:

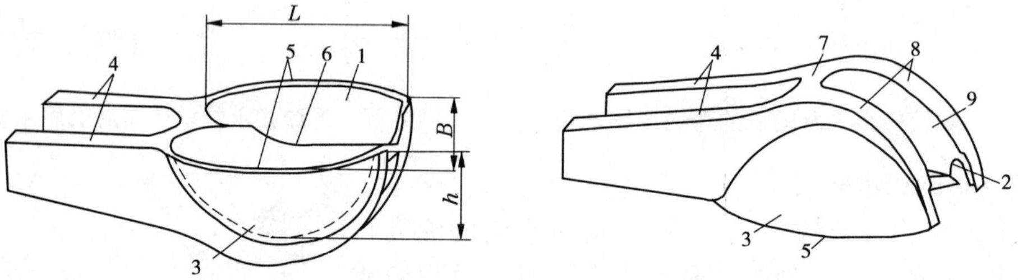


1—工作面;2—切水刃;3—侧面;4—尾部;5—出水边;6—进水边;
7—横向筋板;8—纵向筋板;9—背面;$B$—宽度;$L$—长度;$h$—深度

图2-31 水斗式水轮机的转轮斗叶

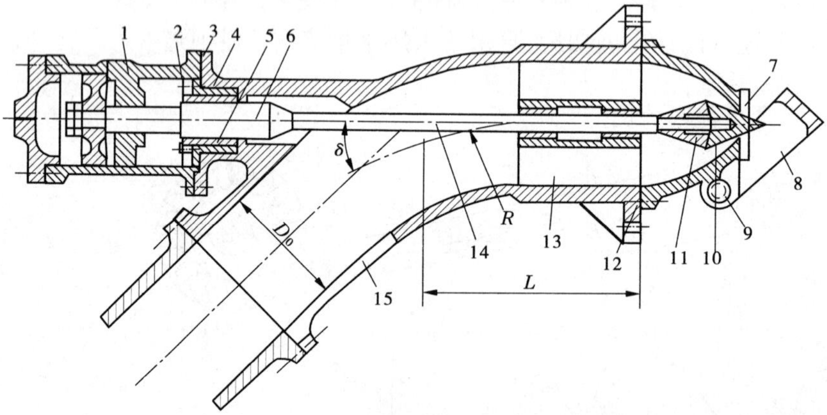


1—缸体;2—填料压盖;3—喷嘴座;4—填料盒;5—填料;6—杠杆;7—喷嘴口环;
8—折向器;9—销杆;10—喷针;11—喷针座;12—喷嘴;13—喷管;14—杆体;15—喷管弯管

图2-32 喷管结构图

(1)将水流的压力势能转换为射流动能。当水从进水管流进喷管时,在其出口便形成一股冲向转轮的圆柱形自由射流。

(2)起着导水机构的作用。当喷针移动时,即可以渐渐改变喷嘴出口与喷针头之间的环形过水断面面积，因而可平稳地改变喷管的过流量及水轮机的功率。

当机组突然丢弃负荷时，喷针快速关闭会形成管内过大的水锤压力，为此在喷嘴口外装置了可以转动的外调节机构。它的作用是控制离开喷嘴后的射流大小和方向。当机组负荷骤减或甩负荷时，具有双重调节的水轮机调速器，一方面操作喷针接力器，使喷针慢慢向关闭方向移动，另一方面又操作外调节机构接力器，使外调节机构（折向器或分流器）快速投入，迅速减小或全部截断因喷针不能立即关闭而继续冲向转轮水斗的射流。这样既解决了因喷针快速关闭而在引水压力钢管中产生的较大水锤压力，又解决了因喷针不能及时关闭而使机组转速上升过高。

机壳的作用是将转轮中排出的不再做功的水排往下游而不溅落在转轮和射流上。机壳内的压力要求与大气相当。为此，往往在转轮中心附近的机壳上开设有补气孔，以消除局部真空。机壳的形状应有利于转轮出水流畅，不与射流相干扰。因此，在机壳的内部还设置了引水板。喷管也常固定在机壳上，卧式机组的轴承支座也和机壳连在一起，因而要求机壳具有足够的强度、刚度和耐振性能。机壳上一般开有进人门孔，机壳下部应装有静水栅，以消除排水能量。静水栅要求有一定的强度，可作为机组停机观察和检修时的工作平台。

# 任务二　水轮机的基本工作参数、牌号及标称直径

## 一、水轮机的工作参数

当水流通过水轮机时，水流的能量被转换为水轮机的机械能，我们用一些参数来表征能量转换的过程，这些参数称为水轮机的基本工作参数，主要有工作水头 $H$、流量 $Q$、出力 $N$、效率 $\eta$、转速 $n$ 等。

### （一）工作水头 $H$

如图 2-33 所示，水流从水电站进水口经压力管道流入水轮机，在水轮机内进行能量交换后通过尾水管排至下游。

在水轮机进口断面 1—1 处和出口断面 2—2 处，水流所具有的单位能量为

$$E_1 = Z_1 + \frac{p_1}{\gamma} + \frac{\alpha_1 v_1^2}{2g}$$

$$E_2 = Z_2 + \frac{p_2}{\gamma} + \frac{\alpha_2 v_2^2}{2g}$$

我们把水轮机进口断面（1—1 断面）与出口断面（2—2 断面）的单位能量差，定义为水轮机的工作水头，即

$$H = \left(Z_1 + \frac{p_1}{\gamma} + \frac{\alpha_1 v_1^2}{2g}\right) - \left(Z_2 + \frac{p_2}{\gamma} + \frac{\alpha_2 v_2^2}{2g}\right) \tag{2-1}$$

式中　$H$——水轮机的工作水头，m；

$v_1$——进口断面的平均流速，m/s；

$v_2$——出口断面的平均流速，m/s；

$\alpha_1$——进口断面动能不均匀系数；

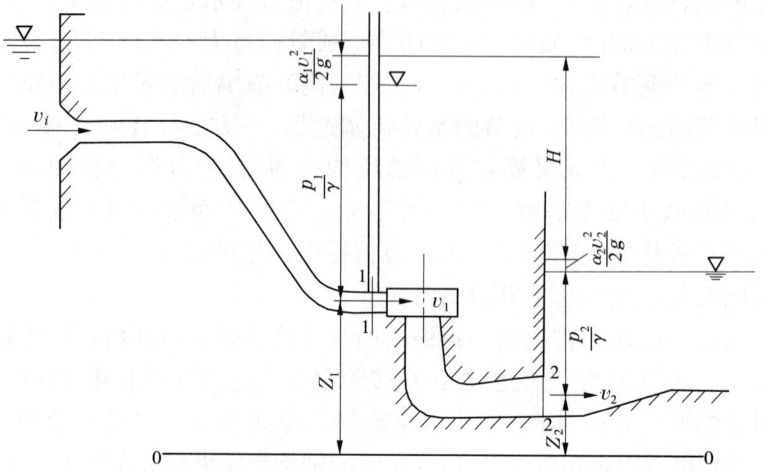


图 2-33　水轮机的工作水头

$\alpha_2$——出口断面动能不均匀系数；

$p_1$——进口断面处的压强，Pa；

$p_2$——出口断面处的压强，Pa；

$g$——重力加速度，$m/s^2$；

$\gamma$——水的容重，$\gamma = 9.81\ kN/m^3$；

$Z_1$、$Z_2$——进、出口断面相对于基准面的位置高度，m。

水电站的装置水头亦称毛水头 $H_g$，等于电站上、下游水位差。因此，水轮机的工作水头(净水头)等于电站毛水头 $H_g$ 减去引水系统的水头损失 $h_w$，即 $H = H_g - h_w$，单位为 m。

水轮机的工作水头是水轮机的重要工作参数，它的大小表征水轮机利用水流单位能量的多少，它影响水电站的开发方式、机组类型和经济效益等。在水轮机的工作过程中，工作水头是不断变化的，它有以下几个特征水头值：

水轮机的额定水头，是水轮机以额定转速运转时输出额定功率所必需的最小水头。

水轮机的设计水头 $H_r$，是水轮机最优效率下的水头。

水轮机的最大水头 $H_{max}$，是水轮机运行中允许的最大工作水头。

水轮机的最小水头 $H_{min}$，是保证水轮机稳定运行的最小工作水头。

**(二)流量 $Q$**

单位时间内通过水轮机的水流体积称为流量，其代表符号为 $Q$，单位为 $m^3/s$。

水轮机的额定流量，是水轮机在额定水头、额定转速下输出额定功率所需的流量。

**(三)出力 $N$ 和效率 $\eta$**

单位时间内水轮机主轴所输出的功称为水轮机的功率。功率也称出力，用 $N$ 表示，单位为 kW。

具有一定水头和流量的水流通过水轮机时，水流的出力为

$$N_s = 9.81QH \quad (kW) \tag{2-2}$$

水轮机不可能将水流的功率 $N_s$ 全部转换和输出，由于水轮机在能量转换的过程中，

会产生一定的损耗,因此水轮机的出力必然小于水流的出力。

水轮机的出力 $N$ 与水流的出力 $N_s$ 之比,称为水轮机的效率,用 $\eta$ 表示,即

$$\eta = N/N_s \quad (\%) \tag{2-3}$$

水轮机效率 $\eta$ 由三部分组成,即容积效率 $\eta_v$、水力效率 $\eta_s$ 和机械效率 $\eta_j$,而水轮机效率 $\eta$ 为上述三项效率的乘积。

因此,水轮机的出力可写成

$$N = N_s\eta = 9.81QH\eta \quad (\text{kW}) \tag{2-4}$$

效率为小于 1.0 的正系数,它表征水轮机对水流能量的有效利用程度。

最优效率,是指水轮机各工况中效率的最大值。

**(四)转速 $n$**

水轮机的转速是指水轮机转轮在单位时间内旋转的次数,用 $n$ 表示,单位为 r/min。当水轮机主轴和发电机主轴采用直接连接时,其额定转速应满足下列关系式:

$$n = \frac{60f}{p} \quad (\text{r/min}) \tag{2-5}$$

式中 $f$——电流频率,我国规定为 50 Hz;

$p$——发电机的磁极对数。

## 二、水轮机产品型号表示方法

我国水轮机产品型号由三部分组成,各部分之间用短横线“-”相连。

第一部分表示水轮机形式和转轮型号(比转速代号),水轮机形式用两个汉语拼音字母表示,各种水轮机形式的代表符号见表 2-1。转轮型号用阿拉伯数字表示,采用统一规定(效率为 88% 时)的比转速。

**表 2-1 水轮机形式的代表符号**

| 水轮机形式 | 代表符号 | 水轮机形式 | 代表符号 |
|---|---|---|---|
| 混流式 | HL | 贯流转桨式 | GZ |
| 轴流转桨式 | ZZ | 水斗式 | CJ |
| 轴流定桨式 | ZD | 双击式 | SJ |
| 斜流式 | XL | 斜击式 | XJ |
| 贯流定桨式 | GD | | |

注:在水轮机形式代表符号后加“N”,表示可逆式水轮机。

第二部分由两个汉语拼音字母组成,前一个字母表示水轮机主轴的布置形式,后一个字母表示引水室特征,主轴布置形式和引水室特征的代表符号见表 2-2。

第三部分为水轮机转轮的标称直径 $D_1$(cm)或其他必要的指标。

水轮机转轮的标称直径表征转轮的主要几何尺寸,用 $D_1$ 表示,以 cm 计。不同类型水轮机转轮规定的标称直径 $D_1$ 如图 2-34 所示。

表 2-2 主轴布置形式与引水室特征的代表符号

| 名称 | 代表符号 | 名称 | 代表符号 |
|---|---|---|---|
| 立轴 | L | 罐式 | G |
| 卧轴 | W | 灯泡式 | P |
| 斜轴 | X | 竖井式 | S |
| 金属蜗壳 | J | 虹吸式 | X |
| 混凝土蜗壳 | H | 轴伸式 | Z |
| 明槽式 | M | | |

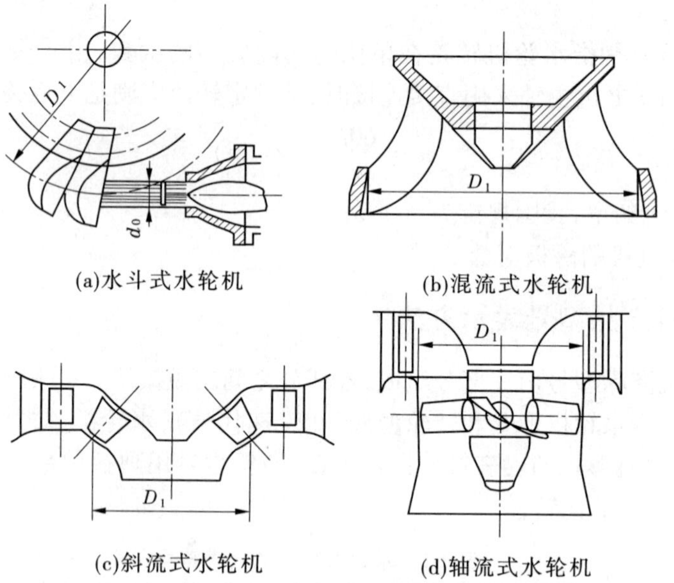


图 2-34 各类水轮机转轮的标称直径

混流式水轮机转轮的标称直径 $D_1$ 指转轮叶片进口边的最大直径。

轴流式水轮机和斜流式水轮机转轮的标称直径 $D_1$ 指转轮叶片轴线与转轮室表面相交处的转轮室内径。

水斗式水轮机转轮的标称直径 $D_1$ 指转轮与射流中心线相切处的节圆直径。

反击式水轮机转轮直径尺寸系列(以 cm 计)如下,括号内尺寸仅适用于轴流式:25、30、35、(40)、42、50、60、71、(80)、84、100、120、140、160、180、200、225、250、275、300、330、380、410、450、500、550、600、650、700、750、800、850、900、950、1 000、(1 020)、(1 130)。

由于不同的水电站的基本参数各不相同,随着水轮机设计制造技术的不断发展,越来越多的水电站工程采用了上述转轮直径尺寸系列之外的特殊尺寸,以得到更优的发电效益。

水斗式水轮机型号第三部分表示方法如下:

$$\frac{\text{水轮机转轮标称直径 } D_1(\text{cm})}{\text{作用在每个转轮上的喷嘴数} \times \text{设计射流直径(cm)}}$$

型号表示示例：

(1)HL180－LJ－410，表示混流式水轮机，转轮型号180，立轴，金属蜗壳，转轮标称直径 $D_1$ 为410 cm。

(2)ZZ560－LH－1130，表示轴流转桨式水轮机，转轮型号560，立轴，混凝土蜗壳，转轮标称直径 $D_1$ 为1 130 cm。

(3)XLN200－LJ－300，表示斜流可逆式水轮机，转轮型号200，立轴，金属蜗壳，转轮标称直径 $D_1$ 为300 cm。

(4)GD600－WP－250，表示贯流定桨式水轮机，转轮型号600，卧轴，灯泡式引水室，转轮标称直径 $D_1$ 为250 cm。

(5)2CJ26－W－$\frac{120}{2\times 8.5}$，表示一根主轴上装有两个转轮的水斗式水轮机，转轮型号26，卧轴，转轮标称直径 $D_1$ 为120 cm，作用在每个转轮上的喷嘴数为2个，设计射流直径为8.5 cm。

(6)ZD760－LM－120($\varphi = +10°$)，表示轴流定桨式水轮机，转轮型号760，立轴，明槽式引水室，转轮标称直径 $D_1$ 为120 cm，转轮叶片转角为+10°。

采用统一的水轮机型号编制规则，有利于转轮型谱的制定，有利于水轮机产品的标准化、系列化和通用化，对暂未列入型谱的转轮，则采用带有厂家代号和序号来表示，如A代表哈尔滨电机厂、D代表东方电机厂、T代表天津发电设备厂、J代表金华水轮机厂等，例如HLA006，HLD003等。另外，在部标颁发以前，主要是沿用苏联的代号，表示方法大体相同，但第一部分中的转轮型号所表示的阿拉伯数字是模型转轮的编号，不是比转速代号，如HL123－LJ－225，其中123表示该转轮的模型编号。

随着改革开放引进国际先进的水轮机转轮开发和设计技术，许多国家优秀的水轮机转轮已经在我国得到广泛应用。

# 任务三　水轮机的工作原理

## 一、水轮机的基本方程式

### (一)水流在转轮中的运动

水流在转轮中的运动是一种复杂的三维空间运动。根据运动学原理，在水头、流量和转数不变的稳定工况下，水流在转轮流道运动时，可分解为两种简单运动：一种是水流从转轮进口沿叶片流道到转轮出口的流动，称为相对运动，其相对速度用 $\boldsymbol{w}$ 表示；另一种是水流质点随转轮做旋转运动，称为圆周运动(牵连运动)，其圆周速度用 $\boldsymbol{u}$ 表示。水流在转轮中的运动是以上两种运动合成的结果，称为绝对运动，其绝对速度用 $\boldsymbol{v}$ 表示，则：

$$\boldsymbol{v} = \boldsymbol{w} + \boldsymbol{u}$$

由 $\boldsymbol{w}$、$\boldsymbol{u}$ 和 $\boldsymbol{v}$ 构成的三角形称为速度三角形，水流质点在转轮中任一位置都有其相应的速度三角形，转轮进口和出口的速度三角形是研究水轮机工作的重要条件，分别用下标1表示进口速度三角形，下标2表示出口速度三角形。

图 2-35 为一般形式的速度三角形。图中 $\alpha$ 为圆周速度与绝对速度之间的夹角；$\beta$ 为圆周速度与相对速度之间的夹角；$v_u$ 为绝对速度在圆周方向的分量，称为圆周分速度，$v_u = v\cos\alpha$；$v_m$ 为绝对速度在某一轴面(考虑质点与主轴中心线所在平面)上的分速度，称为轴面速度，$v_m = v\sin\alpha$。

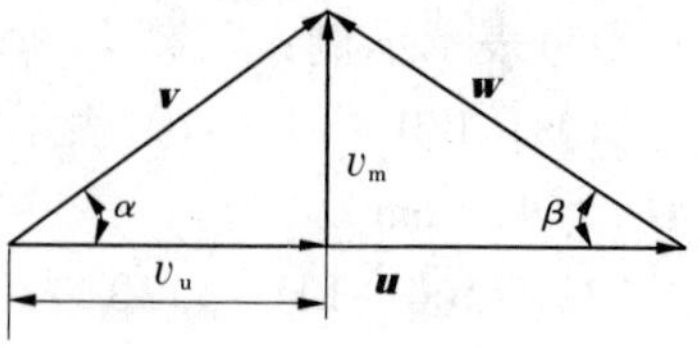


图 2-35 速度三角形

**(二)水轮机的基本方程式**

反击式水轮机，压力水流以一定的流速进入转轮，由于空间扭曲，叶片间所形成的流道对水流产生的约束，迫使水流的运动速度和方向不断改变，因而水流给叶片以反作用力，使转轮旋转做功。若要了解水流能量在转轮中是怎样转换为机械能的，可从基本方程式中得到回答。

当水流质点的质量为 $m$，以速度 $v$ 运动时，其动量为 $mv$。如质点对定轴 $O$ 的距离为 $r$，而质点所在处的速度 $v$ 与半径 $r$ 的圆周切线之夹角为 $\alpha$，则质点对定轴的动量矩为 $mvr\cos\alpha$(见图 2-36)，根据动量矩定理，则有

$$\sum M_a = \frac{d}{dt}\sum mvr\cos\alpha \tag{2-6}$$

式中 $M_a$——外力矩。

式(2-6)表明：单位时间内水流对定轴的动量矩变化等于作用在水流上全部外力对定轴的力矩和。

现讨论式(2-6)的右边，即动量矩的变化，见图 2-37，水流充满流道微元 $aa'b'b$，经过 $dt$ 时间，有部分水流从流道流出($bb'd'd$)，其质量为$\frac{\gamma q_2}{g}dt$，同时又有部分水流进入流道($aa'c'c$)，其质量为$\frac{\gamma q_1}{g}dt$。由于水流连续且不可压缩，则$\frac{\gamma q_1}{g}dt = \frac{\gamma q_2}{g}dt = \frac{\gamma q}{g}dt$，对整个转轮则水流质量为$\frac{\gamma Q_e}{g}dt$。

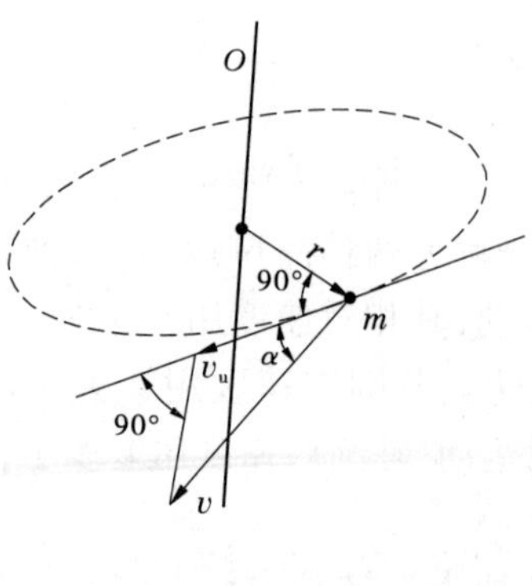


图 2-36 质点 $m$ 的动量矩

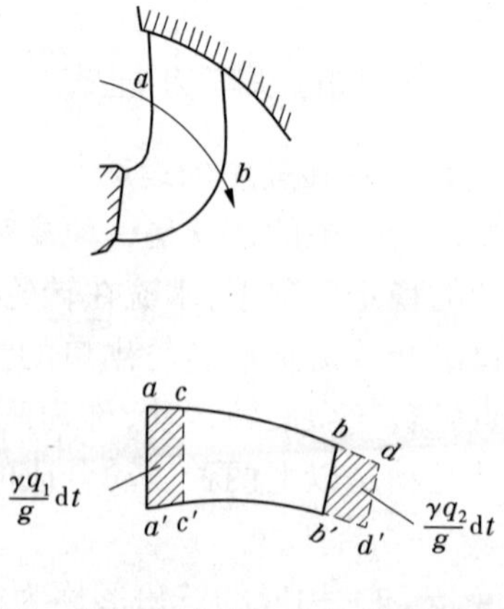


图 2-37 水流通过转轮时的动量矩的变化

因为水流是稳定流，故 $cc'b'b$ 部分的动量矩没有变化，因此微元中的动量矩变化应等

于 $bb'd'd$ 部分的动量矩减去 $aa'c'c$ 部分的动量矩。若在转轮进、出口对 $vr\cos\alpha$ 取平均值，对整个转轮则有

$$\frac{\mathrm{d}}{\mathrm{d}t}\sum mvr\cos\alpha = \frac{\gamma Q_{\mathrm{e}}}{g}(v_2r_2\cos\alpha_2 - v_1r_1\cos\alpha_1)$$

再讨论式(2-6)左边的外力矩。现分析可能作用在水流质点上的外力及其形成的力矩。作用在水流上的外力有：①重力；②上冠、下环内表面对水流的作用力；③转轮外的水流对流道进、出口的压力；④转轮叶片对水流的作用力。由于重力与轴线重合，而转轮上冠、下环为环形件，水流成轴对称，其合力分别与轴线相交，转轮外的水流对流道进、出口压力的合力也与轴线相交，均不能对水流产生力矩；能对水流产生力矩的只有转轮叶片对水流的作用力，它迫使水流改变其运动方向和速度的大小。

这样，作用在水流上的外力矩仅有转轮叶片对水流产生的作用力矩 $M_{\mathrm{b}}$，即

$$M_{\mathrm{a}} = M_{\mathrm{b}}$$

因此有

$$M_{\mathrm{b}} = \frac{\gamma Q_{\mathrm{e}}}{g}(v_2r_2\cos\alpha_2 - v_1r_1\cos\alpha_1)$$

叶片对水流有作用力矩 $M_{\mathrm{b}}$，则水流对叶片有反作用力矩 $M$，它们大小相等、方向相反，即

$$M = -M_{\mathrm{b}}$$

于是，水流对转轮的作用力矩为

$$M = -M_{\mathrm{b}} = \frac{\gamma Q_{\mathrm{e}}}{g}(v_1r_1\cos\alpha_1 - v_2r_2\cos\alpha_2) \tag{2-7}$$

因 $v_1\cos\alpha_1 = v_{\mathrm{u1}}$、$v_2\cos\alpha_2 = v_{\mathrm{u2}}$，则式(2-7)可写为

$$M = \frac{\gamma Q_{\mathrm{e}}}{g}(v_{\mathrm{u1}}r_1 - v_{\mathrm{u2}}r_2) \tag{2-8}$$

水流对转轮的作用力矩为 $M$，使转轮以角速度 $\omega$ 旋转，转轮获得的有效功率为

$$N_{\mathrm{e}} = M\omega = \frac{\gamma Q_{\mathrm{e}}}{g}(v_{\mathrm{u1}}r_1 - v_{\mathrm{u2}}r_2)\omega \tag{2-9}$$

将水轮机的有效功率 $N_{\mathrm{e}} = \gamma Q_{\mathrm{e}}H\eta_{\mathrm{s}}$ 代入式(2-9)得

$$H\eta_{\mathrm{s}} = \frac{\omega}{g}(v_{\mathrm{u1}}r_1 - v_{\mathrm{u2}}r_2) \tag{2-10}$$

式(2-10)为水轮机的基本方程式。

考虑 $u_1 = \omega r_1$、$u_2 = \omega r_2$，则基本方程式可写成

$$H\eta_{\mathrm{s}} = \frac{1}{g}(v_{\mathrm{u1}}u_1 - v_{\mathrm{u2}}u_2) \tag{2-11}$$

根据速度三角形，将 $v_{\mathrm{u}} = v\cos\alpha$ 代入式(2-11)，则基本方程式可写为

$$H\eta_{\mathrm{s}} = \frac{1}{g}(v_1u_1\cos\alpha_1 - v_2u_2\cos\alpha_2) \tag{2-12}$$

水轮机的基本方程式还可以用环量来表示，因水流的速度环量 $\Gamma = 2\pi v_{\mathrm{u}}r$，则用环量表示的基本方程式为

$$H\eta_{\mathrm{s}} = \frac{\omega}{2\pi g}(\Gamma_1 - \Gamma_2) \tag{2-13}$$

又由转轮进、出口速度三角形可得

$$w_1^2 = v_1^2 + u_1^2 - 2v_1u_1\cos\alpha_1 = v_1^2 + u_1^2 - 2u_1v_{u1}$$

$$w_2^2 = v_2^2 + u_2^2 - 2v_2u_2\cos\alpha_2 = v_2^2 + u_2^2 - 2u_2v_{u2}$$

将上列关系代入式(2-11)得

$$H\eta_s = \frac{v_1^2 - v_2^2}{2g} + \frac{u_1^2 - u_2^2}{2g} + \frac{w_2^2 - w_1^2}{2g} \tag{2-14}$$

式(2-14)为用相对运动表达的基本方程式,它给出了有效水头与速度三角形中各速度之间的关系式。式中等号右边第一项为水流作用在转轮上的动能水头,第二、三项为势能水头,它主要用于克服水流因旋转产生的离心力和加速转轮中水流的相对运动。

**(三)水轮机基本方程式分析**

基本方程式的物理意义在于:水流对转轮作用的有效能量是与水流内部能量转换相平衡的,它实质上是水能转换成机械能的平衡方程式。

基本方程说明,转轮的作用就是改变水流速度矩(环量)而做功。如果转轮进口和出口速度矩转换不充分,则水流对转轮作用的有效能量就要减少;如果转轮由进口到出口的环量没有改变,转轮将不会受到任何力矩的作用。因此,正确设计转轮叶片进、出口角是十分重要的。

在正确设计叶片进、出口角,以保证所要求的环量差以后,进、出口之间的叶片形状和变化规律对能量转换无直接影响,但中间环量的分布规律,对水轮机汽蚀性能、工作稳定性等有一定影响。

保证进、出口一定的环量差,虽可达到对转轮有效地做功,但进、出口环量的绝对值则必须根据过流部件整体考虑。如出口环量可选择为零,也可选择略带正值,对转轮的作用都一样,但对尾水管的工作则有不同效果。

## 二、水轮机的能量损失与效率

水流进入水轮机的水流功率 $N_s$(即水轮机的输入功率)大于水轮机的输出功率 $N$,两者之差便是水轮机工作过程中产生的能量损失。按损失特性可把能量损失分为容积损失、水力损失和机械损失,各种损失相应的效率分别称为容积效率、水力效率和机械效率。

**(一)容积效率**

水轮机的旋转部分与固定部分之间存在间隙,因此进入水轮机的流量 $Q$ 不可能全部进入转轮做功,有一小部分流量 $q$ 会从间隙中漏损掉,这部分漏损掉的流量称为容积损失。因此,对转轮做功的有效流量为 $Q_e = Q - q$,所产生的有效流量功率 $N'_e$ 为

$$N'_e = \gamma Q_e H = \gamma(Q - q)H \tag{2-15}$$

水流输入水轮机的功率为 $N_s = \gamma QH$,我们将水流的有效流量功率 $N'_e$ 与水轮机输入功率 $N_s$ 之比称为容积效率,即

$$\eta_v = \frac{N'_e}{N_s} = \frac{\gamma(Q - q)H}{\gamma QH} = \frac{Q - q}{Q} = 1 - \frac{q}{Q} \tag{2-16}$$

可见,要提高容积效率,必须使漏水量 $q$ 尽量减少,保证转轮正常运行和安装、检修方便的前提下,应尽量减小止漏环间隙。应注意,在运行中由于泥沙磨损和汽蚀等原因,止

漏环间隙会增大，因而会降低容积效率。

### （二）水力效率

水流经过引水室、导水机构、转轮、尾水管等流道，必然要产生沿程水头损失和局部水头损失，这些水头损失称为水力损失。

水轮机的工作水头 $H$ 减去上述总的水头损失 $\sum\Delta H$，便是水轮机的有效水头 $H_e$，即

$$H_e = H - \sum\Delta H$$

有效水头和有效流量产生的功率，便是水轮机的有效功率 $N_e = \gamma Q_e H_e$。

有效功率 $N_e$ 与有效流量功率 $N'_e$ 之比，称为水力效率，即

$$\eta_s = \frac{N_e}{N'_e} = \frac{\gamma(Q-q)(H-\sum\Delta H)}{\gamma(Q-q)H} = \frac{H-\sum\Delta H}{H} = 1 - \frac{\sum\Delta H}{H} \tag{2-17}$$

由式(2-17)可知，提高水力效率的途径是尽可能减少过流部件的水力损失。如过流部件表面应光滑、符合流线形状以及避免撞击、漩涡和脱流等局部损失。在运行中，由于汽蚀和泥沙磨损等会降低水力效率，因此运行时要尽可能接近最优工况，避开汽蚀区等。

### （三）机械效率

转轮获得的有效功率 $N_e$ 不能全部输出给发电机，有一部分会消耗在各种机械摩擦损失上，如主轴与轴承间的摩擦、与密封装置的摩擦、转轮外表面与水流的摩擦等。

设 $\Delta N_j$ 为总机械摩擦损失功率，则水轮机的输出功率为

$$N = N_e - \Delta N_j$$

因此，机械效率为

$$\eta_j = \frac{N}{N_e} = \frac{N_e - \Delta N_j}{N_e} \tag{2-18}$$

要提高机械效率，应尽量减少机械摩擦损失，如保证导轴承的良好润滑条件，正确设计、安装导轴承和密封装置，处理好机组轴线，缩短导轴承高度，减小摩擦面等。

考虑到这些损失的综合影响，可将水轮机效率表示为

$$\eta = \frac{N}{N_s} = \frac{N'_e}{N_s}\frac{N_e}{N'_e}\frac{N}{N_e} = \eta_v\eta_s\eta_j \tag{2-19}$$

即水轮机的效率等于容积效率、水力效率和机械效率三者的乘积，它是评价水轮机能量性能特性的主要依据。水轮机的效率，表征了水轮机对水流能量的有效利用程度。在设计、制造、安装、运行和检修中，都应采取一系列可能的措施，力求减少各种损失，以提高水轮机的效率。

## 三、水轮机的最优工况

水头、流量、出力等工作参数，在水轮机的运行过程中经常发生变化。因此，转轮内的水流流态也是不断变化的。不同的运行工况，对水轮机的性能有很大的影响。其中，效率最高的工况，称为最优工况。最优工况以外的工况，称为非最优工况（一般工况）。

水轮机最优工况时，能量转换最充分，能量损失最小。在水轮机的各项损失中，水力损失是最主要的。在水力损失中，局部撞击损失和漩涡、脱流损失的比重很大。水轮机设计时，要按水力损失最小的工况作为依据。水轮机最优工况的必要条件，是无撞击进口和

法向出水。

（一）无撞击进口

转轮进口水流相对速度 $w_1$ 的方向与叶片骨线方向一致，称为无撞击进口，这时水流与叶片形状一致，绕流平顺，不产生撞击、脱流和漩涡等现象，水力损失最小，如图 2-38（b）所示。

设计时必须满足

$$\beta_1 = \beta_{e1} \tag{2-20}$$

式中 $\beta_1$——水流进口角；

$\beta_{e1}$——叶片进口安放角。

当 $\beta_1 \neq \beta_{e1}$ 时，如图 2-38（a）、（c）所示，将产生入口撞击而增加水头损失，并因此出现漩涡和脱流现象降低水力效率。我们将 $\Delta\beta = \beta_1 - \beta_{e1}$ 称为冲角。

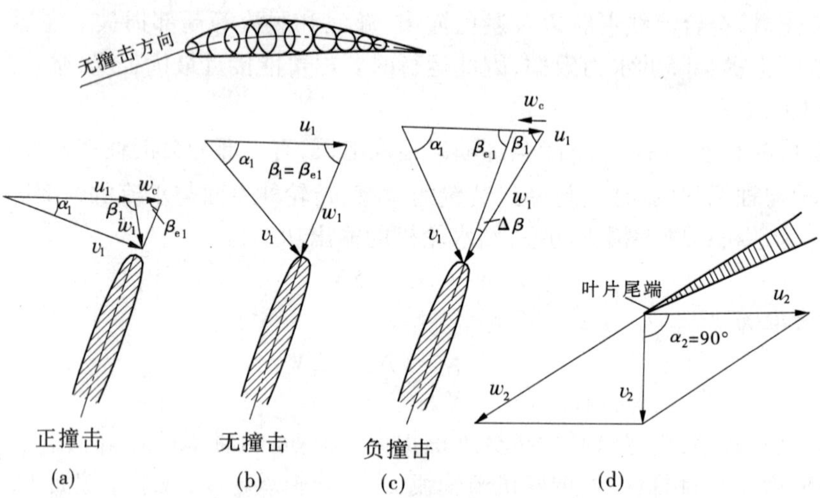


图 2-38 水流的进口情况

由于叶片断面为翼形，实践证明，当冲角较小时，撞击速度是微小的。冲角 $\Delta\beta$ 一般不超过 8°，在此范围内水力损失增加甚微，且可减小叶片的弯曲程度，有利于改善水力性能。

（二）法向出水

法向出水是指水流离开转轮叶片时水流出口绝对速度 $v_2$ 与出口圆周速度 $u_2$ 垂直，即 $v_2$ 的方向是法向的。法向出水时 $v_2$ 最小，且不存在圆周分量（$v_{u2}=0$），即出口环量为零。法向出水时 $\frac{v_2^2}{2g}$ 最小，因此出口动能损失最小；由于不存在 $v_{u2}$ 分量，水流离开转轮后，不发生旋转，因此尾水管中的摩擦损失小；另外 $v_{u2}=0$，可改善尾水管对转轮出口动能的恢复（回收），提高水力效率。

近来的研究表明，转轮出口处的绝对速度 $v_2$ 略带正向圆周分量，会给水轮机的工作带来一些好处。略带正环量则水流在本身旋转（离心力）作用下能紧贴尾水管壁流动，可避免在尾水管内发生脱流损失；同时，转轮相对速度可略为减小，从而也能降低转轮中的一些水力损失，并有利于汽蚀性能的改善。

不论是法向出水还是略带正环量，都是从对整个水轮机性能有利来考虑的。这两种考虑在实际水轮机设计时都有采用。

最优工况的进、出口速度三角形,如图 2-38(b)、(d)所示。

## 四、水轮机的汽蚀、吸出高度与安装高程

### (一)水轮机的汽蚀

1. 汽蚀现象

水以三态存在,而三态之间可以转化,当液态水转化为气态水时我们通常称为汽化现象。汽化现象产生既与水温有关,也与压力有关。压力一定,温度升高产生的汽化称为沸腾;温度一定,压力降低产生的汽化称为空化。水在某一温度下开始汽化的临界压力称为该温度下的汽化压力。水在各种温度下的汽化压力值见表 2-3。

表 2-3 水在各种温度下的汽化压力值

| 水温(℃) | 0 | 5 | 10 | 20 | 30 | 40 | 50 | 60 | 70 | 80 | 90 | 100 |
|---|---|---|---|---|---|---|---|---|---|---|---|---|
| 汽化压力($mH_2O$) | 0.06 | 0.09 | 0.12 | 0.24 | 0.43 | 0.75 | 1.26 | 2.03 | 3.17 | 4.83 | 7.15 | 10.33 |

由上述可见,对于某一温度的水,当压力下降到该温度汽化压力及以下时,水就会开始产生汽化现象。通过水轮机的水流,如果在某些地方流速增高了,根据水力学的能量方程知道,必然引起该处的局部压力降低,如果该处水流速度增加很大,以致使压力降低到在该水温下的汽化压力时,则此低压区的水就开始局部汽化产生大量气泡,同时水体中存在的许多肉眼看不见的气核体积骤然增大也形成可见气泡,这些气泡随着水流进入高压区(压力高于汽化压力)时,气泡瞬时破灭。由于气泡中心压力较低,气泡周围的水质点将以很高的速度向气泡中心撞击,形成巨大的压力(可达几百甚至上千个大气压力),并以很高的频率冲击金属表面。在初始阶段,由于金属材料固有的抵御能力,一般表现为表面失去光泽而变暗;而后随着时间的推移,表面变毛糙并逐渐出现麻点;接着表面逐渐形成疏松的海绵蜂窝状,严重时甚至可能造成水轮机叶片的穿孔破坏,如图 2-39 所示。

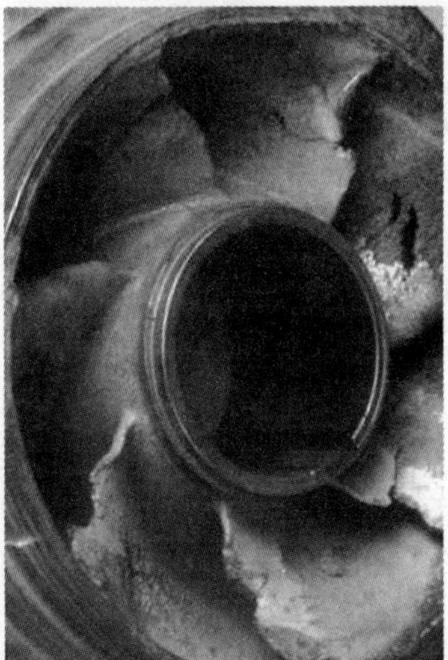

图 2-39 水轮机的汽蚀

高频率冲击的结果,使水轮机过流部件金属表面产生的上述物理电化学作用破坏现象就称为汽蚀现象,简称汽蚀。

2. 汽蚀的危害

汽蚀对水轮机的运行主要有下列危害:

(1)降低水轮机效率,减小出力。

(2)破坏水轮机过流部件,影响机组寿命。汽蚀产生,使金属表面失去光泽,产生麻点、蜂窝,严重时转轮叶片上产生孔洞或大面积剥落。

(3)产生强烈的噪声和振动,恶化工作环境,从而影响水轮机的安全稳定运行。

汽蚀破坏是机械、化学、电化学共同作用的结果,其中以机械破坏为主。

3. 汽蚀类型

根据汽蚀产生部位和机制不同,汽蚀可分为翼形汽蚀、间隙汽蚀、空腔汽蚀、局部汽蚀四种类型,如图 2-40 所示。

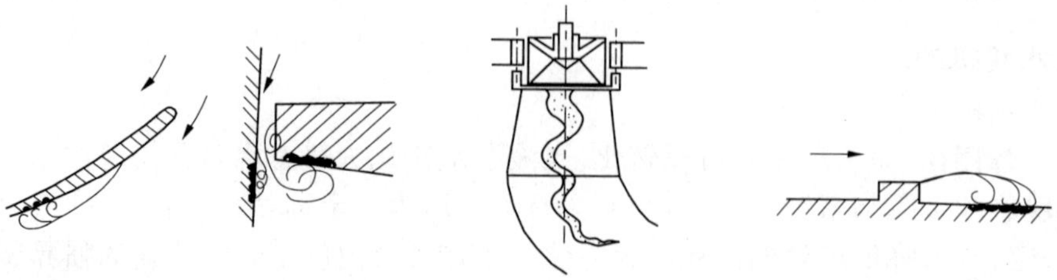

(a) 翼形汽蚀 (b) 间隙汽蚀 (c) 空腔汽蚀 (d) 局部汽蚀

图 2-40 汽蚀类型

(1)翼形汽蚀:发生在水轮机转轮叶片上的汽蚀,是反击式水轮机的主要汽蚀形式。水流流经转轮时,一般叶片正面为正压,背面为负压,靠近流道出口处的压力最低,为压力最低点,此处最易产生汽蚀。

(2)间隙汽蚀:在水轮机过流部件的间隙部位产生的汽蚀为间隙汽蚀,如反击式水轮机转轮与转轮室之间、导叶端面间隙、转轮止漏装置处,冲击式水轮机喷嘴内腔、针阀表面等部位。

(3)空腔汽蚀:反击式水轮机偏离最优工况时,水轮机出口流速则产生一圆周分量使水流在转轮出口处产生脱流和漩涡形成一大空腔,在中心产生很大真空,形成空腔汽蚀。空腔汽蚀多发生在尾水管中,使尾水管壁破坏,且有强烈的噪声和振动,危害较大。

(4)局部汽蚀:水轮机过流部件局部凸凹不平时,引起局部压力降低,形成过流部件局部的汽蚀。

4. 水轮机汽蚀的防护

为防止和减轻汽蚀对水轮机的危害,一般从以下几个方面来考虑:

(1)水轮机设计制造方面:合理设计叶片形状、数目使叶片具有平滑流线;尽可能使叶片背面压力分布均匀,减小低压区;提高加工工艺水平,减小叶片表面粗糙度;采用耐汽蚀性(耐磨、耐蚀)较好的材料,如不锈钢、环氧树脂等。

(2)工程措施方面:合理确定水轮机安装高程,使转轮出口处压力高于汽化压力;多沙河流上设防沙、排沙设施,防止粗粒径泥沙进入水轮机造成过多压力下降和对水轮机部件的磨损。

(3)运行方面:拟定合理的水电站运行方式,尽可能避免在汽蚀严重的工况区运行。在发生空腔汽蚀时,可采用在尾水管进口补气增压,破坏真空涡带的形成;对于遭受破坏的叶片,及时采用不锈钢焊条补焊,并采用非金属涂层(如环氧树脂、环氧金刚砂、氯丁橡胶等)作为叶片的保护层。

**(二)水轮机的吸出高度**

1. 汽蚀系数

水轮机中产生汽蚀的根本原因是过流通道中出现了低于当时水温的汽化压力的压力

值。要避免翼形汽蚀产生，只需使最低压力不低于当时水温下的汽化压力。

因动力真空不能确切表达水轮机汽蚀特性，也不便进行水轮机间汽蚀性能的比较，故常采用动力真空的相对值来表示，称此相对值为汽蚀系数，用 $\sigma$ 表示。

$$\sigma = \frac{\dfrac{\alpha_k v_k^2 - \alpha_5 v_5^2}{2g} - \Delta h_{k-5}}{H} \tag{2-21}$$

式中 $\dfrac{\alpha_k v_k^2 - \alpha_5 v_5^2}{2g} - \Delta h_{k-5}$——动力真空，与水轮机工况有关。

汽蚀系数的性能有：①$\sigma$ 是一无因次量；②$\sigma$ 随水轮机工况变化而变化，工况一定时，$\sigma$ 为一定值；③$\sigma$ 与尾水管性能有关，尾水管动能恢复系数愈高，$\sigma$ 愈大；④$\sigma$ 随水轮机比转速的增加而增加，因 $n_s$ 愈大，$v$ 越大，则 $\sigma$ 越大。因此，在满足性能要求情况下，选 $\sigma$ 小的水轮机。

对于汽蚀系数 $\sigma$ 的确定，由于其影响因素较复杂，采用理论计算或直接在叶片流道中测量很困难，目前采用水轮机模型汽蚀试验求取。

2. 吸出高度

水轮机的吸出高度是指转轮中压力最低点($k$)到下游水面的垂直距离，常用 $H_s$ 表示，见图 2-41。其计算公式为

$$H_s \leq \frac{p_a}{\gamma} - \frac{p_{汽}}{\gamma} - \sigma H \tag{2-22}$$

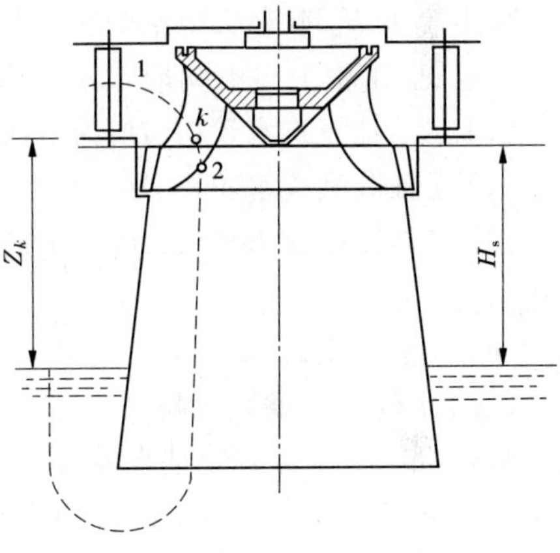

图 2-41 吸出高度示意图

式中 $\dfrac{p_a}{\gamma}$ ——水轮机安装地点的大气压力，海平面标准大气压力为 10.33 $mH_2O$，水轮机安装处的大气压随海拔升高而降低，在 0 ~ 3 000 m 范围内，平均海拔每升高 900 m，大气压力就降低 1 $mH_2O$，若水轮机处海拔为 $\nabla$(m)时，则当地大气压为

$$\frac{p_a}{\gamma} = 10.33 - \frac{\nabla}{900} \quad (\text{m}) \tag{2-23}$$

$\dfrac{p_{汽}}{\gamma}$ ——当时水温下的汽化压力，水温在 5 ~ 20 ℃时，汽化压力 $\dfrac{p_{汽}}{\gamma} = 0.09 \sim 0.24$ $mH_2O$，为安全和计算的简便，通常取 $\dfrac{p_{汽}}{\gamma} = 0.33$ $mH_2O$。

所以，满足不产生翼形汽蚀的吸出高度为：

$$H_s \leq 10.0 - \frac{\nabla}{900} - \sigma H \tag{2-24}$$

$\sigma$ 由模型汽蚀试验得出，因客观因素和主观因素的影响，试验得出的 $\sigma$ 与实际的 $\sigma$ 存在着一定的差别，所以在计算水轮机的实际吸出高度 $H_s$ 时，通常引进一个安全裕量 $\Delta\sigma$ 或安全系数 $k$(取 1.1 ~ 1.2)对 $\sigma$ 进行修正。实际计算吸出高度 $H_s$ 时，采用计算公式如下：

$$H_s = 10.0 - \frac{\nabla}{900} - (\sigma + \Delta\sigma)H \tag{2-25}$$

或

$$H_s = 10.0 - \frac{\nabla}{900} - k\sigma H \tag{2-26}$$

$\Delta\sigma$ 为汽蚀系数修正值，$\Delta\sigma$ 与设计水头有关，可由图 2-42 查得；$H_s$ 有正负之分，当最低压力点位于下游水位以上时 $H_s$ 为正，当最低压力点位于下游水位以下时 $H_s$ 为负。

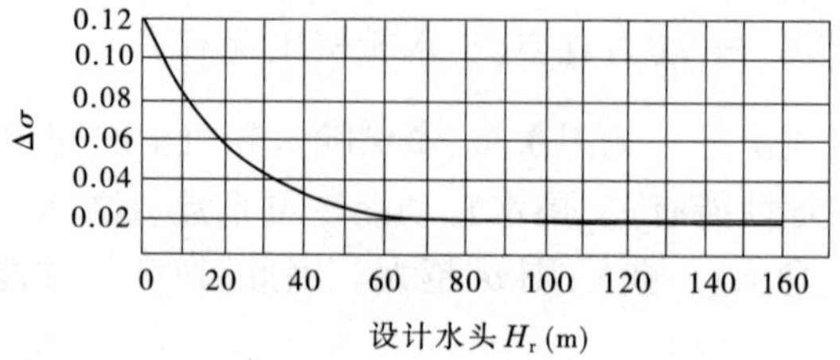


**图 2-42　汽蚀系数修正值 $\Delta\sigma$ 与设计水头 $H_r$ 的关系曲线**

吸出高度 $H_s$ 本应从转轮中压力最低点算起，但在实践中很难确定此点的准确位置，为统一起见，工程上对不同形式水轮机的 $H_s$ 做如下规定：

(1) 立轴轴流式水轮机，$H_s$ 为下游水面至叶片转动中心的距离。

(2) 立轴混流式水轮机，$H_s$ 为下游水面至导叶下部底环平面的垂直高度。

(3) 立轴斜流式水轮机，$H_s$ 为下游水面至叶片旋转轴线与转轮室内表面相交点的垂直距离。

(4) 卧轴混流式、贯流式水轮机，$H_s$ 为下游水面至叶片最高点的垂直高度。

**(三) 水轮机的安装高程**

水轮机规定作为安装基准的某一平面的海拔称为水轮机安装高程。一般情况下，由水轮机各种工况下允许吸出高度值和相应尾水位确定；地下厂房机组的安装高程还取决于与水电站水力过渡过程有关的参数，其对导叶关闭规律的优化，以及调压井形式和尺寸的选取等有着重要的影响。

作为水电站厂房设计中的控制性高程，水轮机安装高程直接影响着水电站土建施工开挖工程量和水轮机运行的汽蚀性能，进而影响水电站建设和运行维护的经济成本。因此，水电站水轮机的安装高程需根据机组的运行条件，经过技术、经济比较后确定。对于不同类型、不同装置方式的水轮机，工程上规定的安装高程位置不同，立轴轴流式水轮机和混流式水轮机的安装高程是指导叶高度中心面高程，卧轴混流式水轮机和贯流式水轮机的安装高程指主轴中心线所在水平面高程。各种不同形式水轮机的吸出高度和安装高程如图 2-43 所示。

1. 设计尾水位

确定水轮机安装高程的尾水位通常称为设计尾水位。设计尾水位可根据水轮机的过流量从下游水位与流量关系曲线中查得。一般情况下，水轮机过流量可按电站装机台数确定，参见表 2-4。

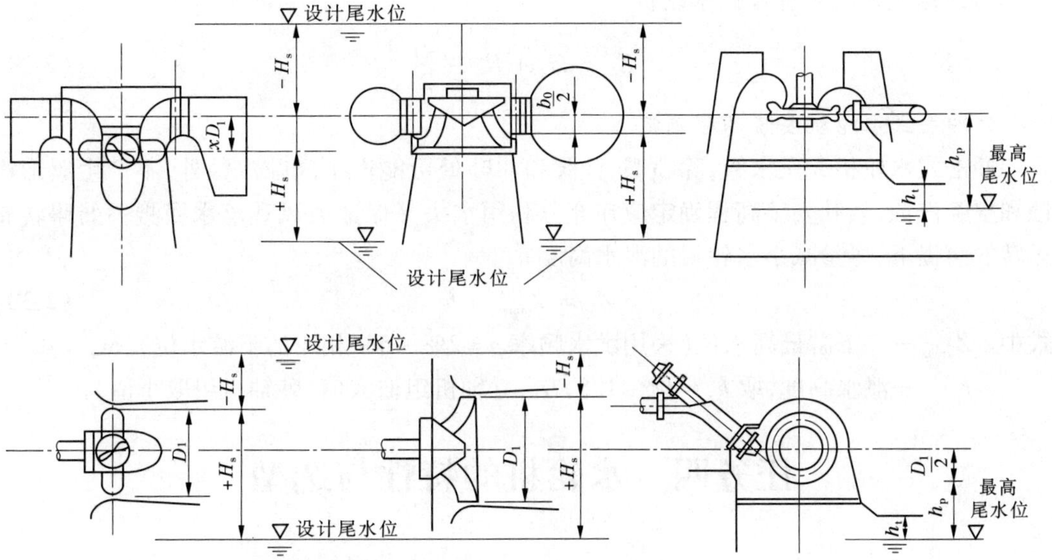


图 2-43 各种不同形式水轮机的吸出高度和安装高程示意图

表 2-4 确定设计尾水位的水轮机过流量

| 电站装机台数 | 水轮机过流量 |
| --- | --- |
| 1 台或 2 台 | 1 台水轮机 50% 的额定流量 |
| 3 台或 4 台 | 1 台水轮机的额定流量 |
| 5 台以上 | 1.5 ~ 2 台水轮机的额定流量 |

2. 反击式水轮机安装高程确定

1) 立轴混流式水轮机

$$Z_s = Z_a + H_s + \frac{b_0}{2} \tag{2-27}$$

式中 $Z_s$——安装高程，m；

$Z_a$——下游尾水位，m；

$H_s$——吸出高度，m；

$b_0$——导叶高度，m。

2) 立轴轴流式水轮机和斜流式水轮机

$$Z_s = Z_a + H_s + xD_1 \tag{2-28}$$

式中 $x$——结构系数，转轮中心与导叶中心距离和 $D_1$ 的比值，一般取 $x = 0.38 \sim 0.46$；

$D_1$——转轮标称直径，m；

其他符号意义同上。

3)卧轴混流式和贯流式水轮机

$$Z_s = Z_a + H_s - \frac{D_1}{2} \tag{2-29}$$

3. 冲击式水轮机安装高程确定

冲击式水轮机无尾水管,除喷嘴、针阀和斗叶处可能产生间隙汽蚀外,不产生翼形汽蚀和空腔汽蚀,故其安装高程确定应在充分利用水头又保证通风和落水回溅不妨碍转轮运转的前提下,尽量减小水轮机的泄水高度 $h_p$。

$$Z_s = Z_{amax} + h_p \tag{2-30}$$

式中 $Z_{amax}$——下游最高水位(采用洪水频率 $p=2\%\sim5\%$ 相应的下游水位),m;

$h_p$——泄水高度,取 $h_p \approx (1\sim1.5)D_1$,立轴机组取大值,卧轴机组取小值。

# 任务四　水轮机的特性与选型

## 一、水轮机的相似原理

水轮机在各种工况下运行的特性可用水头 $H$、流量 $Q$、转速 $n$、出力 $N$、效率 $\eta$ 以及汽蚀系数 $\sigma$ 等参数,以及这些参数之间的关系来描述。但这些参数之间的关系非常复杂,目前完全用理论分析全面阐明其特性是不可能的。然而,在水电站设计中,为了选择适合于各水电站条件的水轮机,就必须了解水轮机的特性。所以,实践中均通过模型试验获取模型水轮机的全面性能,然后将模型试验成果换算到原型水轮机上去。为了模型的制作和完成这种换算,就要研究模型水轮机和原型水轮机之间的相似条件与相似定律。

### (一)水轮机的相似条件

水轮机的相似条件是指,满足这些条件后,模型水轮机与原型水轮机的水流流态相似,即模型水轮机中的水流运动就是原型水轮机水流运动的缩影,此时模型水轮机与原型水轮机水力性能相似,因而也有相似的工况。

要想模型水轮机与原型水轮机相似,就要满足流体力学相似条件。两个水轮机的液流如果要力学相似,必须具备以下三个条件:几何相似、运动相似和动力相似。

1. 几何相似

几何相似是指两个水轮机的过流部件形状相同(即过流部件几何形状的所有对应角相等),尺寸大小成比例,如图 2-44 所示,即

$$\beta_1' = \beta_{1m}', \beta_2' = \beta_{2m}' \tag{2-31}$$

$$\frac{D_1}{D_{1m}} = \frac{b_0}{b_{0m}} = \frac{a_0}{a_{0m}} = \cdots \tag{2-32}$$

式中 $\beta_1'$、$\beta_2'$——水轮机转轮叶片进、出口安装角;

$D_1$、$b_0$、$a_0$——水轮机的转轮直径、导叶高度、导叶开度。

有下标 m 者,代表模型水轮机参数,以下同此。

满足几何相似的一系列大小不同的水轮机,称为同轮系(或同型号)水轮机。只有同

轮系的水轮机才能建立起运动相似或动力相似。

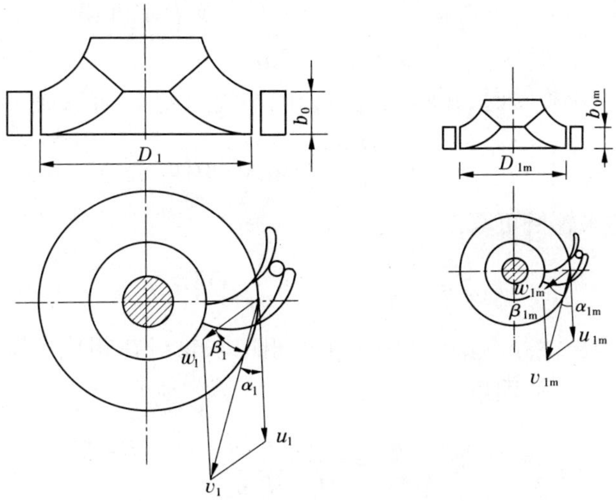


图 2-44　水轮机相似条件

2. 运动相似

运动相似是指同一轮系的水轮机，水流在过流通道中对应点的同名流速方向相同，大小成比例，即相应点的速度三角形相似，如图 2-44 所示，即

$$\frac{v_1}{v_{1m}} = \frac{u_1}{u_{1m}} = \frac{w_1}{w_{1m}} = \cdots \tag{2-33}$$

$$\alpha_1 = \alpha_{1m}, \beta_1 = \beta_{1m} \tag{2-34}$$

式中　$v_1$、$u_1$、$w_1$、$\alpha_1$、$\beta_1$——进口绝对速度、进口圆周速度、进口相对速度、进口绝对速度与圆周速度的夹角、进口相对速度与进口绝对速度的夹角。

从几何相似和运动相似的关系来说，运动相似时必须是几何相似，但几何相似的水轮机不一定是运动相似，因为有各种不同工况。

两水轮机运动相似就称此两水轮机为等角工作状态（或相似工况）。

3. 动力相似

动力相似是指同一轮系水轮机在等角工作状态下，水流在过流部件对应点的作用力（惯性力、重力、黏滞力、摩擦力等）数量相同、名称相同，且同名力的方向相同，大小成比例。此外，还包括相同的边界条件。例如，一个水流有自由表面，另一个水流也必须有自由表面。

在进行模型试验时，完全满足上述力学相似的三个条件是困难的，有时是不可能的（如表面相对糙度、黏滞力等），必须把这些矛盾主次分清，抓住主要矛盾，忽略某些次要条件，得出近似的关系式，待由模型换算到原型去时，再进行适当的修正。

**（二）水轮机的相似定律**

同一系列水轮机保持运动相似的工况简称为水轮机的相似工况。水轮机在相似工况下运行时，其各工作参数（如水头 $H$、流量 $Q$、转速 $n$ 等）之间的固定关系称为水轮机的相似定律，或称相似律、相似公式。

1. 转速相似律

设原型水轮机转轮进口处水流圆周速度为 $u$，由水力学可知

$$u = K_u \sqrt{2gH\eta_s} \tag{2-35}$$

水流质点绕轴等速旋转时，在转轮进口处的圆周速度 $u_1$ 可写成

$$u_1 = \frac{\pi D_1 n}{60} = K_{u_1}\sqrt{2gH\eta_s} \tag{2-36}$$

同理，对于模型水轮机可写出

$$u_{1m} = \frac{\pi D_{1m} n_m}{60} = K_{u_{1m}}\sqrt{2gH_m\eta_{sm}} \tag{2-37}$$

当忽略粗糙度和黏性等不相似的影响时，相似水轮机在相似工况下有 $K_{u_1} = K_{u_{1m}}$，将式(2-36)除以式(2-37)，整理得

$$\frac{n}{n_m} = \frac{D_{1m}\sqrt{H\eta_s}}{D_1\sqrt{H_m\eta_{sm}}} \tag{2-38}$$

式(2-38)称为水轮机的转速相似律，亦称为转速方程式。它表示几何相似水轮机在相似工况下，其转速与转轮直径成反比，而与有效水头的平方根成正比。

2. 流量相似律

通过水轮机转轮的有效流量可按下式计算

$$Q\eta_v = v_{m1} F_1 \tag{2-39}$$

式中 $Q\eta_v$——有效流量；

$v_{m1}$——转轮进口处的水流轴面流速，

$F_1$——转轮进口处的过水断面面积。

由水力学可知：

$$v_{m1} = K_{v_{m1}}\sqrt{2gH\eta_s} \tag{2-40}$$

而 $F_1$ 可写成

$$F_1 = \pi D_1 b_0 f = \pi f \bar{b}_0 D_1^2 = \alpha D_1^2$$

式中 $\bar{b}_0$——导叶相对高度，$\bar{b}_0 = \frac{b_0}{D_1}$；

$f$——转轮进口处的叶片排挤系数；

$\alpha$——综合系数，$\alpha = \pi f \bar{b}_0$。

将 $v_{m1}$ 和 $F_1$ 的表达式代入式(2-39)，可得

$$\frac{Q\eta_v}{D_1^2\sqrt{H\eta_s}} = \alpha K_{v_{m1}}\sqrt{2g} \tag{2-41}$$

同样，对模型水轮机也可写出

$$\frac{Q_m\eta_{vm}}{D_{1m}^2\sqrt{H_m\eta_{sm}}} = \alpha_m K_{v_{m1m}}\sqrt{2g} \tag{2-42}$$

对于相似水轮机有 $\alpha = \alpha_m$，当忽略粗糙度及黏性等不相似的影响时，有 $K_{v_{m1}} = K_{v_{m1m}}$，将式(2-41)除以式(2-42)，整理得

$$\frac{Q\eta_v}{Q_m\eta_{vm}} = \frac{D_1^2\sqrt{H\eta_s}}{D_{1m}^2\sqrt{H_m\eta_{sm}}} = 常数 \tag{2-43}$$

式(2-43)称为水轮机的流量相似律,亦称为流量方程式。它表示几何相似水轮机在相似工况下,有效流量与转轮直径的平方成正比,与其有效水头的平方根成正比。

3. 出力相似律

水轮机出力为

$$N = 9.81QH\eta \tag{2-44}$$

设式(2-43)右端的常数为 $C$,则可得 $Q = CD_1^2\sqrt{H\eta_s}/\eta_v$,代入式(2-44),并考虑到 $\eta = \eta_s\eta_v\eta_j$,得

$$\frac{N}{D_1^2(H\eta_s)^{\frac{3}{2}}\eta_j} = 9.81C \tag{2-45}$$

同理,对模型水轮机有

$$\frac{N_m}{D_{1m}^2(H_m\eta_{sm})^{\frac{3}{2}}\eta_{jm}} = 9.81C \tag{2-46}$$

由式(2-45)、式(2-46)得

$$\frac{N}{N_m} = \frac{D_1^2(H\eta_s)^{\frac{3}{2}}\eta_j}{D_{1m}^2(H_m\eta_{sm})^{\frac{3}{2}}\eta_{jm}} \tag{2-47}$$

式(2-47)称为水轮机的出力相似律,亦称为出力方程式。它表示几何相似水轮机在相似工况下,有效出力与转轮直径的平方成正比,与有效水头的3/2次方成正比。

假定 $\eta_s = \eta_{sm}$、$\eta_v = \eta_{vm}$、$\eta_j = \eta_{jm}$ 和 $\eta = \eta_m$,得出近似相似律公式如下

$$\frac{n}{n_m} = \frac{D_{1m}\sqrt{H}}{D_1\sqrt{H_m}} \tag{2-48}$$

$$\frac{Q}{Q_m} = \frac{D_1^2\sqrt{H}}{D_{1m}^2\sqrt{H_m}} \tag{2-49}$$

$$\frac{N}{N_m} = \frac{D_1^2H^{\frac{3}{2}}}{D_{1m}^2H_m^{\frac{3}{2}}} \tag{2-50}$$

**(三)水轮机的单位参数**

在进行水轮机模型试验时,由于试验装置情况和要求不同,水轮机的模型转轮直径和试验水头也不相同,因此模型试验得到的参数 $n$、$Q$、$N$ 也就不可能相同,这样就不便于进行水轮机的性能比较。为了比较时有一个统一的标准,通常规定把模型试验成果都统一换算成转轮直径 $D_1 = 1$ m、有效水头 $H = 1$ m 时的水轮机参数,这种参数就称为单位参数。单位参数有单位转速 $n_1'$、单位流量 $Q_1'$ 和单位出力 $N_1'$。

将式(2-48)、式(2-49)、式(2-50)分别改写为

$$\frac{nD_1}{\sqrt{H}} = \frac{n_mD_{1m}}{\sqrt{H_m}} = n_1',即\ n_1' = \frac{nD_1}{\sqrt{H}} \tag{2-51}$$

$$\frac{Q}{D_1^2\sqrt{H}} = \frac{Q_m}{D_{1m}^2\sqrt{H_m}} = Q'_1\text{，即 } Q'_1 = \frac{Q}{D_1^2\sqrt{H}} \tag{2-52}$$

$$\frac{N}{D_1^2H^{\frac{3}{2}}} = \frac{N_m}{D_{1m}^2H_m^{\frac{3}{2}}} = N'_1\text{，即 } N'_1 = \frac{N}{D_1^2H^{\frac{3}{2}}} \tag{2-53}$$

由上述表达式可以看出：当水轮机转轮直径 $D_1 = 1$ m、水头 $H = 1$ m 时，$n'_1$、$Q'_1$、$N'_1$分别等于水轮机的转速、流量和出力，所以 $n'_1$、$Q'_1$、$N'_1$分别被称为单位转速、单位流量和单位出力，统称为单位参数。

目前，在模型中整理试验成果时，或在初步设计时，都采用式(2-51)、式(2-52)、式(2-53)三公式，它应用简便，但比较粗糙，常作近似计算。特别是在水轮机选型计算中，可利用单位参数确定原型水轮机的主要参数(水轮机的直径 $D_1$、转速 $n$ 和流量 $Q$ 等)。

同系列水轮机在相似工况下，单位参数值相等，而当工况改变时，其值也要随之改变为另一个新的常数。因此，水轮机单位参数可以表示出相似水轮机的特性，是几何相似水轮机保持相似工况的一种判别准则。同时，对几何形状不同的各种系列水轮机，利用单位参数可以比较方便地进行过流能力、转速高低、出力大小、汽蚀性能好坏等方面的比较，选择性能较好的转轮。

显然，单位参数($n'_1$、$Q'_1$、$N'_1$)就代表了同轮系水轮机的一个工作状态(工况)。水轮机效率最高时的工作状态(工况)称为最优工作状态(最优工况)，相应于最优工作状态(最优工况)的单位参数称为最优单位参数，并分别以 $n'_{10}$、$Q'_{10}$、$N'_{10}$表示。

由流量相似律可知：$Q = Q'_1D_1^2\sqrt{H}$，则

$$N'_1 = \frac{N}{D_1^2H^{\frac{3}{2}}} = \frac{9.81QH\eta}{D_1^2H^{\frac{3}{2}}} = \frac{9.81Q'_1D_1^2H^{\frac{3}{2}}\eta}{D_1^2H^{\frac{3}{2}}} = 9.81\eta Q'_1$$

显然可知，$N'_1$ 并非独立参数，而是由 $Q'_1$ 换算得来的。因此，在单位参数中，常用的只有 $n'_1$ 和 $Q'_1$。由前述可知，单位出力 $N'_1$ 是由单位流量 $Q'_1$ 换算得来的。所以，只应用单位转速 $n'_1$ 和单位流量 $Q'_1$ 就可表示水轮机的工作状态(工况)。

**(四)水轮机的比转速**

水轮机的单位参数 $n'_1$、$Q'_1$、$N'_1$ 只能分别从不同的方面反映水轮机的性能。为了找到一个能综合反映水轮机性能的参数，提出了比转速的概念。

由 $n'_1 = \dfrac{nD_1}{\sqrt{H}}$，$N'_1 = \dfrac{N}{D_1^2H^{\frac{3}{2}}}$，可得

$$n_s = n'_1\sqrt{N'_1} = \frac{n\sqrt{N}}{H^{\frac{5}{4}}} \tag{2-54}$$

由式(2-54)可知，当工作水头 $H = 1$ m、发出功率 $N = 1$ kW 时，$n_s$ 在数值上等于水轮机所具有的转速 $n$，故称 $n_s$ 为水轮机的比转速。

比转速 $n_s$ 经换算，用单位参数表示为

$$n_s = 3.13n'\sqrt{Q'_1\eta} \tag{2-55}$$

比转速 $n_s$ 是与水轮机转轮直径无关的一个重要综合性参数，它反映了水轮机的转速

$n$、出力 $N$ 和水头 $H$ 的相互关系。显然，当工作状态（工况）不同时，单位参数不同，所以 $n_s$ 也不同。对同轮系水轮机而言，如果工作状态一定，则 $n_s$ 就是唯一的。通常规定以设计工况（即设计水头、额定转速、额定出力）的比转速 $n_s$ 值作为水轮机轮系的代表特征参数（也有采用最优工况下的比转速作为代表的）。$n_s$ 也可作为水轮机选择的主要依据。

以水轮机比转速的整数值代表水轮机转轮型号，从型号就可定性地估计该水轮机的基本性能和转轮形状。选择水轮机时，如果客观条件允许，采用比转速较高的水轮机是有利的，因为：

（1）在相同水头和相同出力条件下工作的水轮机，比转速越大则转速越高，机组尺寸较小，故厂房尺寸也小，可降低水电站投资。

（2）在水头一定的情况下，水轮机转速相同时，比转速大的水轮机出力也大，其动能效益可增大。但比转速大的水轮机，其汽蚀系数也大，这就限制了比转速的提高。

因此，在满足汽蚀性能要求下，尽可能选比转速较高的水轮机。

## 二、模型水轮机的修正

### （一）水轮机效率的修正

在实际应用中采用的近似相似律是在假定原型水轮机与模型水轮机的效率相等的条件下得出的，然而实际上原型水轮机与模型水轮机的效率是不等的，其原因如下：

（1）原型水轮机与模型水轮机过流部件的加工精度基本相同，但糙率不可能按比例加工，因此两水轮机的水力损失是不同的，原型水轮机的水力损失要比模型水轮机的水力损失小。

（2）通过原型水轮机和模型水轮机的水流，其黏滞力是相等的，但其对水轮机的相对影响是不同的，对原型水轮机的影响要比对模型水轮机的影响小得多。

（3）由于制造工艺原因，原型水轮机和模型水轮机转轮与固定部件的间隙基本相同，但原型水轮机的相对容积损失和相对机械损失要比模型水轮机小得多。

由于上述原因，原型水轮机的效率总是大于模型水轮机的效率。所以，将模型试验成果换算为原型时必须进行效率修正。水轮机的效率是由水力效率、容积效率和机械效率三部分组成的，但模型试验只能测出水轮机总效率，故在进行效率修正时只能对水轮机总效率进行修正。我国目前采用的修正方法是：先对最优工况（最高效率）进行修正，求得效率修正值，然后采用同一修正值对其他工况修正。

初步设计时，原型水轮机最高效率计算采用下列公式：

混流式水轮机

当 $H \leqslant 150$ m 时
$$\eta_{max} = 1 - (1 - \eta_{mmax})\sqrt[5]{\frac{D_{1m}}{D_1}} \tag{2-56}$$

当 $H > 150$ m 时
$$\eta_{max} = 1 - (1 - \eta_{mmax})\sqrt[5]{\frac{D_{1m}}{D_1}}\sqrt[20]{\frac{H_m}{H}} \tag{2-57}$$

轴流式水轮机

$$\eta_{max} = 1 - (1 - \eta_{mmax})\left(0.3 + 0.7\sqrt[5]{\frac{D_{1m}}{D_1}}\sqrt[10]{\frac{H_m}{H}}\right) \tag{2-58}$$

式中 $\eta_{max}$、$\eta_{mmax}$——原型水轮机和模型水轮机的最高效率；

$D_1$、$D_{1m}$——原型水轮机和模型水轮机的转轮直径；

$H$、$H_m$——原型水轮机和模型水轮机的水头。

考虑制造工艺的影响，计入工艺修正值 $\Delta\eta_{工}$，则最优工况时的效率修正值为

$$\Delta\eta = \eta_{max} - \eta_{mmax} - \Delta\eta_{工} \tag{2-59}$$

大型水轮机，$\Delta\eta_{工}=1\%\sim2\%$；中小型水轮机，$\Delta\eta_{工}=2\%\sim4\%$。

其他工况时原型水轮机效率为

$$\eta = \eta_m + \Delta\eta \tag{2-60}$$

对于转桨式水轮机，因每一个转轮叶片转角 $\varphi$ 都有一个最高效率 $\eta_{\varphi max}$，相应于不同转轮叶片转角 $\varphi$ 的最高效率 $\eta_{\varphi max}$ 都有一个效率修正值 $\Delta\eta_{\varphi}$，故对转桨式水轮机应按不同转轮叶片转角 $\varphi$ 分别计算。

**（二）单位转速 $n_1'$ 和单位流量 $Q_1'$ 的修正**

原型水轮机在其他工况下的单位转速和单位流量为

$$n_1' = n_{1m}' + \Delta n_1' \tag{2-61}$$

$$Q_1' = Q_{1m}' + \Delta Q_1' \tag{2-62}$$

单位转速和单位流量的修正值为

$$\Delta n_1' = n_{10}' - n_{10m}' = n_{10m}'\left(\sqrt{\frac{\eta_{max}}{\eta_{mmax}}} - 1\right) \tag{2-63}$$

$$\Delta Q_1' = Q_{10}' - Q_{10m}' = Q_{10m}'\left(\sqrt{\frac{\eta_{max}}{\eta_{mmax}}} - 1\right). \tag{2-64}$$

$n_{10}'$、$Q_{10}'$为最优工况时的单位转速和单位流量。一般 $\Delta Q_1'$ 与 $Q_1'$ 相比很小，可忽略不计，即不再进行单位流量的修正。对单位转速，当$\frac{\Delta n_1'}{n_{10m}'}=\left(\sqrt{\frac{\eta_{max}}{\eta_{mmax}}}-1\right)<3\%$时，$\Delta n_1'$ 亦可忽略不计，不进行单位转速的修正。

## 三、水轮机的特性曲线

用来表示水轮机各参数之间相互关系的曲线称为水轮机的特性曲线。水轮机的特性曲线可分为线性特性曲线和综合特性曲线两类。

**（一）线性特性曲线**

当其他参数为常数时，表示两个参数之间关系的特性曲线称为线性特性曲线。线性特性曲线按其所表达的内容不同，又分为转速特性曲线、工作特性曲线和水头特性曲线。

1. 转速特性曲线

转速特性曲线表示当水轮机导叶开度 $a_0$、叶片转角 $\varphi$ 和水头 $H$ 为常数时，其他参数与转速之间的关系，如图 2-45 所示。

不同比转速的水轮机其转速特性也是不同的，在偏离额定转速时，低比转速水轮机的效率下降较快，而高比转速水轮机则下降较慢。低比转速水轮机的效率对转速的变化比较敏感。

2. 工作特性曲线

一般来说,在机组负荷是经常变化的情况下,为表示水轮机工作在固定的转速和水头下的特性而绘制的曲线,称为水轮机工作特性曲线,如图 2-46 所示。

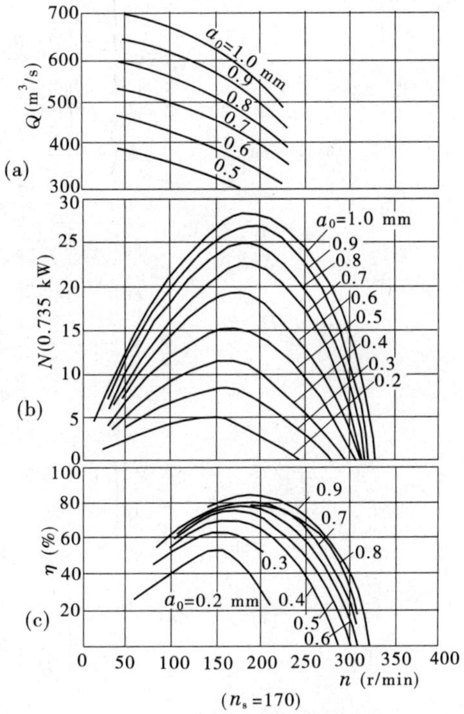


图 2-45 水轮机转速特性曲线

水轮机的工作特性曲线有三个重要的特征点:

(1)当功率为零时,流量不为零,此处的流量 $Q$ 称为空载流量,对应的导叶开度称为空载开度。这时的流量很小,水流作用于转轮的力矩仅够克服阻力而维持转轮以额定转速旋转,没有输出功率。

(2)效率最高点对应的流量为最优流量。

(3)功率曲线最高点处的功率,称为极限功率,对应的流量称为极限流量。

三种工作特性曲线可以相互转换,将一种形式变换成任何其他一种形式。从任何一种工作特性曲线上都可以看出水轮机的空载开度及所对应的流量,也可以看出水轮机的最优工况所对应的水轮机导叶开度、流量与出力。

3. 水头特性曲线

水轮机在转速、导叶开度为某常数时,其流量 $Q$、出力 $N$、效率 $\eta$ 与水头 $H$ 之间的关系曲线为水头特性曲线,如图 2-47 所示。

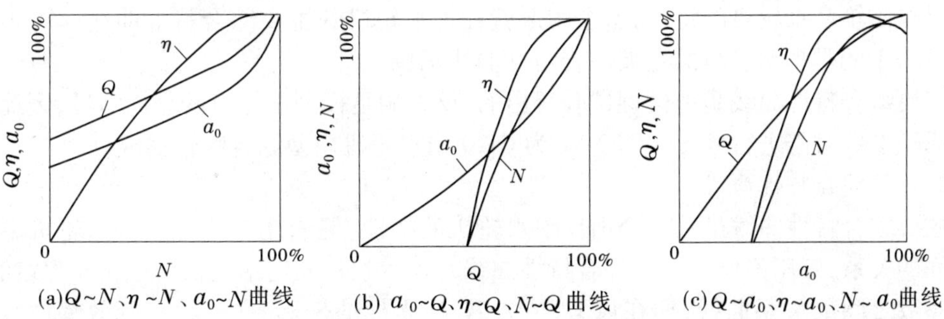


图 2-46 水轮机工作特性曲线

**(二)综合特性曲线**

能反映水轮机各参数变化的曲线称为综合特性曲线。综合特性曲线又分为主要(或转轮)综合特性曲线和运转(或运行)综合特性曲线。

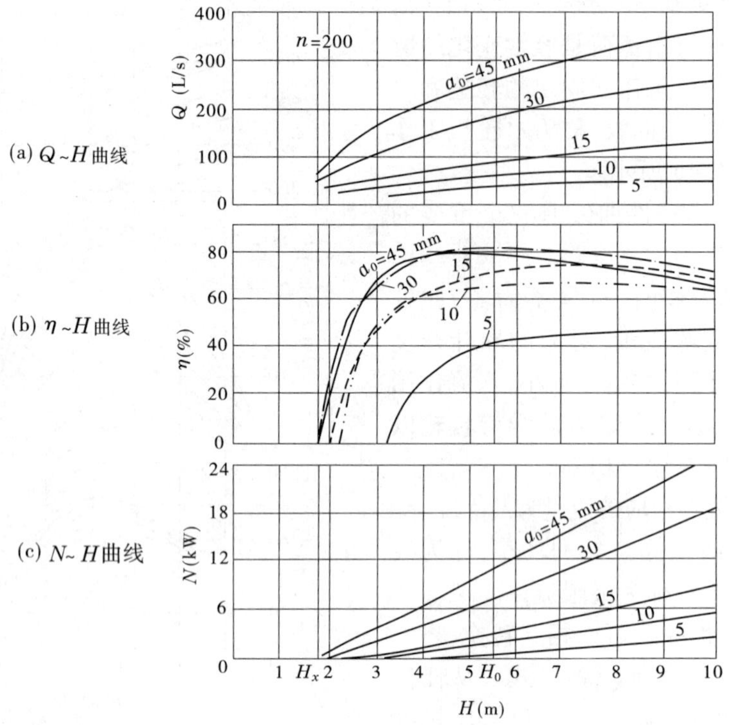


**图 2-47 水轮机水头特性曲线**

1. 主要综合特性曲线

在以 $n_1'$ 为纵坐标和以 $Q_1'$ 为横坐标的坐标系中,绘出等效率线 $\eta=f(n_1',Q_1')$、等导叶开度线 $a_0=f(n_1',Q_1')$、等汽蚀系数线 $\sigma=f(n_1',Q_1')$ 及相应出力限制线。该坐标系中的任意一点就表示了该轮系水轮机的一个工况(工作状态)。由这些曲线所组成的图形就可全面反映该轮系水轮机的特性,这个图形就称为水轮机的主要综合特性曲线。图 2-48 ~ 图 2-51为不同类型水轮机的主要综合特性曲线示例。

主要综合特性曲线是由模型试验得出的,反映的是模型水轮机的全面特性,因此在换算为原型参数时需进行修正。图 2-52 为 CJ20 型水轮机模型综合特性曲线。

2. 运转综合特性曲线

主要综合特性曲线虽然能全面反映水轮机的特性,但未能直观地反映水轮机主要参数之间的关系,查用不便。运转综合特性曲线是表示某一固定水轮机($D_1$ 和 $n$ 为定值)各主要参数之间的关系曲线,即在以 $H$、$N$ 为纵、横坐标的坐标系中,绘出等效率曲线 $\eta=f(N,H)$ 和等吸出高度曲线 $H_s=f(N,H)$ 及出力限制线,如图 2-53 所示。

运转综合特性曲线一般由水轮机厂家提供,也可由主要综合特性曲线根据相似律换算绘出。图中出力限制线受两方面的影响:水头较高时,水轮机出力较大,此时出力受发电机容量限制,其限制线为一条竖直线;水头较低时,水轮机出力较小,达不到发电机额定容量,此时出力受水轮机最大过流能力和效率的限制,限制线近于一条斜直线。所以,在运转综合特性曲线上,出力限制线为一折线,折点处对应的水头即为水轮机达到额定出力的最小水头,也就是水轮机的设计水头。混流式水轮机的出力限制线由 5% 出力限制线换算而来，而转桨式水轮机则受汽蚀系数的限制。运转综合特性曲线对水轮机的选择，特别是水轮机的运行管理都有重要用途。

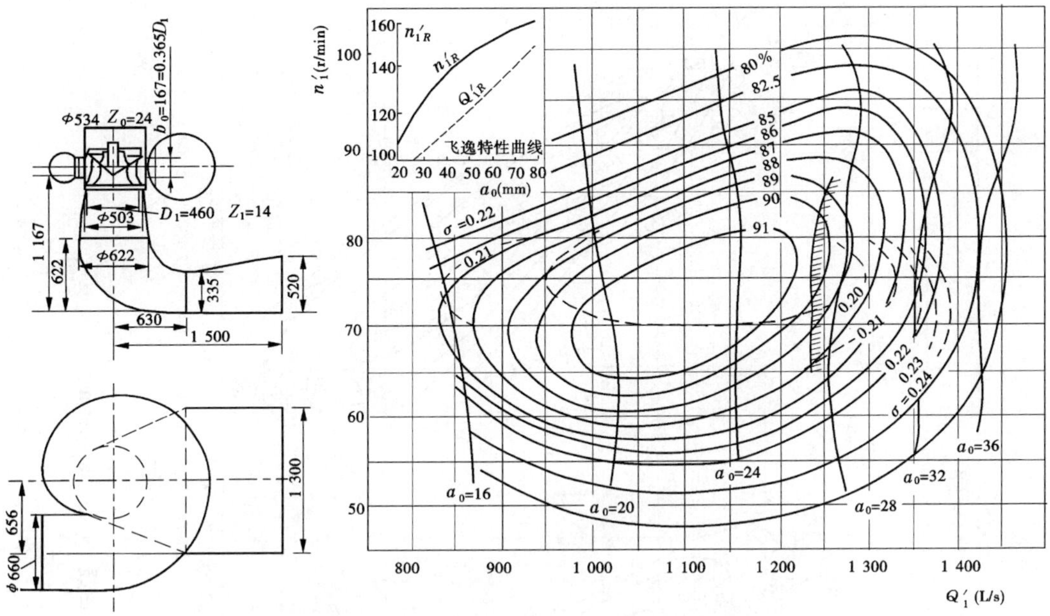

图 2-48　HL240－46 型转轮主要综合特性曲线　（尺寸单位：mm）

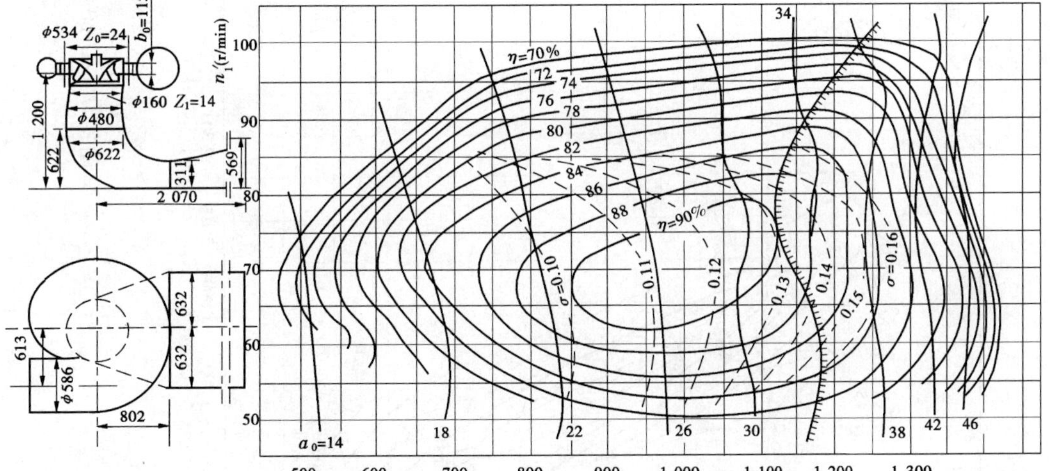

图 2-49　HL220－46 型转轮主要综合特性曲线　（尺寸单位：mm）

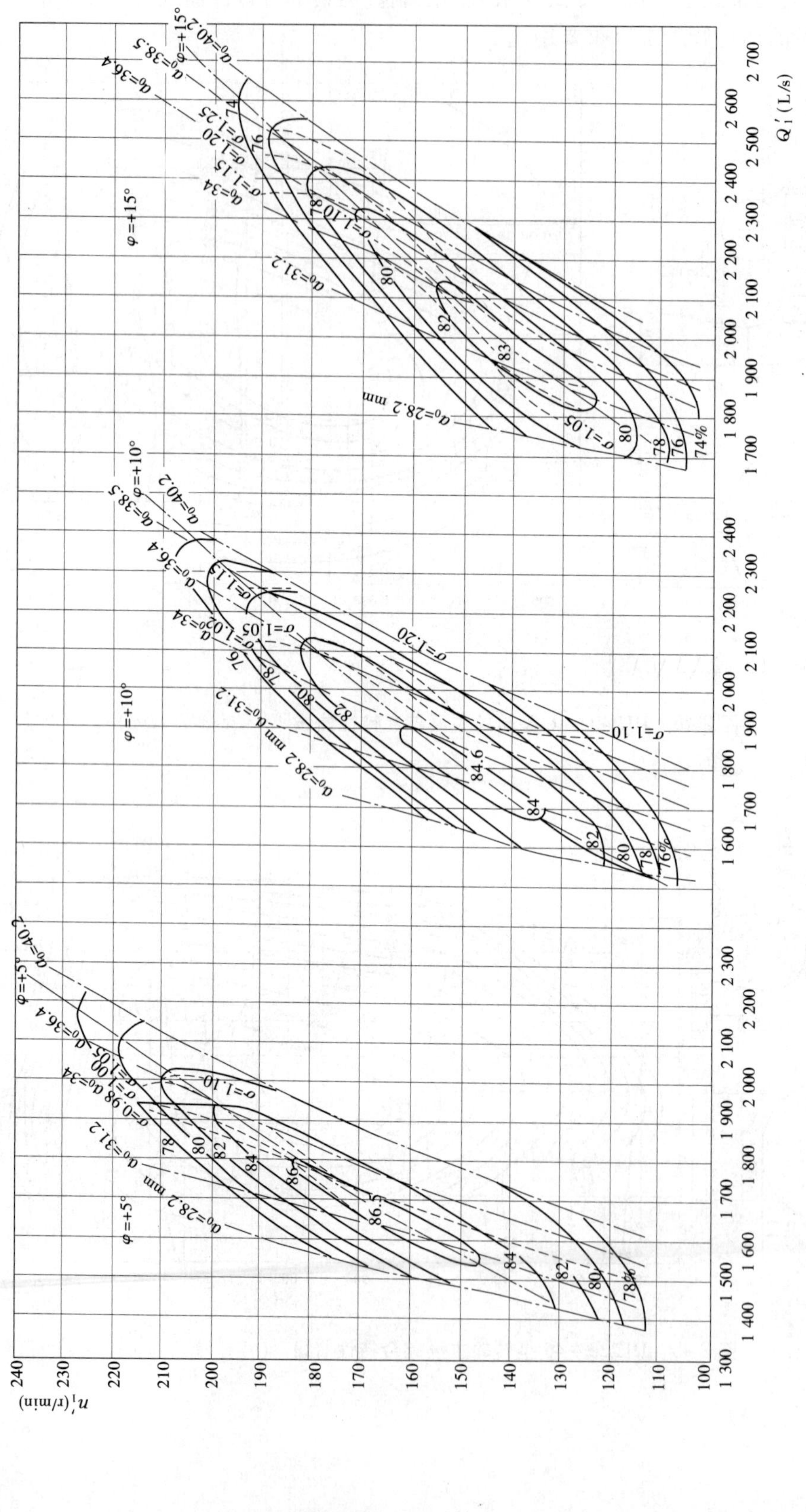


图2-50 ZD760型转轮主要综合特性曲线 （尺寸单位：mm）

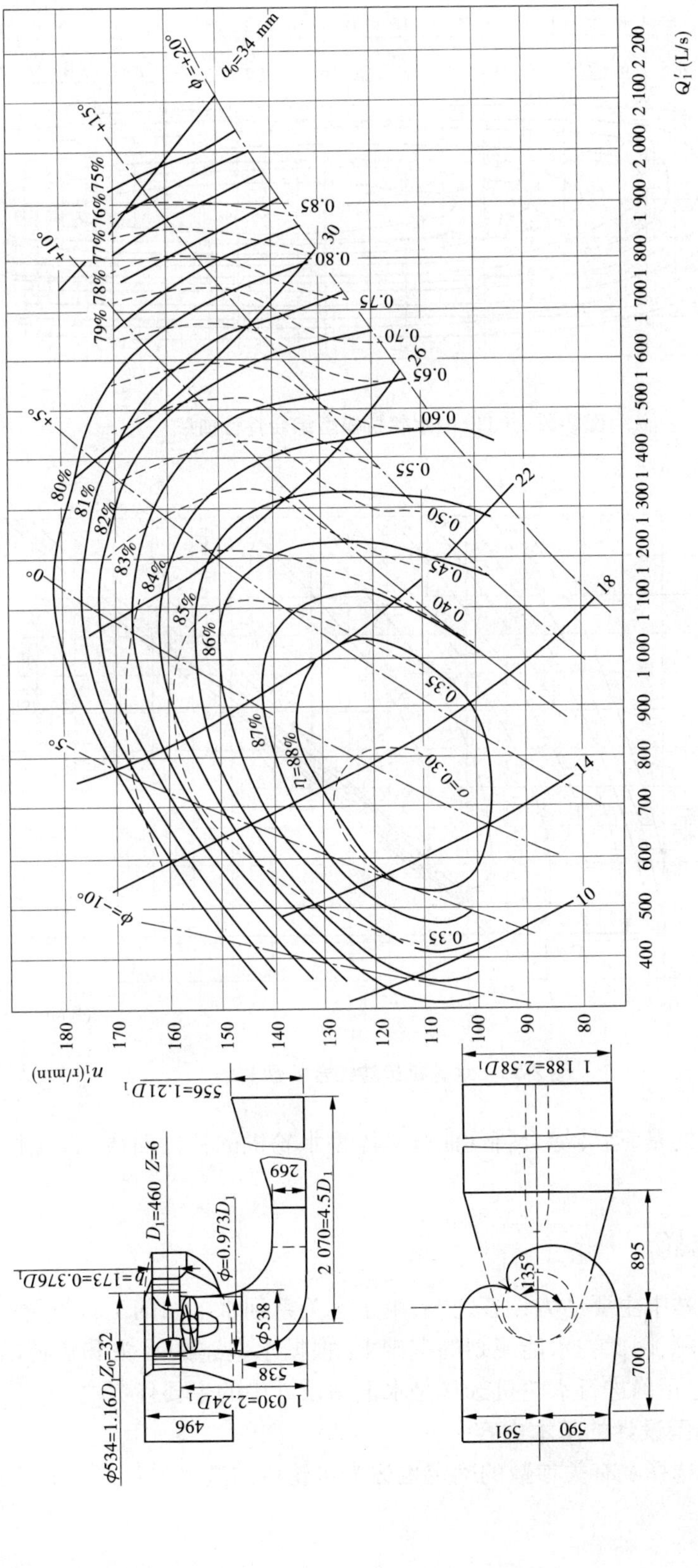


图2-51　ZZ440型转轮主要综合特性曲线（尺寸单位：mm）

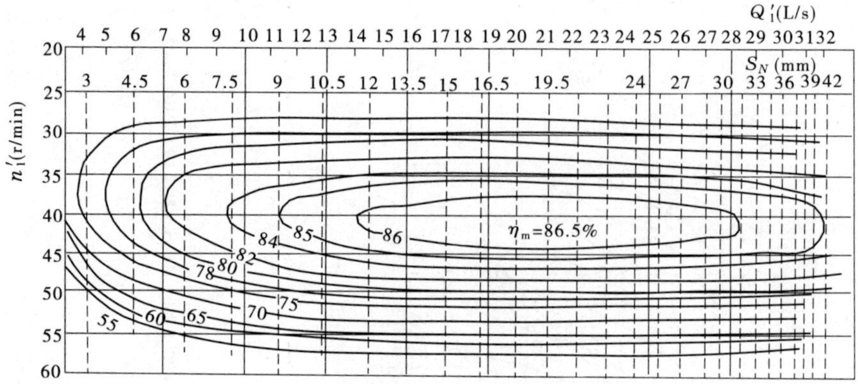


图 2-52 CJ20 型水轮机模型综合特性曲线

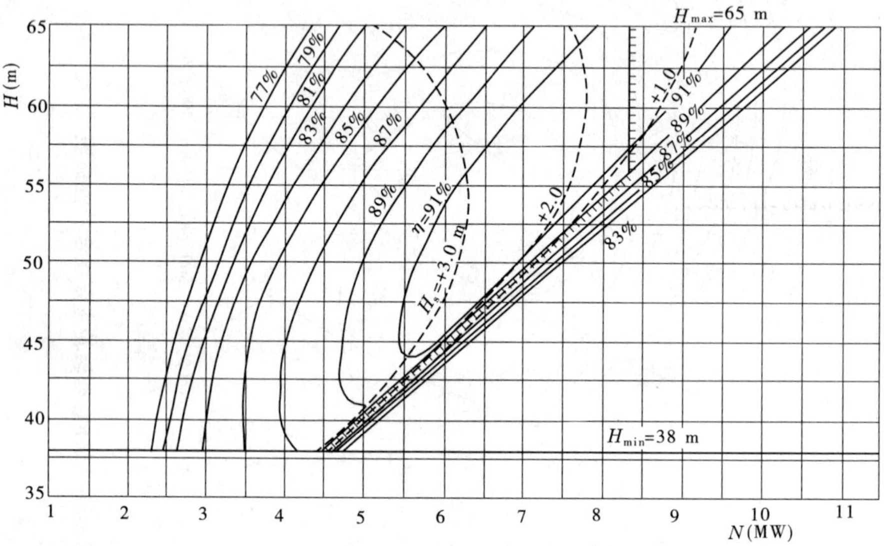


图 2-53 水轮机运转综合特性曲线

特别需要说明的是，运转综合特性曲线是原型水轮机的特性曲线，曲线上的数据均为原型水轮机数据。

## 四、水轮机选择

水轮机是水电站中主要动力设备之一，由于它关系到水电站的工程投资、安全运行和经济效益等重大问题，因此在水能规划的基础上，根据水电站的水头和负荷的工作范围、水电站的运行方式，正确进行水轮机选择是水电站设计中的主要任务之一。

### （一）水轮机选型设计的基本内容

水轮机型号的选择及有关参数的确定也称为水轮机的选型设计。水轮机选型设计包括以下基本内容：

(1)根据水能规划推荐的电站总容量确定机组的台数和单机容量。

(2)选择水轮机的型号及装置方式。

(3)确定水轮机的转轮直径、额定出力、同步转速、安装高程等基本参数。

(4)绘制水轮机的运转综合特性曲线。

(5)确定蜗壳、尾水管的形式及它们的主要尺寸,以及估算水轮机的重量和价格。

(6)选择调速设备及水轮机进水阀。

(7)结合水电站运行方式和水轮机的技术标准,拟定设备定购技术条件。

**(二)水轮机选型设计的基本要求**

水轮机的选型设计要充分考虑水能、水文、地质、枢纽布置以及水轮机制造、运输、安装、运行维护和电力系统等诸方面的因素,并和水工、电气设计协调,列出水轮机可能的待选方案进行动能经济比较和综合分析,力求选出技术上先进可靠、经济上合理的水轮机,具体的要求可归纳如下:

(1)水轮机有较好的能量特性,在额定水头情况下能保证发出额定出力,额定水头以下的机组受阻容量小,水电站全厂机组平均效率高。

(2)水轮机性能要与水电站的整体运行方式和谐一致,运行稳定,可靠灵活,有良好的抗汽蚀和抗磨损性能,对多泥沙河流上的电站更应如此。

(3)水轮机的结构设计合理,便于安装与操作、检修与维护。

(4)选择生产能力强、制造技术水平高、合作信誉好的制造厂商,使机组制造、供货、设备的技术要求能得到可靠保证。

(5)考虑适度合理的经济节省原则。

**(三)水轮机选型设计需要收集和整理的基本资料**

水轮机选型设计时需要收集和整理的基本资料有以下几方面。

1. 枢纽工程资料

枢纽工程资料包括河流水能总体规划、开发方式、水文、地质、水库调节性能、枢纽布置、电站类型、厂房形式、工程施工组织、工期安排等。其中,水电站的总装机容量、保证出力、径流数据、水质状况、上游特征水位与下泄流量之间的关系,下游水位与流量的关系,引水渠道特征尺寸与底坡等都是选型设计时要直接使用的主要资料。

2. 电力系统资料

电力系统资料包括电站所在系统负荷构成、负荷规划、电站在系统中担当的角色、系统对电站的特殊要求及与其他电站并列调配的运行方式等方面的有关资料。

3. 水轮机产品技术资料

水轮机产品技术资料包括国内外水轮机的技术资料、产品目录及相关技术特性资料,水轮机生产厂商的技术水平、执行标准、经营状况与信誉等级,国内外正在设计、施工和已经运行的同类水电站的水轮机选型设计及运行效果等方面的有关资料。

4. 运输及安装条件

了解设备供应地和水电站之间的交通条件、设备的现场装配条件、现场使用的专用加工设备的可行性等。

5. 其他

工程投资意向及一些其他特殊要求。

**（四）确定机组台数和单机容量时要考虑的因素**

依据水能计算结果确定水电站总装机容量时，不仅要考虑电站设计保证率、保证出力、备用容量、多年平均发电量、水电站年利用小时等动能参数，还要从宏观上考虑水电站的总投资、年效益等经济指标。除有特殊要求或在小型水电站中受来流条件限制，才考虑安装不同型号和不同容量的机组外，一般情况下，同一水电站中希望安装同一型号和相同容量的水轮机。这对水电站的设计、建设以及运行与维护都是有利的。下面的讨论是基于安装相同型号和相同单机容量的机组进行的。确定水电站机组台数和单机容量时，还要综合考虑下面的因素。

1. 机组台数与工程建设费用的关系

在水电站的装机容量基本已定的情况下，机组台数增多，单机容量减小。通常大机组单位千瓦耗材少，整体设备费用低；另外，机组台数少，厂房所占的平面尺寸也会减少。因此，较少的机组台数有利于降低工程建设费用。

2. 机组台数与设备制造、运输、安装及枢纽布置的关系

单机容量大，可能会在制造、安装和运输方面增加一定的难度。然而有些大型或特大型水电站，由于受枢纽平面尺寸的限制，总希望单机容量制造得大些，如葛洲坝、三峡水电站。

3. 机组台数与水电站运行效率的关系

水轮机在额定出力或接近额定出力时，运行效率较高。机组台数不同，水电站的平均效率也不同。图 2-54 中给出了水电站安装 1 台、2 台和 4 台机组时单机效率和水电站平均效率的关系。机组台数越少，平均效率越低。但机组台数多到一定程度，再增加台数对水电站运行效率增加的效果就不显著了。通常在系统中担任基荷的水电站，经常满负荷运行，一般选择较少的机组台数。若在系统中担任峰荷且承担调频任务，由于负荷经常变动，为了使每台机组都能在高效率区工作，则相应选择较多的机组台数。

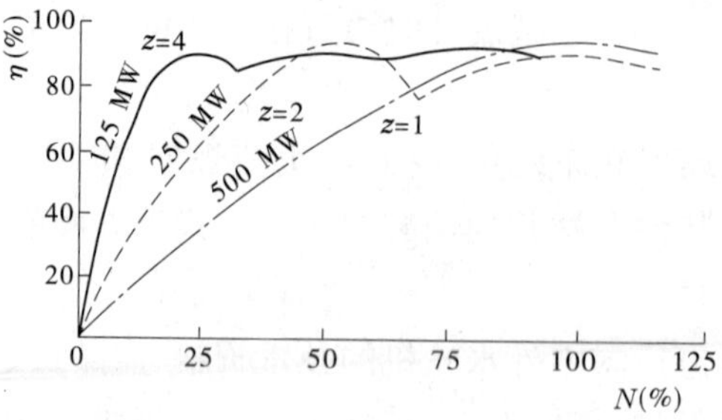


**图 2-54　机组台数对效率的影响**

另外，机型不同，高效率区范围大小也不同。如轴流转桨式水轮机或水斗式水轮机就

要比混流式机组高效率区域宽，而轴流定桨式水轮机高效率工作区域最窄。对于高效率工作区域较窄的，机组台数应适当多一些。

4. 机组台数与水电站运行维护的关系

机组台数多，单机容量小，运行方式灵活，单台事故所产生的影响小，机组轮换检修容易安排，难度也小。但机组台数多，发生事故的概率也随之增高，同时管理人员多，维护耗材多，运行费用也相应提高。

5. 机组台数与电气主接线的关系

对采用扩大单元的电气主接线方式，机组台数为偶数有利。但由于大型机组主变压器受容量限制，采用单元接线方式，机组台数为单、偶数均可。

从上面的分析可以看出，在选择水电站机组台数时，要考虑的因素很多，彼此关联，甚至相互制约。因此，在确定机组台数时，要根据具体条件具体分析，进行综合平衡。一般水电站机组不应少于 2 台，对于具体的水电站，要经过充分的技术、经济分析论证，从而确定出合适的机组台数。

**（五）水轮机的标准系列**

对于水力发电工程，由于各开发河段水力资源的自然条件不同，开发利用的情况不同，所以各水电站的工作水头和应用流量范围也不同。水轮机受自身能量特性、汽蚀特性及强度条件等限制，适应的水头和流量范围也有一定的限制，像轴流定桨式水轮机对工作流量的适应范围就非常狭窄。如果过分追求水电站的经济、安全和高效运行，就必须有很多种不同类型、不同系列和不同尺寸的水轮机来适应各种水电站的要求，这样一来，不仅使水轮机的型号、品种和数目相当烦杂，而且也增加了科研、设计工作的难度，提高了设备生产费用和制造成本。为了克服这些缺点，同时又能使水轮机基本满足不同自然条件的水电站，水轮机行业在长期生产实践和模型试验的基础上，推荐出一些水轮机的标准系列，尽可能使水轮机的生产达到某种程度的系列化、通用化和标准化。一方面，减少和控制水轮机系列和每个系列的品种，以便于缩短生产周期和降低生产成本；另一方面，也能够使那些常规的、没有特殊要求的水电站按自己的自然条件和要求选到合适或相对合适的水轮机。

在有关的水电站设计手册中，对水轮机的标准系列进行了规定和汇总，供选择水轮机时比较和参考。下面对其中的一些内容简单介绍如下。

1. 水轮机的系列型谱

我国在 1974 年汇总编制了反击式水轮机暂行系列型谱，型谱中列出的转轮是经长期实践验证适应于某一水头段相对优秀的转轮。表 2-5 是大中型轴流式水轮机暂行系列型谱及对应转轮参数，表 2-6 为大中型混流式水轮机暂行系列型谱及对应的转轮参数，表 2-7为中小型轴流式、混流式水轮机暂行系列型谱及对应的转轮参数。在型谱中，水轮机使用的转轮型号规定一律采用统一的比转速代号，由于这些转轮都是国外的研究成果，刚引进时型号标注比较混乱。制定型谱时，曾用旧型号的水轮机已安装在我国的水电站中运行，为了便于对照和查阅相关资料，在型谱中也列出了部分曾用旧型号。

表 2-5 大中型轴流式水轮机转轮参数(暂行系列型谱)

| 适用水头范围 $H$(m) | 转轮型号 | | 转轮叶片数 $Z_1$(个) | 轮毂比 $D_b/D_1$ | 导叶相对高度 $b_0/D_1$ | 最优单位转速 $n'_{10}$ (r/min) | 推荐使用的单位最大流量 $Q'_1$ (L/s) | 模型汽蚀系数 $\sigma_m$ |
|---|---|---|---|---|---|---|---|---|
| | 使用型号 | 曾用旧型号 | | | | | | |
| 3 ~ 8 | ZZ600 | ZZ55,4K | 4 | 0.33 | 0.488 | 142 | 2 000 | 0.7 |
| 10 ~ 22 | ZZ560 | ZZA30,ZZ005 | 4 | 0.40 | 0.400 | 130 | 2 000 | 0.59 ~ 0.77 |
| 15 ~ 20 | ZZ460 | ZZ105,5K | 5 | 0.50 | 0.382 | 116 | 1 750 | 0.60 |
| 20 ~ 36(40) | ZZ440 | ZZ587 | 6 | 0.50 | 0.375 | 115 | 1 650 | 0.38 ~ 0.65 |
| 30 ~ 55 | ZZ360 | ZZA79 | 8 | 0.55 | 0.350 | 107 | 1 300 | 0.21 ~ 0.41 |

表 2-6 大中型混流式水轮机转轮参数(暂行系列型谱)

| 适用水头范围 $H$(m) | 转轮型号 | | 导叶相对高度 $b_0/D_1$ | 最优单位转速 $n'_{10}$ (r/min) | 推荐使用的单位最大流量 $Q'_1$ (L/s) | 模型汽蚀系数 $\sigma_m$ |
|---|---|---|---|---|---|---|
| | 使用型号 | 曾用旧型号 | | | | |
| < 30 | HL310 | HL365,Q | 0.391 | 88.3 | 1 400 | 0.360* |
| 25 ~ 45 | HL240 | HL123 | 0.365 | 72.0 | 1 240 | 0.200 |
| 35 ~ 65 | HL230 | HL263,$H_2$ | 0.315 | 71.0 | 1 110 | 0.170* |
| 50 ~ 85 | HL220 | HL702 | 0.250 | 70.0 | 1 150 | 0.133 |
| 90 ~ 125 | HL200 | HL741 | 0.200 | 68.0 | 960 | 0.100 |
| | HL180 | HL622(改型) | 0.200 | 67.0 | 860 | 0.085 |
| 110 ~ 150 | HL160 | HL638 | 0.224 | 67.0 | 670 | 0.065 |
| 140 ~ 200 | HL110 | HL129,$E_2$ | 0.118 | 61.5 | 380 | 0.055* |
| 180 ~ 250 | HL120 | HLA41 | 0.120 | 62.5 | 380 | 0.060 |
| 230 ~ 320 | HL100 | HLA45 | 0.100 | 61.5 | 280 | 0.045 |

注:加 * 者为装置汽蚀系数 $\sigma_s$,$\sigma_s = \dfrac{10 - \dfrac{\nabla}{900} - H_s}{H}$。

表 2-7 中小型轴流式、混流式水轮机转轮参数(暂行系列型谱)

| 适用水头范围 $H$(m) | 转轮型号 | | 最优单位转速 $n'_{10}$ (r/min) | 设计单位转速 $n'_1$ (r/min) | 设计单位流量 $Q'_1$ (L/s) | 模型汽蚀系数 $\sigma_m$ | 模型转轮 | |
|---|---|---|---|---|---|---|---|---|
| | 使用型号 | 曾用旧型号 | | | | | 直径 $D_{1m}$(mm) | 叶片数 $Z_1$(个) |
| 2 ~ 6 | ZD760 $\varphi=+10°$ | ZDJ001 $\varphi=+10°$ | 150 | 170 | 1 795 | 0.99 | | |
| 4 ~ 14 | ZD560 $\varphi=+10°$ | ZDA30 $\varphi=+10°$ | 130 | 150 | 1 600 | 0.750 | | |
| 5 ~ 20 | HL310 | HL365 | 90.8 | 95 | 1 470 | 0.360* | 390 | 15 |
| 10 ~ 35 | HL260 | HL300 | 73 | 77 | 1 320 | 0.280* | 350 | 15 |
| 30 ~ 70 | HL220 | HL702 | 70 | 71 | 1 140 | 0.133 | 460 | 14 |
| 45 ~ 120 | HL160 | HL638 | 67 | 71 | 670 | 0.065 | 460 | 17 |
| 20 ~ 180 | HL110 | HL129, $E_2$ | 61.5 | 62 | 360 | 0.055* | 540 | 17 |
| 125 ~ 240 | HL110 | HLA45 | 61.5 | 62 | 270 | 0.035 | 400 | 17 |

注:加 * 者为装置汽蚀系数。

在水头 9 m 以下,使用轴流定桨式水轮机时,例如我国金华水轮机厂研制的金华一号,也就是 ZD760 型转轮,其相应参数见表 2-8。

表 2-8 ZD760 型转轮参数

| 转轮叶片数 $Z_1$(个) | 4 | | |
|---|---|---|---|
| 导叶相对高度 $b_0/D_1$ | 0.45 | | |
| 叶片转角(°) | +5 | +10 | +15 |
| 最优单位转速 $n'_{10}$(r/min) | 165 | 148 | 140 |
| 最优单位流量 $Q'_{10}$(L/s) | 1 670 | 1 795 | 1 965 |
| 模型汽蚀系数 $\sigma_m$ | 0.99 | 0.99 | 1.15 |

另外,还有一些转轮,虽然还够不上上型谱,经过实际应用,觉得效果还不错,一些相关的手册也向用户作了推荐,如表 2-9 所示。

水斗式水轮机目前常用的有两个轮系,其转轮参数见表 2-10。

2. 水轮机转轮尺寸系列

反击式水轮机转轮标称直径 $D_1$ 的尺寸系列规定如表 2-11 所示。

3. 水轮发电机标准同步转速

水轮发电机的标准同步转速与磁极对数有关,如表 2-12 所示。

表 2-9 可供选用的大中型混流式水轮机转轮参数

| 适用水头范围 $H$(m) | 转轮型号 | | 导叶相对高度 $b_0/D_1$ | 最优单位转速 $n'_{10}$ (r/min) | 推荐使用的单位最大流量 $Q'_1$ (L/s) | 模型汽蚀系数 $\sigma_m$ |
|---|---|---|---|---|---|---|
| | 使用型号 | 曾用旧型号 | | | | |
| 45 ~ 65 | HL002 | A - 36 | 0.250 | 70.0 | 882 | |
| <70 | HLA112 | | 0.315 | 77.0 | 1 250 | 0.140 |
| 80 ~ 120 | HL001 | A - 12 | 0.200 | 68.5 | 890 | 0.086 |
| <150 | HLD06a | | 0.224 | 70.0 | 840 | 0.055 |
| 250 ~ 320 | HL006 | A - 34 | 0.100 | 61.5 | 242 | 0.035 |
| 250 ~ 400 | HL133 | HL683 | 0.100 | 61.0 | 228 | 0.035 |
| 240 ~ 450 | HL128 | F - 8 | 0.075 | 60.0 | 188 | 0.045 |

表 2-10 水斗式水轮机转轮参数

| 适用水头范围 $H$(m) | 转轮型号 | | 水斗数 $Z_1$ | 最优单位转速 $n'_{10}$ (r/min) | 推荐使用的单位最大流量 $Q'_1$ (L/s) | 模型汽蚀系数 $\sigma_m$ | 说明 |
|---|---|---|---|---|---|---|---|
| | 使用型号 | 曾用旧型号 | | | | | |
| 100 ~ 260 | CJ22 | $Y_1$ | 20 | 40 | 45 | 8.66 | 对 CJ22 适当加厚根部可用至 400 m 水头 |
| 400 ~ 600 | CJ20 | $P_2$ | 20 ~ 22 | 39 | 30 | 11.30 | |

表 2-11 反击式水轮机转轮标称直径 $D_1$ 尺寸系列 (单位:cm)

| | | | | | | | | | |
|---|---|---|---|---|---|---|---|---|---|
| 25 | 30 | 35 | (40) | 42 | 50 | 60 | 71 | (80) | 84 |
| 100 | 120 | 140 | 160 | 180 | 200 | 225 | 250 | 275 | 300 |
| 330 | 380 | 410 | 450 | 500 | 550 | 600 | 650 | 700 | 750 |
| 800 | 850 | 900 | 950 | 1 000 | (1 020) | (1 130) | | | |

注:括号中的数字仅适用于轴流式水轮机。

表 2-12 磁极对数与同步转速的关系

| | | | | | | | | | |
|---|---|---|---|---|---|---|---|---|---|
| 磁极对数 $p$ | 3 | 4 | 5 | 7 | 8 | 9 | 10 | 12 | 14 |
| 同步转速 $n$(r/min) | 1 000.0 | 750.0 | 600.0 | 428.6 | 375.0 | 333.3 | 300.0 | 250.0 | 214.3 |
| 磁极对数 $p$ | 16 | 18 | 20 | 22 | 24 | 26 | 28 | 30 | 32 |
| 同步转速 $n$(r/min) | 187.5 | 166.7 | 150.0 | 136.4 | 125.0 | 115.4 | 107.1 | 100.0 | 93.8 |
| 磁极对数 $p$ | 34 | 36 | 38 | 40 | 42 | 46 | 48 | 50 | |
| 同步转速 $n$(r/min) | 88.2 | 83.3 | 79.0 | 75.0 | 71.4 | 68.2 | 62.5 | 60.0 | |

除特别小的水电站外，水轮机发电机组均采用轴连接，所以水轮机的转速必须和发电机的转速同步。

4. 水轮机使用范围综合图

根据已建水电站的水头和出力，通过统计归纳整理，以水头为横坐标、出力为纵坐标，绘制出每种水轮机使用范围的图形，称为水轮机使用范围综合图。水轮机使用范围综合图分大型水轮机和中小型水轮机两种情况。

图 2-55 为中小型水轮机的使用范围综合图。在该图中，基本上是以平行四边形划定了不同的区域，平行四边形的上、下两边为出力界线，左、右两边为适用水头范围。只要依据水电站的水头范围和单机出力，就可从该图中找出对应的转轮型号。

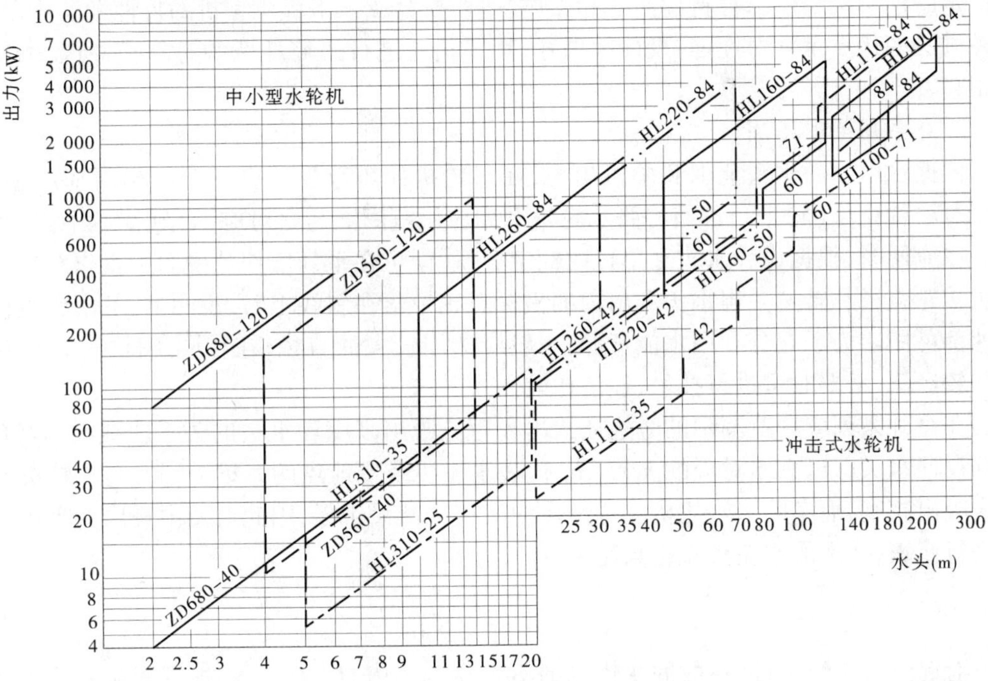


**图 2-55　中小型水轮机的使用范围综合图**

## （六）确定水轮机型号及主要参数的基本方法

水轮机的选型设计通常和水电站的设计过程同步进行，水电站的设计大致可分为六个阶段，即项目建议书阶段、可行性研究阶段、初步设计阶段、技术设计阶段（一般又把初步设计和技术设计合为一个阶段，称为扩大初设）、招标投标阶段和施工设计阶段。对于不同的设计阶段，水轮机选型设计所做的工作深度也不同。

在水轮机选型设计中，确定水轮机型号及主要参数的方法有多种，具体使用哪种方法，与工程的建设体制、工程的规模、技术观念和水平、工程设计的不同阶段、工程的重要程度，甚至和工程设计人员的习惯等多种因素有关。下面仅做一般性的归纳。

1. 用系列型谱（或标准系列）结合主要综合特性曲线法

根据水电站的水头段查系列型谱或标准系列表选出合适的水轮机型号，然后结合该系列水轮机的综合特性曲线换算出原型机的各种参数。如果在该水头段有几种型号入选,要根据计算结果、不同型号的特点和适用性等进行综合比较,从中选出相对较优的水轮机。该方法普遍用于大中型水电站的水轮机选型设计,精度能满足工程设计的最终要求,其缺陷是受标准系列的局限性、时效性制约,有时难以获得符合工程条件的最佳设计效果。

2. 专题研究法

对于特别重要的工程或特大型水力发电工程(如我国的葛洲坝、小浪底、三峡水电站等),为了避免第一种方法的缺陷,根据水电站的水头段、枢纽布置、制造技术等相关的其他因素,参考现有的标准系列和实际应用成果,拟定水轮机比转速的范围,专门设计出不同型号的水轮机模型转轮进行反复的试验研究,从中选出最适合该工程的模型,再依据最终选定的模型机组的综合特性曲线和工作参数,换算成该工程原型机的特性和工作参数。这种方法的优点是针对性强、设计效果好,其缺陷是进行研究耗费的时间长,所需的费用也很高。

3. 查系列范围图法

依据水电站的水头范围和单机出力,在水轮机使用范围综合图中查出对应的型号。对于每一种型号(轮系),都有一张水轮机系列应用范围图与之对应,如图 2-56、图 2-57 所示。在应用时,根据设计水头和单机的额定容量,即可在系列应用范围图中查出对应的原型机转轮直径和转速。当水头和出力的坐标点正好落在斜线上时,说明上、下两种直径或转速都可用。为了充分利用水能资源,一般应选用较大的直径;在相同条件下,选用转速高的较经济,必要时可进行技术、经济比较。

在每种系列应用范围图的旁边还给出了理论吸出高度和水头的关系曲线 $h_s=f(H)$。根据设计水头即可查出对应的 $h_s$ 值,$h_s$ 代表水轮机装置地点的海拔为零时的水轮机允许最大吸出高度,而实际上水轮机装置地点的海拔▽都大于零,因此对图中查出的吸出高度要进行修正,实际的水轮机吸出高度为

$$H_s = h_s - \frac{\nabla}{900} \tag{2-65}$$

对混流式机组,汽蚀系数的变化范围不大,$h_s=f(H)$ 线为一条,根据水头查取 $h_s$ 后,再按式(2-65)计算即可。而对于轴流转桨式水轮机,在水头和出力变化时,汽蚀系数 $\sigma$ 值的变化范围较大,因此在应用范围图中绘出了两条 $h_s=f(H)$ 线,应用时,可按设计水头和额定出力的坐标点在斜方格中的比例位置,在两条 $h_s=f(H)$ 线之间按相同比例定出对应的 $h_s$ 值,再用式(2-65)确定出吸出高度。

用系列应用范围图法选择水轮机的型号和主要参数非常简便,但结果不是很精确,故其多用于河流梯级规划、任务书及工程的可行性研究阶段。

4. 套用法

套用法也称类比法。这种方法是直接套用条件相近、已建成且运行效果良好的水电站的水轮机设计资料。该方法大大简化了设计工作,加快了设计进度。但由于工程条件的多样性和复杂性,两个工程之间总会或大或小地存在着一些差别,应用该方法时,应分析拟建水电站和已建成水电站的具体条件,必要时进行适当的修改,切忌生搬硬套。该法多用于小型水电站的设计或工程设计的前期阶段。

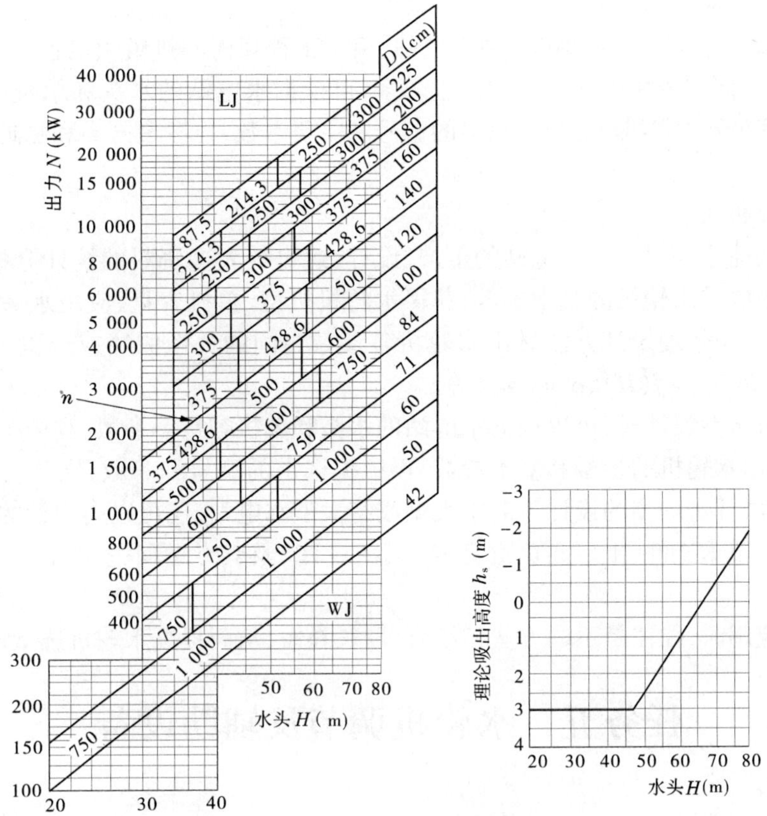

图 2-56　HL220 系列水轮机的应用范围图

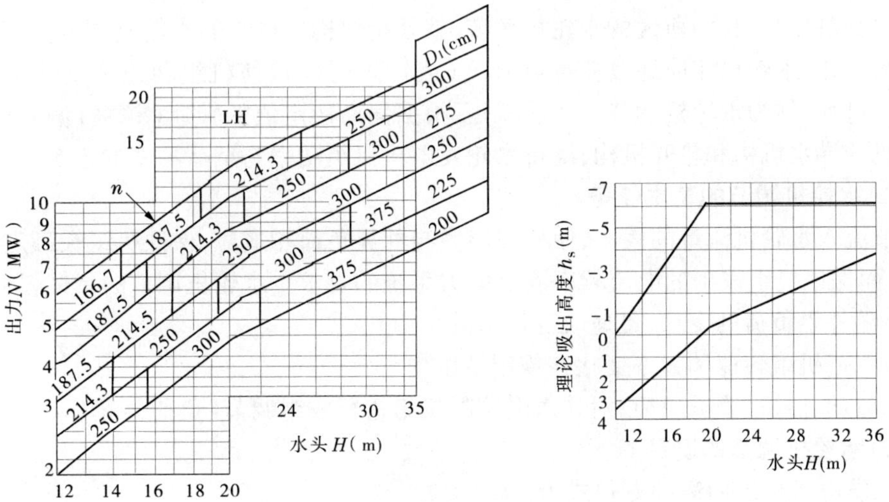

图 2-57　ZZ440 系列水轮机的应用范围图

5. 直接查产品样本法

对于小型水电站特别是小(2)型水电站，由于工程规模和机组额定容量较小，整体设计都比较简单，同类或相近的已有设计也较多，可依据水电站的水头和单机容量，直接查设备生产厂家的产品样本，确定水轮机的型号和主要参数，再参考同类和相近的设计加以验证即可。

6. 统计分析法

这种方法建立在对已建水电站的生产、设计、运行等大量资料的统计分析基础上，经过汇集已建水电站水轮机的基本参数，获得水轮机机型、单机容量、应用水头等诸参数的分类资料，再运用数理统计方法做出水轮机各参数之间的关系曲线或经验公式，如 $n_s = f(H)$、$n_1' = f(H)$、$Q_1' = f(H)$、$\sigma = f(n_s)$ 等。

在水轮机选型设计时，可以根据水电站的水头和单机容量等参数，利用统计曲线或经验公式，确定出水轮机的型号和基本参数；再依据选定的型号和参数，比照与其基本吻合的现有产品，展开进一步的设计。对于大型或特大型水电站，还可以向中标的水轮机厂商提出设备定购技术文件，由厂商负责完成“创新设计”及其专题研究，从而生产出符合要求的水轮机。

在实际应用时，往往是不同方法相结合，取长补短，从而提高水轮机选型设计的水平。

# 任务五　水轮机调节及辅助设备

## 一、水轮机调节

### （一）水轮机调节的基本概念

水轮机是靠自然水能进行工作的动力机械。绝大多数水轮机都是用来带动同步交流发电机，构成机组。我们所说的水轮机调节，就是指对构成机组的水轮机调节。随着电力系统负荷变化，水轮机相应地改变导叶开度（或针阀行程），使机组转速恢复并保持为额定转速的过程，称为水轮机调节。实质就是：根据偏离额定值的转速（频率）偏差信号，调节水轮机的导水机构和轮叶机构，维持水轮发电机机组功率与负荷功率的平衡。

### （二）水轮机调节的基本任务

调节流入水轮机流量的大小，使机组出力与外界负荷相适应，保证机组在额定转速下运行，从而保证机组发出的电流频率满足电力系统的要求。水轮机调节的具体任务如下：

(1)随外界负荷的变化，迅速改变机组的出力。

(2)保持机组转速和频率变化在规定范围内。

(3)启动、停机、增减负荷，对并入电网的机组进行成组调节（负荷分配）。

### （三）水轮机调节的途径

水轮发电机机组的运动方程式为

$$J\frac{\mathrm{d}\omega}{\mathrm{d}t} = M_t - M_g \qquad (2\text{-}66)$$

式中　$J$——机组转动部分的惯性矩，对一定机组为常数；

$\omega$——机组转动角速度，$\omega = \frac{\pi n}{30}$，$n$ 为机组转速；

$\frac{d\omega}{dt}$——机组转动角加速度；

$M_t$——水轮机的主动力矩，由水流对水轮机叶片作用形成，推动机组转动，$M_t = \frac{\gamma Q H \eta}{\omega}$；

$M_g$——发电机的阻力矩，发电机定子对转子作用力矩，与 $M_t$ 方向相反。

机组型号确定后则 $J$ 为定值，当 $M_t = M_g$ 时，$\frac{d\omega}{dt} = 0$，则转速稳定，机组稳定工作。若电力系统负荷变化，则引起发电机 $M_g$ 变化，$M_g \neq M_t$，就会使$\frac{d\omega}{dt} \neq 0$，会引起两种结果：

(1) $M_g > M_t$，增负荷，则$\frac{d\omega}{dt} < 0$，水轮机转速降低。

(2) $M_g < M_t$，减负荷，则$\frac{d\omega}{dt} > 0$，水轮机转速升高。

从上述可知，只要 $M_g \neq M_t$，必会引起水轮机转速变化，而水轮机转速变化将会引起电流频率的变化，若频率 $f$ 不变，只需$\frac{d\omega}{dt} = 0$，即 $M_t = M_g$，这就需要不断调整水轮机主动力矩 $M_t$ 来适应不断变化的发电机阻力矩 $M_g$。水轮机引入流量的改变是通过调节水轮机导叶开度来实现的。

**（四）水轮机调节系统的特性**

在水轮机调节系统适应负荷变化而保持转速不变的过程中，其工作状态有两种：一是转速不变的稳定状态，二是调节过程的调节状态。这两种状态的特性不同，第一种状态用调节系统的静特性来描述，第二种状态用动特性来描述。

1. 静特性

机组负荷不变，则机组转速恒定，调节系统处于稳定状态下，此时机组转速与机组负荷间的关系称为调节系统的静特性。

2. 动特性

机组负荷发生变化时，调节过程中机组转速随时间的变化关系称为调节系统的动特性。

## 二、调速设备的工作原理

**（一）水轮机调速系统的组成**

每台机组装设一套包括调速器、油压装置等附属设备组成的调速系统，根据电力系统要求自动调整机组的出力，同时使机组保持一定的额定转速。调速设备一般由三部分组成：调速柜、接力器、油压装置。

1. 调速柜

单机容量不同，机型不同，调速系统也不一样，调速柜的外形尺寸随着机组容量的不同而不同。它以机械的传动杆与作用筒相联。因作用筒多布置在机墩的上游侧,所以调速柜也多布置在发电机的上游侧。

2. 接力器

接力器是油压活塞。可以布置单个接力器,也可以布置双接力器;可以是直缸接力器,也可以是环形接力器。一般大中型机组都采用两个,用来推转调节环。调节环带动导水叶来控制水轮机的引用流量,以调节机组的出力。因蜗壳上游断面尺寸较小,接力器一般布置在上游侧机墩内。

3. 油压装置

油压装置是由压力油罐、储油槽和油泵组成的。油罐内油压为 2.5 ~ 6.3 MPa,供推动活塞用。油压靠压缩空气维持,所以油桶内上部为压缩空气。工作后的油回到储油槽,罐内油量不足时,由油泵将储油槽中的油打入罐内。油泵一般为两台,一台工作,一台备用。

随着水电站机电技术的发展,一种带高压储气囊的高油压组合式调速器得到广泛应用,其额定油压一般为 16.0 MPa。

**(二)调速器的工作原理**

以机械液压型为例来介绍调速器的工作原理,如图 2-58 所示。

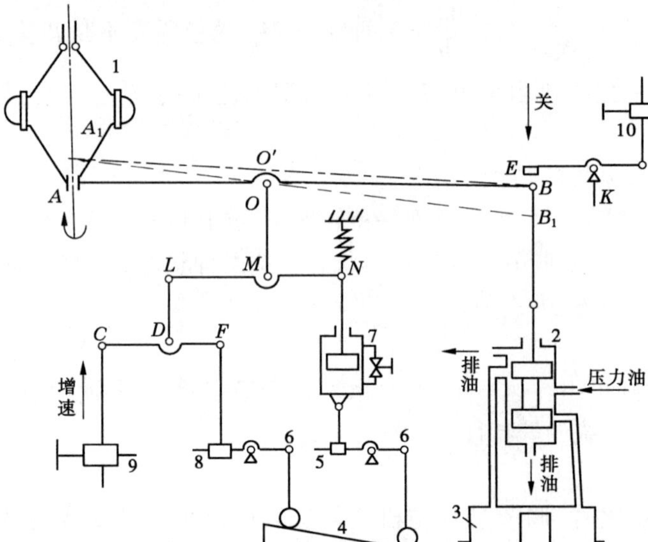


1—飞摆;2—主配压阀;3—接力器;4—斜块;5—软反馈整定装置;6—框架转轴;7—缓冲器;8—硬反馈整定装置;9—转速调整机构;10—开度限制机构

**图 2-58 调速器的工作原理图**

机械液压式调速器主要由离心飞摆、配压阀、接力器、缓冲器、反馈系统等组成。转速稳定时,飞摆 1 转速稳定,其下端点在 $A$ 处,主配压阀 2 的活塞杆端点位于 $B$,其两活塞封住通向接力器 3 两端的油口,接力器不工作,此为初始平衡状态。当机组转速变化时,调速器开始工作。如负荷减小，转速增加，飞摆离心力加大，飞摆外张，下端到 $A_1$ 点，$AOB$ 杆转到 $A_1OB_1$ 位置，使主配压阀活塞下移，接力器右腔与压力油路相通，左腔与排油管相通，接力器活塞左移关闭导水机构，入流量减小，水轮机转速下降。飞摆为测速元件，配压阀为放大元件，接力器为执行机构。

在调速器中仅有上述三个机构是不完善的，由于惯性的作用会形成过调，为改善过调，还应设硬反馈整定装置 8。当接力器左移关闭时，活塞杆推动斜块 4 左移，使 8 点上移，若 $C$ 点不动，$D$ 点则上移，使 $LMN$ 杆绕 $N$ 点顺时针转动，$M$ 上移，$O$ 点移到 $O'$ 点，使 $AOB$ 杆占据 $A_1O'B$ 位置，主配压阀恢复中间位置不向接力器供油，接力器停止动作，避免过调现象。此时虽然接力器停止工作，但 $A$ 点、$O$ 点分居于 $A_1$、$O'$ 位置，机组转速稍高于调节前的转速，调节前后转速有偏差，它可有利于机组合理稳定地担负电力系统分配的负荷。

机组正常运行时，有时需要人为地改变机组的转速和负荷，以完成同期并列和增减负荷，故还设有转速调整机构 9。$L$ 点除由 8 控制外，还可由 $C$ 点控制，$C$ 点由 9 来调整也可由人工操作。10 为开度限制机构，可开、停机。

## 三、调速设备的选择

### （一）调速器的主要设备

调速器的主要设备包括调速柜、油压装置和接力器三部分。中小型水轮机调速器的这三部分通常组成一个整体，也称为组合式，如图 2-59 所示。组合式调速器结构紧凑，便于布置和安装，运行上也比较方便。大型水轮机调速器的油压装置和接力器尺寸均较大，采用分体式，如图 2-60 所示。

图 2-59　组合式调速器

图 2-60　分体式调速器

调速中央控制柜也称为调速器的控制柜，它通常将测量元件、放大元件、反馈元件集成在一起，具有数据采集和数据处理功能。如果是微机调速器，其中还装有微型计算机。调速柜的面板上设置有按钮和键盘，在水轮机安装和检修期间，用于调整相关参数。水轮发电机组正常运行时，调速器自动工作。改变运行方式以及开机或关机等操作，通常是通过中控室控制台上的按钮或计算机键盘完成的，而无须在调速柜上直接操作。

油压设备是供给调速器压力油能源的设备，由压力油罐、回油箱、油泵、输油管及附件组成。油罐中油的比例占30%～40%，高压空气的比例占60%～70%，额定工作油压有的电站为2.5 MPa，有的电站为4.0 MPa。调速器工作时的高压油来自油罐，低压侧的油通过回油管路进入回油箱。随着压力油罐内的油位降低，对于额定油压为2.5 MPa的电站，当油压降到正常工作油压2.3～2.7 MPa的下限时，油泵自动启动，将回油箱中的油泵入压力油罐，油压达到工作油压上限时，油泵停止工作。

接力器是调速器的执行元件，调速功的大小，不仅和调速器的工作油压有关，还和接力器活塞的面积有关。为了工作平稳和获得较大的调速功，大、中型水电站每台机组通常设置有两个或两个以上的接力器。

### （二）调速设备的选择

1. 调速器的系列

在微机调速器出现以前，我国曾制定了反击式水轮机调速器的系列型谱，如表2-13所示。

**表2-13 反击式水轮机调速器系列型谱**

| 类型 | | 形式 | | | |
|---|---|---|---|---|---|
| | | 压力油箱式 | | | 通流式 |
| | | 大型 | 中型 | 小型 | 特小型 |
| 单调节调速器 | 机械液压式 | T-100 | YT-1800<br>YT-3000 | YT-300<br>YT-600<br>YT-1000 | TT-35<br>TT-75<br>TT-150<br>TT-300 |
| | 电气液压式 | DT-80<br>DT-100<br>DT-150 | YDT-800<br>YDT-3000 | | |
| 双调节调速器 | 机械液压式 | ST-100<br>ST-150 | | | |
| | 电气液压式 | DST-80<br>DST-100<br>DST-150<br>DST-200 | | | |

调速器的型号由三部分组成，各部分用短横线分开。

第一部分用来表明调速器的基本特性和类型，采用汉语拼音的第一个字母：大型（无代号），中型带油压装置（Y）；机械液压式（无代号），电气液压式（D）；单调（无代号），双调（S）；调速器（T），通流式调速器（TT）。

第二部分的阿拉伯数字，对于中、小型调速器是指最高工作油压下的主接力器工作容量（kgf·m），对于大型调速器是指主配压阀的直径（mm）；字母A、B、C、D…，表示改型标记。

第三部分表示调速器的额定油压，也采用阿拉伯数字。为简便起见，对额定工作油压为

25 kgf/cm$^2$(约2.5 MPa)及以下者不加表示,而对额定油压较高者则用油压数值表示。

型号示例:

(1)YT-3000,表示中型带油压装置的机械液压单调节型调速器,其接力器工作容量为3 000 kgf·m(29 419.95 N·m)。

(2)DST-100A-40,表示大型电气液压双调节型调速器,主配压阀直径为100 mm,经第一次改型后的产品,额定工作油压为40 kgf/cm$^2$(约4.0 MPa)。

具有PID调节规律的微机调速器出现以后,已在我国的许多水电站投入使用,也是今后新建水电站的首选产品。目前我国还没有制定出统一的标准系列和相应详细的技术标准,各生产厂家对型号的标注还不完全统一,因此在选择微机调速器时,要求对当时微机调速器的现状有足够的了解。

2. 调速器选择的一般原则

调速器选择的一般原则有以下几点:

(1)根据水轮机的出力和水头等有关参数,对小型机组,确定出所需的调速功;对大、中型机组,确定出接力器的直径和容量、主配压阀的直径及压力油箱(罐)的总容积,从而选出相应的调速器。

(2)对于大型水电站及中小型水电站中容量相对较大、在小电网中担任调频任务、运行方式为单机带孤立负荷、对电能品质要求较高或在系统中有较大冲击负荷的电站,应选择调节品质好、自动化程度高的调速器。

(3)当机组引水管道较长,有可能在压力管道内产生较大水锤压力的情况下,宜选择调节规律较好的调速器,以减少水锤压力。

(4)对于容量较小、在系统中地位不重要、经常承担基荷的机组,宜选用调节方式简单、性能稳定、价格便宜的调速器以节省投资。

(5)选择调速器应考虑和相关设备的功能匹配与协调,避免高端产品和低端产品结合,导致通信不畅,利用率不高,造成不必要的浪费。

3. 中小型调速器的调速功估算

中小型调速器的调速功是指接力器活塞上的油压作用力与其行程的乘积,单位为N·m,对反击式水轮机一般可采用以下经验公式进行计算

$$A = (200 \sim 500)Q\sqrt{H_{max}D_1} \tag{2-67}$$

式中　$A$——调速功,N·m;

$H_{max}$——最大水头,m;

$Q$——最大水头下额定出力时的流量,m$^3$/s;

$D_1$——水轮机转轮直径,m。

冲击式水轮机所需要的调速功$A$可按下式进行计算

$$A = Z_0\left(d_0 + \frac{d_0^3 H_{max}}{6\ 000}\right) \tag{2-68}$$

式中　$Z_0$——喷嘴数目,个;

$d_0$——额定流量时的射流直径,m。

由计算出的调速功选择合适类型的调速器。

4. 大型水轮机调速器主接力器的选择

1) 导叶接力器的选择

对大型调速器通常采用两个接力器来操作导水机构，每个接力器的直径 $d_s$ 可按下列经验公式计算

$$d_s = \lambda D_1 \sqrt{\frac{H_{max} b_0}{P_0 D_1}} \tag{2-69}$$

式中 $\lambda$——计算系数，可由表 2-14 查取；

$P_0$——调速系统的额定油压，MPa；

$b_0$——导叶高度，m；

$D_1$——水轮机转轮直径，m。

表 2-14 中 $\lambda$ 较小值用于型谱中一般过流能力的转轮，较大值用于增大流量改进后的新转轮。

**表 2-14 计算系数 $\lambda$**

| 水轮机水头范围 | 水轮机形式 | 标准导叶形式 | 叶形相对偏心 $e_0$ | 蜗壳包角 $\varphi_0$(°) | $\lambda$ |
|---|---|---|---|---|---|
| 所有水头 | 混流式 | 不对称 | 0.05 | 345 | 0.140 ~ 0.155 |
| | | 对称 | 0.05 | 345 | 0.135 ~ 0.150 |
| 低水头 | 轴流式 | 对称 | 0.05 | 180 | 0.135 ~ 0.150 |
| | | | | 225 ~ 270 | 0.145 ~ 0.160 |
| 中水头 | | 不对称 | 0.05 | 225 ~ 270 | 0.135 ~ 0.150 |
| 高水头 | | | | 345 | 0.135 ~ 0.150 |

由式(2-69)计算得到 $d_s$ 值，便可在标准接力器系列表 2-15 中选择相邻较大的直径。

**表 2-15 标准接力器系列**

| 接力器直径(mm) | 200 | 225 | 250 | 275 | 300 | 325 | 350 | 375 | 400 | 450 |
|---|---|---|---|---|---|---|---|---|---|---|
| 接力器直径(mm) | 500 | 550 | 600 | 650 | 700 | 750 | 800 | 850 | 900 | |

接力器最大行程 $S_{max}$(mm)可由下列经验公式求得

$$S_{max} = (1.4 \sim 1.8) a_{0max} \tag{2-70}$$

式中 $a_{0max}$——导叶最大开度，mm。

$a_{0max}$ 可由模型水轮机的导叶最大开度 $a_{0mmax}$，根据下式换算求得

$$a_{0max} = a_{0mmax} \frac{D_0 Z_{0m}}{D_{0m} Z_0} \tag{2-71}$$

式中 $D_0$、$D_{0m}$——原型水轮机和模型水轮机导叶的轴心圆的直径；

$Z_0$、$Z_{0m}$——原型水轮机和模型水轮机的导叶数目。

式(2-70)中较小的系数用于转轮直径 $D_1>5$ m 的情况。将所求得的 $S_{max}$ 的单位化为m,则可求得两个接力器的总容积$\overline{V}_s$(m³)为

$$\overline{V}_s = 2\pi\left(\frac{d_s}{2}\right)^2 S_{max} = \frac{\pi d_s^2 S_{max}}{2} \tag{2-72}$$

2)转桨式水轮机转轮的叶片接力器的计算

转桨式水轮机转轮叶片接力器设在轮毂内,它的直径 $d_c$、最大行程 $S_c$ 和容积$\overline{V}_c$ 可按式(2-73)~式(2-75)进行估算。

$$d_c = (0.3 \sim 0.45) D_1 \sqrt{\frac{25}{P_0}} \tag{2-73}$$

$$S_c = (0.036 \sim 0.072) D_1 \tag{2-74}$$

$$\overline{V}_c = \frac{\pi d_c^2}{4} S_c \tag{2-75}$$

在式(2-73)和式(2-74)中,较小的系数用于转轮直径 $D_1>5$ m 的水轮机。

5. 水轮机调速器主配压阀的选择

通常主配压阀的直径与通向接力器的油管直径是相等的。通过主配压阀油管的流量为

$$Q = \frac{\overline{V}_s}{T_s} \tag{2-76}$$

式中 $T_s$——导叶从全开到全关的直线关闭时间,s。

导叶接力器的容积$\overline{V}_s$ 还可由推动导叶的调速功进行估算,此处不再赘述。

油管直径即主配压阀的直径为

$$d = \sqrt{\frac{4Q}{\pi v_m}} \tag{2-77}$$

式中 $v_m$——管内油的流速,一般在 4~8 m/s 范围内选取,管道较短和工作油压较高时可选用较大的流速。

大型调速器是以主配压阀的直径为表征组成系列的,因此按式(2-77)计算出主配压阀直径 $d$,便可选择对应的调速器型号。

对于双调节的转桨式水轮机,操作转轮叶片的主配压阀直径与操作导水机构的主配压阀直径相同,由于转轮叶片接力器运动速度一般比导叶接力器缓慢得多,所以能够满足导叶接力器运动的主配压阀,也一定能够满足转轮叶片接力器的要求。

6. 水轮机调速器油压装置的选择

油压装置的工作能力是以压力油箱的总容积和额定油压为表征的。压力油箱的总容积$\overline{V}_k$ 可按式(2-78)、式(2-79)估算。

对混流式水轮机

$$\overline{V}_k = (18 \sim 20)\overline{V}_s \tag{2-78}$$

对转桨式水轮机

$$\overline{V}_k = (18 \sim 20)\overline{V}_s + (4 \sim 5)\overline{V}_c \tag{2-79}$$

## 四、水电站油系统

在水电站中,机组调节系统工作时,能量的传递和机组转动部分的润滑与散热等,一般都是用油做介质来完成的,油系统是为水电厂用油设备服务的,油系统由一整套设备组成,它用来完成用油设备的给油、排油及净化处理等工作。

### (一)油的作用

1. 透平油的作用

(1)在机组轴承中与瓦间进行润滑。

(2)利用冷却水在油中循环带走轴承热量的方法对瓦进行散热。

(3)在调速器与球阀控制中进行力矩的传递(或作为操作控制用油)。

2. 绝缘油的作用

(1)绝缘,对变压器线圈和线圈之间、线圈和铁芯之间、线圈和外壳之间进行绝缘。

(2)散热,变压器油受热后产生对流,对变压器的线圈和铁芯进行散热。

(3)防腐,变压器油还能使木材、低等绝缘材料保持原有的化学和物理性能,并且有对金属的防腐作用。

(4)熄灭电弧。

### (二)油的基本性质及其对运行的影响

1. 黏度

当液体质点受外力作用而相对移动时,在液体分子间产生的阻力称为黏度,即液体的内摩擦力。

2. 凝固点

油品刚刚失去流动性时的温度称为凝固点。

3. 水分

油中水分的来源,一是外界侵入,二是油氧化而生成的。油中含有水分会助长有机酸的腐蚀能力,加速油的劣化,使油的耐压降低。

4. 绝缘强度

在绝缘油中放一对电极,并施加电压,当电压升高到一定数值时,电流突然增大产生火花,这便是绝缘油的击穿,这个开始击穿的电压称为击穿电压。通常,电力设备的绝缘强度用击穿电压表示,而绝缘材料的绝缘强度是用平均击穿电场强度(简称击穿场强度)来表示。击穿场强度在数值上等于在规定的试验条件下,发生的击穿电压除以施加电压两极间的距离。绝缘强度是保证设备安全运行的重要条件。

### (三)油的劣化和净化处理

油在运输和贮存过程中,经过一段时间后,由于各种原因油的性质被改变,以致不能保证设备的安全、经济运行,这种变化称为油的劣化。油劣化的根本原因是油和空气中的氧气起了作用,即油被氧化造成的。

影响油劣化的因素有水分、温度、空气、天然光线、电流及其他不良因素,一般预防油劣化的措施有:消除水分侵入;保持设备正常工况,不使油温过热(透平油油温不得高于

45 ℃,绝缘油不得高于 65 ℃);减少油与空气的接触,防止泡沫形成;避免阳光直接照射;防止电流的作用,油系统设备选用合适的油漆等。

油的净化处理常用的方法有澄清、压力过滤和真空过滤,这三种都是机械净化方法。其中,压力过滤能彻底消除机械杂质,但消除水分不彻底;真空过滤能彻底消除水分,但不能消除机械杂质。新型的透平油专用滤油机可以较好地兼顾两者的优点。

**(四)油系统的任务及组成**

油系统是用管网把用油、贮油、油处理设备连接起来的油务系统。其任务是:接收新油;贮备净油;给设备充油;给运行设备添油;从设备中排出污油;污油的净化处理;油的监督与维护;收集和保存废油。油系统由油库、油处理室、油化验室及油再生设备(如需要)、管网和测量及控制元件所构成。

## 五、水电站压缩空气系统

**(一)压缩空气系统的组成及布置**

压缩空气系统的组成有空压机、储气罐、输气管、测量控制元件。

用气设备如远离厂房(如高压开关站及进水口),则在该处另设有压缩空气系统,厂房内高低压系统均要设置。空气压缩机室一般布置在水轮机层,安装间的下面,其噪声很大,要远离中央控制室,并满足防火防爆要求。

**(二)压缩空气系统的作用**

空气具有极好的弹性(即可压缩性),经压缩后,是贮存压力能的良好介质。压缩空气使用方便、安全可靠,易于贮存和运输。因此,在水电站得到了广泛应用,无论是在机组运行中还是在检修和安装过程中,均需使用压缩空气。

压缩空气系统在水电站中的应用主要有以下几个方面:

(1)水轮机调节系统及进水阀操作系统的油压装置用气。

(2)机组停机时制动用气。

(3)机组调相运行时转轮室充气压水及补气。

(4)维护、检修及吹污清扫用气。

(5)水轮机主轴检修密封及进水阀空气围带用气。

(6)机组轴承气封、发电机封闭母线正压用气。

(7)水轮机尾水管强迫补气用气。

(8)灯泡贯流式机组发电机舱密闭增压散热用气。

(9)水泵水轮机压水调相和水泵工况压水启动用气。

(10)配电装置、发电机空气断路器用气。

(11)在寒冷地区闸门、拦污栅等处防冻吹冰用气。

## 六、水电站水系统

**(一)供水系统**

1. 供水对象及要求

水电站厂房内的供水系统包括技术供水、生活供水、消防供水。技术供水包括冷却及润滑用水,如发电机的空气冷却器、机组导轴承和推力轴承的油冷却器、水润滑导轴承、空气压缩机气缸冷却器、变压器的冷却设备等。耗水量最大的是发电机和变压器的冷却用水,可达技术用水的80%左右,要求水质清洁、不含对管道和设备有害的化学成分。

2. 供水系统布置及供水方式

一般供水系统是从压力管道、上游水库、下游水泵和地下水源取水的。供水系统由水源、供水设备、水处理设备、管网和测量控制元件组成。管路应尽可能靠近机组,以缩短管线并减少水头损失。供水泵房应布置在水轮机层或以下的洞室内。为保证水质,用水管把水引向过滤设备,经过滤后再分配用水。

供水方式有以下几种:

(1)水泵供水:当水电站的水头太低(水压力不够)或太高(需要减压设备)时采用此方式供水。

(2)自流供水:适用于水头在15~70 m之间的水电站,但当水头大于70 m时需要减压设备。坝后式厂房从水库引水,引水式厂房从压力水管引水。

(3)混合式供水:水电站水头变化较大时采用,高水头用自流方式,低水头用水泵。

消防用水要求水流能喷射到建筑物的最高部位,水量一般需根据消防专用规范确定。消防用水可从上游压力管道、下游尾水渠或生活用水的水塔取水,并且应设置两个水源。生活用水根据工作人员的多少决定。

**(二)排水系统**

1. 排水系统的作用和排水方式

厂房内的生活用水、技术用水、阀门或建筑物及其他设备的渗漏水,均需及时排走。发电机冷却用水等均自流排往下游。不能自流排除的用水和渗水,则集中到集水井,再用水泵排到下游,这个系统称为渗漏排水系统。

机组检修时常需要排空蜗壳和尾水管,为此需设检修排水系统。检修时,将检修机组前蝴蝶阀或进水闸门关闭,将蜗壳及尾水管中的水自流经尾水管排往下游。当蜗壳和尾水管中的水位等于下游尾水位时,关闭尾水闸门,利用检修排水泵将余水排走。检修排水可采用下列几种方式:

(1)集水井。各尾水管与集水井之间以管道相连,并设阀门控制,尾水管的积水可自流排入集水井,再用水泵排走。

(2)排水廊道。在厂房最低处沿纵轴线设一廊道,各尾水管的积水直接排入廊道,再用水泵排走。由于廊道体积大,尾水管中积水排除迅速,可缩短检修时间。

(3)分段排水。在每两台机组之间设集水井和水泵,担负两台机组的检修排水。

(4)移动水泵。需检修某台机组时,临时移动水泵装在该处进行排水。

2. 排水系统的布置要求

水泵集中装设在水泵房内,集水井设在水泵房的下层。集水井通常布置在安装间下层、厂房一端、尾水管之间或厂房上游侧。集水井的底部高程要足够低,以便自流集水。每个集水井至少设两台水泵,一台工作,一台备用。

# 任务六　水轮发电机及附属设备

## 一、水轮发电机

### （一）发电机类型及传力方式

发电机是实现机械能向电能转化的主要电气设备，竖轴水轮发电机就其传力方式可分为两大类。

1. 悬挂式发电机

悬挂式发电机推力轴承位于转子上方，支撑在上机架上。悬挂式发电机的转动部分（包括发电机转子、水轮机转轮、大轴和作用于转轮上的水压力）的重量，通过推力头和推力轴承传给上机架，上机架传给定子外壳，定子外壳再把力传给机墩，整个机组好像在上机架上挂着一样，因此称为悬挂式，如图2-61所示。

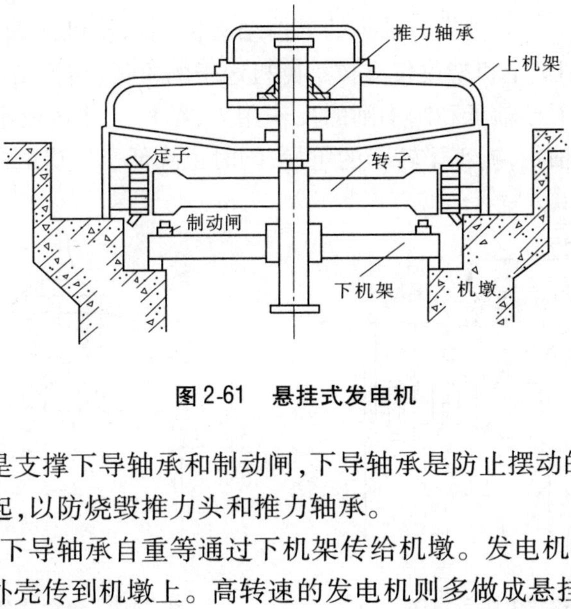


**图2-61　悬挂式发电机**

下机架的作用是支撑下导轴承和制动闸，下导轴承是防止摆动的。当机组停机时，需用制动闸将转子顶起，以防烧毁推力头和推力轴承。

制动闸反推力、下导轴承自重等通过下机架传给机墩。发电机楼板自重和楼板上设备重量通过通风道外壳传到机墩上。高转速的发电机则多做成悬挂式的，因其转子直径小、高度大、重心高。

2. 伞式发电机

伞式发电机推力轴承位于转子下方，设在下机架上。整个发电机像把伞，推力头像伞柄，转子像伞布，故称伞式发电机。

1）普通伞式，有上、下导轴承

机组转动部分的重量通过推力头和推力轴承传给下机架，下机架再把力传给机墩。上机架只支撑上导轴承和励磁机定子。由于利用水轮机和发电机之间的轴安放推力头，上机架的高度可减小，轴长可缩短，因而降低了厂房高度。普通伞式发电机的重量比悬挂式要小，发电机转子可单独吊出，不需卸掉推力头，安装、检修都比较方便。

普通伞式发电机转子重心在推力轴承之上，重心较高，运转时容易发生摆动，应用范围受到限制。对于大容量、低转速的发电机,由于转子直径大、高度小、重心低,多做成伞式,如图2-62所示。

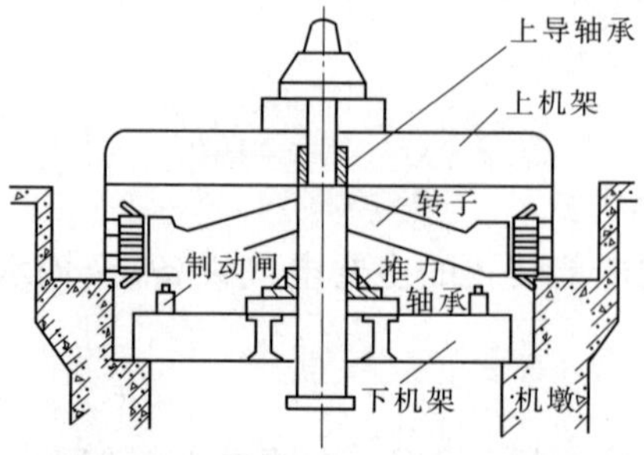


图2-62　普通伞式发电机示意图

2)半伞式,有上导轴承,无下导轴承

此种形式的发电机通常将上机架埋入发电机层地板以下,如图2-63所示。

3)全伞式,无上导轴承,有下导轴承

机组转动部分的重量通过推力轴承的支撑结构传到水轮机顶盖上,通过顶盖传给水轮机墩环。这种发电机的上机架仅仅支撑励磁机定子的重量,结构简单,尺寸小,如图2-64所示。下机架只支撑下导轴承和制动闸的反作用力,结构尺寸也较小。这种传力方式进一步缩短了发电机的轴长,减小了转子的重量,同时也降低了厂房的高度。

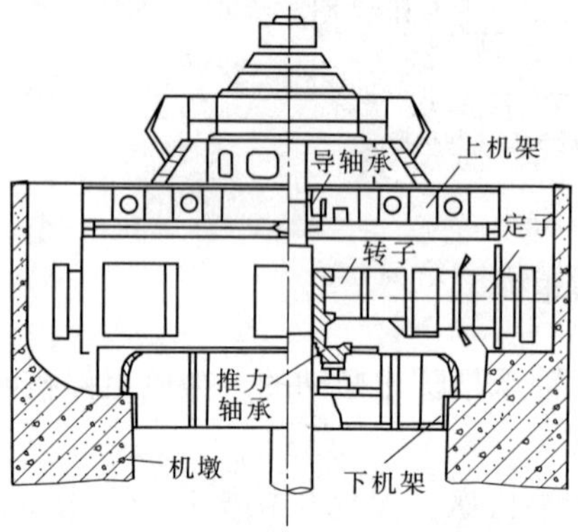


图2-63　半伞式发电机示意图

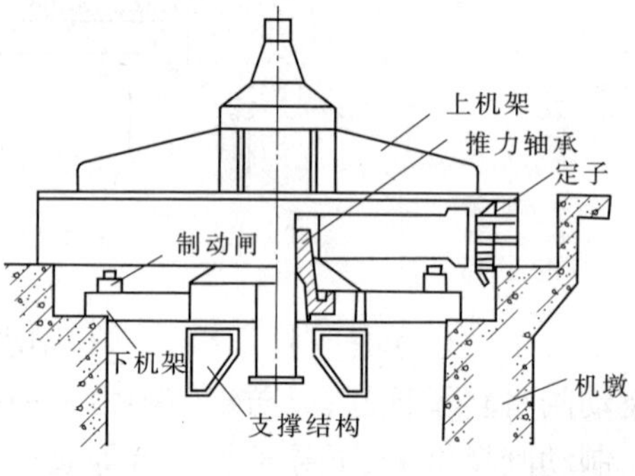


图2-64　全伞式发电机示意图

### (二)发电机的励磁系统

励磁系统向发电机转子供给形成磁场的直流电源。一般每台发电机都设各自独立的励磁系统。励磁系统包括励磁机和励磁盘。

1. 励磁机

励磁机实际上是直流发电机,其励磁方式有:采用与水轮发电机同轴的励磁机的直接励磁系统;采用直流发电机,由水银整流器组成的离子励磁系统、半导体整流等非直接励磁系统。大型水轮发电机多采用静电可控硅励磁方式。

2. 励磁盘

它是装设水轮发电机励磁回路的控制设备和自动调整装置的配电盘(柜),其作用是控制和调整水轮发电机的励磁电流。每台发电机一般有 3～5 块励磁盘(柜)。一般布置在发电机层的上游侧或下游侧。

**(三)发电机的支撑结构(机墩)**

机墩是发电机的支撑结构,其作用是将发电机支撑在预定位置上,并为机组的运行、维护、安装和检修创造条件。立式机组的机墩承受水轮发电机组的全部动、静荷载,这些荷载通过机墩传到水下混凝土。为保证机组正常运行,要求机墩具有足够的强度和刚度,同时具有良好的抗振性能,一般为钢筋混凝土结构。常见的机墩形式如下:

1. 圆筒式机墩

圆筒式机墩结构形式为厚壁钢筋混凝土圆筒,其壁厚在 1 m 以上。外部形状可是圆形,也可是八角形。圆筒式机墩的内部空间称为水轮机井,内壁为圆形的水轮机井,其直径一般为 1.3～1.4 倍的转轮直径。

圆筒式机墩的优点是刚度较大,抗压、抗振、抗扭性能较好,结构简单,施工方便。我国大中型电站采用较多。其缺点是水轮机井空间狭小,水轮机的安装、维修、维护不方便。

2. 环形梁立柱式机墩

环形梁立柱式机墩由环形梁和立柱组成,发电机坐落在环形梁上,立柱底部固结在蜗壳上部混凝土上,并将荷载传到下部块体结构。此种机墩的优点是混凝土用量省,水轮机顶盖处宽敞,立柱间净空对设备的布置,机组的出线、安装、维修均比较方便。其缺点是机墩刚度小,抗振、抗扭性能较差,一般用于中小型机组。

3. 构架式机墩

构架式机墩是由两个纵向刚架和两根横梁组成的。发电机支撑在框架上部的梁系上,并由框架将荷载经蜗壳外围混凝土传至下部块体结构。其优点是节约材料,施工简单,造价低,构架下面的空间便于布置管路和辅助设备,机组安装、检修都较方便。其缺点是刚度更小,仅适用于小型机组。

**(四)发电机的布置方式**

发电机的布置方式是按发电机与发电机层楼板的相互位置划分的,常见的有定子外露式、定子埋入式、上机架埋入式三种。

1. 定子外露式(开敞式)

发电机定子完全露出于发电机层地面以上。此种布置在大型机组中不多见,因其占去发电机层地板很多位置,显得拥挤,同时水轮机层高度小,不便其间布置夹层。

2. 定子埋入式

发电机定子埋入发电机层楼板下机坑内。此种布置使得发电机层较宽敞,由于提高了发电机层高程而增高了水轮机层高度,可利用增设中间层布置发电机引出线及电气设备。目前采用较多。

3. 上机架埋入式

大型机组常采用上机架埋入式布置,即发电机定子及上机架全部埋设在发电机层楼板之下,发电机层只留有励磁机。这样要增加一些厂房的高度,但发电机层较宽敞,检修场地大,利于各种控制设备和辅助设备的布置,有可能减小厂房的宽度。

**(五)发电机的冷却与通风**

发电机运行时会引起发热,如不进行冷却,会使机组效率降低甚至损坏。目前主要是依靠通风设备用冷空气冷却。发电机的通风方式与发电机的布置方式密切相关,主要有开敞式、川流式、半川流式和密闭式等四种。

小型立轴水轮发电机采用开敞式通风,自厂房及机坑内吸入冷空气,热空气排入主机房中,适用于开敞式布置的发电机。

单机容量在 10 000 kW 以下的埋入式布置的发电机,常采用川流式或半川流式通风,冷空气自水轮机机坑内或室外进入发电机,从定子出来的热风排至厂外。

对于大容量埋入式布置的发电机,宜采用密闭式通风。定子周围设置空气冷却器,冷却器冷却后的冷风经专设风道进入转子,热风从定子送入空气冷却器冷却,循环冷却时空气量是固定的。

## 二、发电机附属设备

发电机的附属设备主要有主引出线、中性点设备、励磁系统、机旁盘和冷却设备等。

**(一)发电机主引出线及其布置**

主引出线即母线,一般采用方形的汇流铜排或铝排。由于母线价格较贵,故要求在厂房内母线长度应最短,并且是明线,没有干扰,出线要畅通,母线道应干燥,且通风散热条件好。因此,主引出线由发电机定子上的引出端接出后,通过主出线道进入母线道,经低压配电装置,最后接主变压器。引出线一般固定在出线层天花板的母线架上,并用铁丝网围护。在引出线上,常接有电压和电流互感器等。中性点的位置应与发电机主引出线位置错开一定角度。容量大的机组在中性点需设消弧线圈,可将它布置在机墩附近。

**(二)励磁盘及其布置**

励磁盘是用于控制和调整发电机励磁电流的,每台发电机有 3 ~5 块,它与励磁机联系较多,故最好布置在空气比较干燥的主机房内,或布置在与发电机层同高的副厂房内。

**(三)机旁盘及其布置**

机旁盘一般包括机组自动操作盘、继电保护盘、测量制动盘和动力盘等,每台发电机有 3 ~5 块,用来监视和控制机组运行。采用电气液压调速器时,其电气元件盘常和机旁盘并列布置在一起。机旁盘常布置在发电机层主机的侧旁。对于采用金属蜗壳的中高水头水电站厂房,机旁盘与调速器操作柜常布置在发电机层上游侧。机旁盘与厂房墙之间应有不小于 0.8 m 的检修试验通道,盘面与发电机风道盖板边缘或吊物孔边缘之间应有 0.6 ~0.8 m 的通道,以便在机组或主阀及调速器检修时,盘前仍可通行。

# 项目三　水电站进水口

## 任务一　水电站进水口的功用与要求

### 一、进水口在水电站建筑物中的位置

水电站进水口位置选择的原则,应尽量使水流平顺、对称,不发生回流和漩涡,不出现淤积,不聚集污物,泄洪时仍能正常进水。进水口还应与洞线布置协调一致,选择地形、地质及水流条件都适宜的位置。

### 二、进水口的功用与要求

**(一)进水口的功用**

在水利水电工程中,为了从天然河道或水库中取水而修建的专门水工建筑物,称为进水建筑物,简称进水口,其功用为引进符合发电要求的用水。进水口也可以修建成综合利用的形式,如发电灌溉或发电泄洪功用的进水口。

为发电目的专门修建的进水建筑物,称为水电站的进水口。

**(二)进水口的基本要求**

进水口的设计应满足下列要求:

(1)足够的进水能力,且水头损失小。在任何工作水位下,进水口都能保证按照负荷要求引进所需的流量,且水头损失要小。为此,在枢纽的总体布置中要合理安排水电站进水建筑物的位置和高程,进水建筑物要有平顺的外形轮廓、足够的断面尺寸,还应避免出现吸气漩涡。

(2)水质要符合要求。为防止污物进入引水道和水轮机,需在进水口设置拦污设备。在寒冷地区和多泥沙河流上,还需设置排冰设施和拦沙、冲沙等设备。应妥善处理结冰、淤积和污塞等问题。

(3)可控制流量。进水口需设置闸门,以便给进水口和引水道的检修创造条件,并在必要时进行紧急事故关闭,截断水流,避免事故扩大。对于无压引水式水电站,有时尚需用进口闸门来控制流量。

(4)满足水工建筑物的一般要求。进水口要有足够的强度、刚度和稳定性,结构简单,施工方便,造形美观,造价低廉,便于运行、检修和维护等。若为综合利用,还应满足综合利用要求,必要时应设置专门的设备。

**(三)进水口的类型**

按水流流态,水电站进水口可分为有压进水口和无压进水口。水电站进水口类型、特征见表3-1。

表 3-1 水电站进水口类型、特征

| 进水口类型 | 特征 |
| --- | --- |
| 有压进水口 | 也称为深式进水口或潜没式进水口。进水口位于死水位以下一定深度,在一定的水压之下工作,以引进深层水为主,适用于从水位变化幅度较大的水库中取水。它可以单独布置,也可以和挡水建筑物结合在一起,进水口后常接有压隧洞或管道。有压引水式水电站、坝后式水电站的进水口大都属于这种类型 |
| 无压进水口 | 进水口的水流具有自由水面,处于无压状态,进水口以引进表层水为主,适用于从天然河道或者水位变化不大的水库中取水。进水口后一般接无压引水建筑物,一般用于无压引水式水电站 |

# 任务二　有压进水口

## 一、有压进水口的主要类型及适用条件

有压进水口的类型主要取决于水电站的开发方式、引用流量、枢纽布置要求以及地形地质条件等因素,可分为竖井式、墙式、塔式、坝式四种主要类型。各类有压进水口类型、特征见表 3-2。

表 3-2 有压进水口类型、特征

| 有压进水口类型 | 特征 |
| --- | --- |
| 竖井式进水口 | 竖井式进水口的闸门井布置于山体竖井中,竖井的顶部布置启闭设备和操作室 |
| 墙式进水口 | 墙式进水口的进口段和闸门段均布置在山体之外,形成一个紧靠在山岩上的墙式建筑物 |
| 塔式进水口 | 塔式进水口的进口段和闸门段组成一个竖立于水库边的塔式结构,通过工作桥与岸边相连 |
| 坝式进水口 | 坝式进水口指的是布置在挡水坝或挡水建筑物上的整体结构进水口,进口段和闸门段常合二为一,布置紧凑 |

### (一)竖井式进水口

竖井式进水口的进口段和闸门井均从山体中开凿而成,如图 3-1 所示。进口段开挖成喇叭形,以便水流平顺流入。闸门段经渐变段与引水隧洞衔接。这种进水口适用于地质条件较好、地形坡度适中的情况。当地质条件不好,扩大进口和开挖竖井会引起塌方;地形过于平缓,不易成洞,过于陡峻,又难以开凿竖井时,都不宜采用。竖井式进水口充分利用了岩石的作用,钢筋混凝土工程量较少,是一种既经济又安全的结构形式,因而应用广泛。

### (二)墙式进水口

墙式进水口的进口段和闸门段均布置在山体之外,形成一个紧靠在山岩上的墙式建

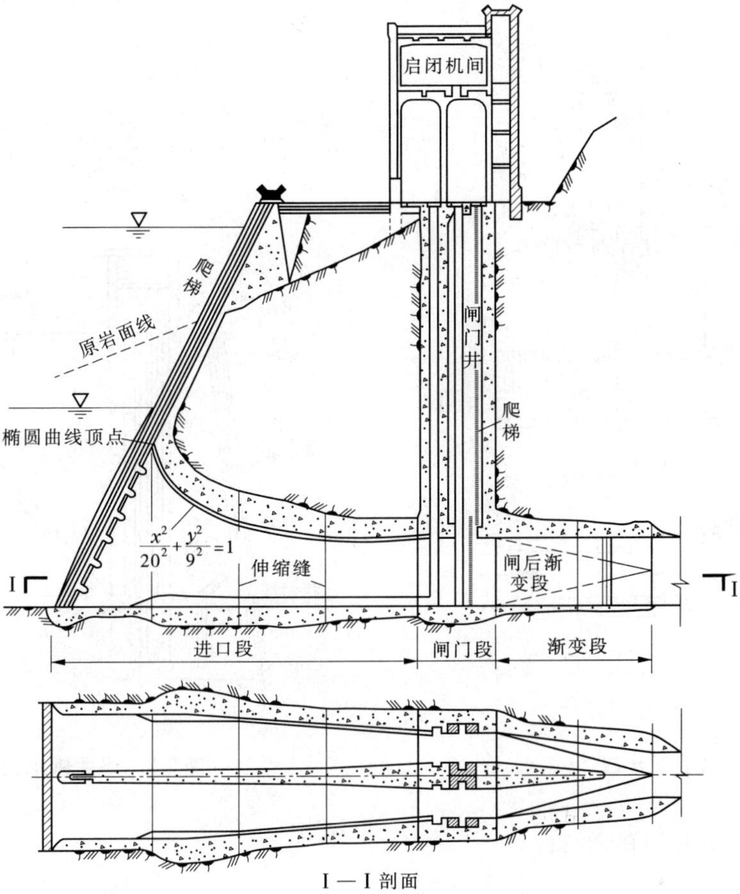


**图 3-1　竖井式进水口**

筑物,如图 3-2 所示。这种进水口适用于洞口附近地质条件较差或地形陡峻而不宜采用竖井式进水口时。墙式建筑物承受水压力,有时也承受山岩压力,因而需要足够的强度和稳定性。有时可将墙式结构连同闸门槽依山做成倾斜的,以减小或免除山岩压力,同时使水压力部分或全部传给山岩承受,这时的墙式进水口称为斜卧式进水口。

**(三)塔式进水口**

塔式进水口的进口段和闸门段组成一个竖立于水库边的塔式结构,通过工作桥与岸边相连,如图 3-3 所示。这种进水口适用于洞口附近地质条件较差或地形平缓而不宜采用竖井式进水口时。土石坝的坝下涵管也常采用塔式进水口。塔式结构要承受风浪压力及地震力,必须有足够的强度及稳定性。塔式进水口可由一侧进水,也可由四周进水,然后将水引入塔底岩基的竖井中。

**(四)坝式进水口**

坝式进水口的基本特征是进水口依附在坝体上,进口段和闸门段常合二为一,渐变段衔接紧凑,以缩短进水口长度,如图 3-4 所示的重力坝坝式进水口。当水电站压力管道埋设在坝体内时,只能采用这种进水口。坝式进水口的布置应与坝体协调一致,其形状也随坝型不同而异。

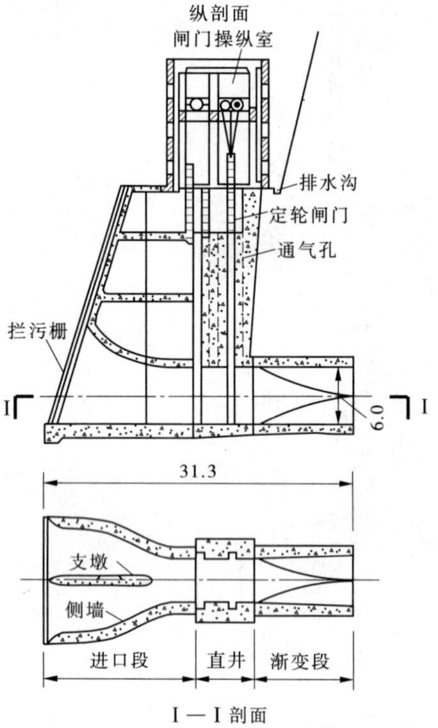


**图 3-2　墙式进水口**　（单位:m）

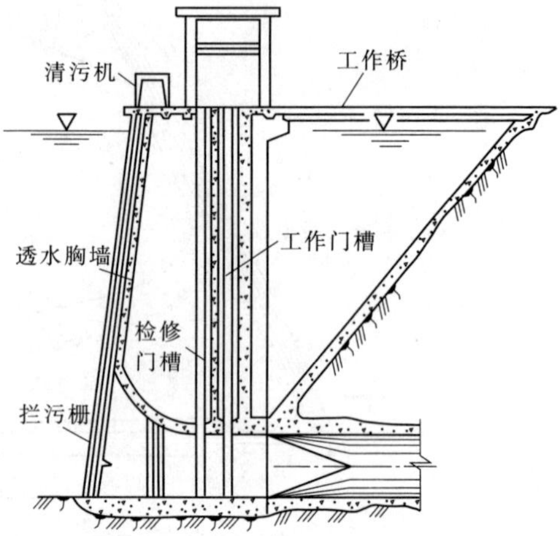


**图 3-3　塔式进水口**

## 二、有压进水口的布置

### （一）基本资料

布置进水口所需要的基本资料与数据有：

（1）水利枢纽的总体布置方案、进水口范围内的地形资料——拟定取水口的平面位置。

（2）进水口范围内的地质资料——拟定取水口是否依赖岸坡修建成竖井式，还是独立于岸坡的塔式，或者部分依赖岸坡的墙式。

（3）建筑物等级——确定结构计算中结构重要性系数等参数。

（4）上游漂浮物的性质与来量、河道冰凌情况、水文气象条件等——拟定取水口的抗冲撞、外表面衬砌及抗冻或抗腐蚀等设计。

（5）泥沙淤积情况——拟定进水口的挡沙设备、冲沙设备形式及拦污栅形式。

（6）电站的运行水位——初拟进水口的喇叭口与顶部平台高程。

（7）电站的引用流量——拟定进水口的过水断面尺寸及拦污栅大小。

（8）引水道的直径、长度和控制方式，水轮机特性——进一步拟定进水口的过水断面及闸门尺寸，并结合水位情况确定闸门止水方式。

（9）地震烈度——确定是否进行抗震结构计算。

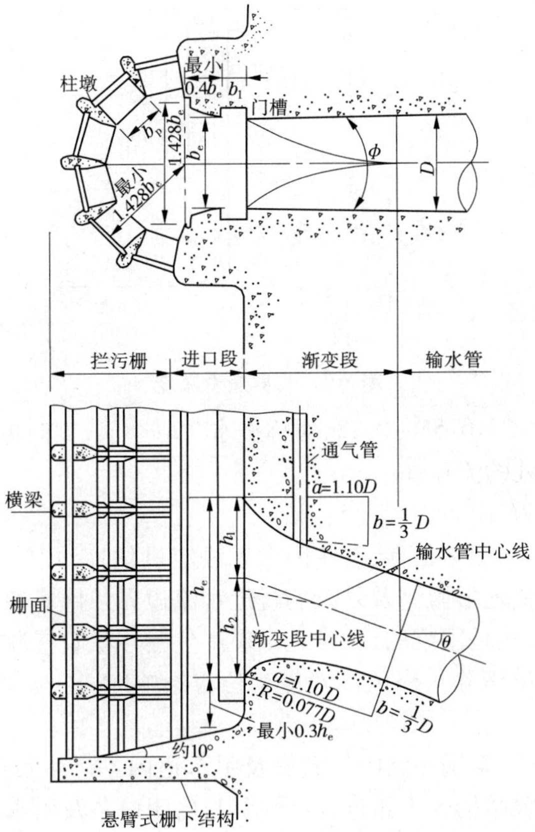


**图 3-4 重力坝坝式进水口**

### (二)位置选择

有压进水口位置的选择应当从水库地形地质条件、水位变幅、引水路线、进水口形式以及其他进水口位置等方面来综合考虑。运行时应能保证进水口的水流平顺、对称、水力损失小、不产生回流和漩涡、不产生淤积和聚集漂浮物等现象。同时,在其他进水口通过水量或泄洪时不影响该进水口的进水量。此外,进水口应与其后的压力引水隧洞路线协调一致,布置在地形地质及水流条件均合适的地点。

### (三)高程选择

为保证水库的发电、灌溉等效益,需要取水口在死水位情况下能够取到足够的设计流量,因此有压进水口的顶高程应低于死水位一定深度,这个深度称为淹没深度。淹没深度不仅是为保证取到足够的引用流量,在发电引水中,还应以不产生漏斗状吸气漩涡为原则。漏斗状吸气漩涡不仅会带入空气,而且会吸入漂浮物,引起噪声和振动,减少实际流量,增大汽蚀,影响水电站的正常发电。

根据已建工程的原型观测分析,不出现吸气漩涡的临界淹没深度(见图 3-5)可按下面的戈登(J. L. Gordon)经验公式估算

$$S_{临界} = Cv\sqrt{H} \tag{3-1}$$

式中 $S_{临界}$——闸门顶低于最低水位的淹没深度,m;

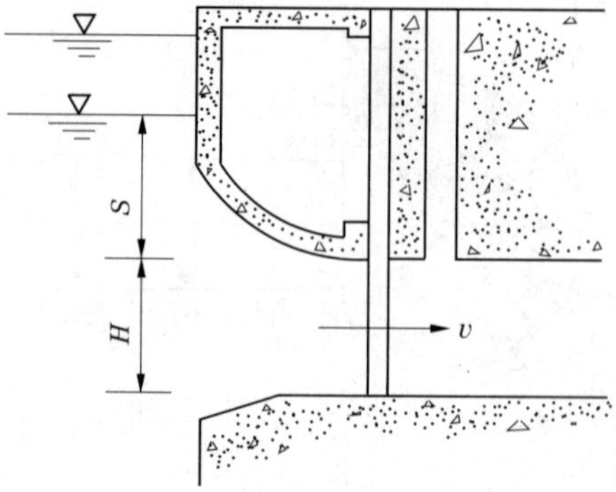


图 3-5 临界淹没深度

$C$——经验系数，$C=0.55\sim0.73$，对称进水时取小值，侧向进水时取大值；

$v$——闸门断面处的流速，m/s；

$H$——闸门孔口净高，m。

由于影响漩涡产生的因素很多，有些因素无法定量估算，式(3-1)只能用来初估淹没深度。在工程实践中，受地形限制及复杂的行近水流边界条件影响，要求进水口在各种运行情况下完全不产生漩涡是困难的，关键是不应产生漏斗状吸气漩涡，必要时可通过水力模型试验，研究采取措施消除。当风浪对库水位有影响时，还应在 $S_{临界}$ 值上加上浪高的 1/2。

在满足进水口前不产生漏斗状吸气漩涡及引水道内不产生负压的前提下，进水口高程应尽可能抬高，以改善结构受力条件，降低闸门、启闭设备及引水道的造价，也便于进水口运行维护。

有压进水口的底部高程应高于设计淤积高程 1 m 以上。如果这个要求无法满足，则应在进水口附近设排沙孔，以保证进水口不被淤塞，并防止有害的石块进入引水道。

**(四)有压进水口轮廓尺寸**

有压进水口沿水流方向可分为进口段、闸门段、渐变段三部分。这三部分的尺寸及形状，主要与拦污栅断面、闸门尺寸和引水道断面有关。进水口的轮廓就是使这三个断面能平顺地连接起来，在保证引进发电所需流量的前提下，尽可能使水流平顺地进入引水道，使水头损失小，避免水流脱壁而产生负压，降低工程造价和设备费用。

1. 进口段

进口段为连接拦污栅与闸门段的部分，其断面常为矩形，顺水流方向逐渐缩小。进口段一般为平底，两侧稍有收缩，纵断面的顶板位置为曲线，目前广泛采用 1/4 椭圆曲线，如图 3-1 所示，椭圆曲线方程为：

$$\frac{x^2}{a^2}+\frac{y^2}{b^2}=1$$

式中的 $a=(1.0\sim1.5)D$($D$ 为引水道直径)，$b=(1/3\sim1/2)D$，一般情况下，$a/b=3\sim4$。当引水流量及流速不大时，顶板曲线也可用圆弧曲线，圆弧半径 $R\geqslant D/2$。对重要工程应根据模型试验确定进口曲线。

由于两侧水流较之顶板水流要平顺，因而两侧边墙的水力平滑曲线要求比顶板曲线低，一般中小型工程以圆弧曲线即可。这样，两侧及顶板就围成了矩形喇叭口形状。

进口流速不宜过大，在喇叭口外缘流速一般控制在 0.8 ~ 1.2 m/s，以便于拦污栅清污。

进口段长度无一定标准，依工程地形地质情况及水流平顺的原则布置，力求布置紧凑，以节省工程量。

2. 闸门段

闸门段主要由闸门、门槽形式及受力条件而定，一般为矩形断面，闸门槽四周以二期混凝土预埋锚筋，用以固定闸门槽内安装的止水封座及闸门滚轮导轨。在检修闸门槽后设置检查孔，在工作闸门槽后设置通气孔，有时还根据需要设置测量设备。

闸门段过水断面为引水道的 1.1 倍左右，高度一般略大于或等于引水道直径，而宽度一般与引水道直径相同，以便于渐变段的布置及水流平顺。闸门段的长度取决于闸门及启闭设备的需要，并应考虑引水道检修通道的要求。

3. 渐变段

渐变段是矩形闸门段到圆形引水道的过渡段。通常采用圆角过渡，圆角半径 $r$ 按直线规律变化，如图 3-6 所示。

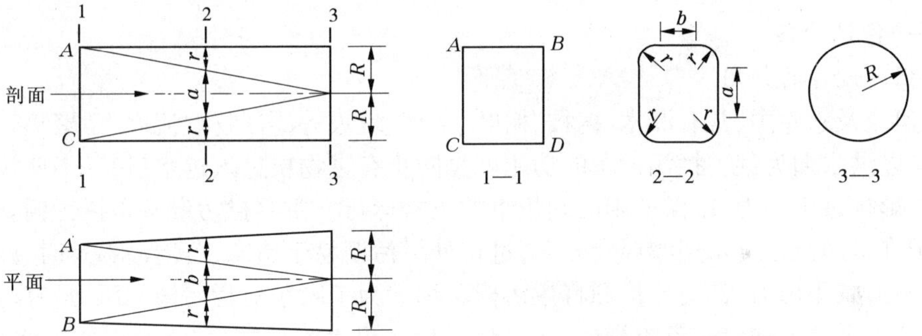


图 3-6 进水口渐变段

渐变段长度一般取引水道直径的 1.5 ~ 2 倍，对于狭窄的取水口，为方便布置也可取 1.0 ~ 1.5 倍，收缩角不超过 10°，以 6° ~ 8°为宜。

为了使水流平顺，渐变段轴线一般布置成直线，地形及布置形式限制时也可布置成曲线，但要注意避免流速过高使底板与水流分离而产生负压现象。

竖井式、墙式及塔式进水口的进口段、闸门段和渐变段划分比较明确。坝式进水口为了适应坝体的结构要求，进水口长度要缩短，进口段与闸门段常合二为一。坝式进水口一般都做成矩形喇叭口状，水头较高时，喇叭口开口较小，以减小闸门尺寸以及孔口对坝体结构的影响；水头较低时，喇叭口开口较大，以降低水头损失。喇叭口的形状常由试验决定，以不出现负压、漩涡且水头损失最小为原则。进水口的中心线可以是水平的，也可以是倾斜的，视与压力管道的连接条件而定。开口较小时，工作闸门可设于喇叭口的中部而将检修闸门置于喇叭口上游，如图 3-4 所示。图中还表示了为保证水流平顺，各部分所需的最小尺寸。

## 三、有压进水口的主要设备

有压进水口应根据运用条件设置拦污设备、闸门及启闭设备、通气孔和充水阀等，见表3-3。

**表3-3 有压进水口主要设备一览表**

| 有压进水口主要设备 | | 作用 |
| --- | --- | --- |
| 拦污设备 | | 防止有害物质进入进水口，并不使污物堵塞进水口，影响过水能力，以保证闸门和机组的正常运行。主要拦污设备是拦污栅 |
| 闸门及启闭设备 | 事故闸门 | 当机组或引水道发生事故时紧急关闭，以防事故扩大 |
| | 检修闸门 | 当检修事故闸门及其门槽时用以挡水 |
| 通气孔 | | 当引水道充水时用以排气，当事故闸门关闭放空引水道时，用以补气以防出现有害的真空 |
| 充水阀 | | 开启闸门前向引水道充水，平衡闸门前后水压，以便静水开启闸门 |

### （一）拦污设备

1. 拦污设备的作用

在河流及水库中，常有漂木、树枝、树叶、杂草、垃圾等漂浮物顺流而下，聚集于进水口前，尤其以洪水期为甚。拦污设备的功用就是防止有害物质进入进水口，并不使污物堵塞进水口，影响过水能力，以保证闸门和机组的正常运行。主要拦污设备是拦污栅。实践表明，我国许多河流在洪水期漂浮物较多，进口处拦污栅易于堵塞，若清污不及时，就可能使水电站被迫减小出力，甚至停机和将拦污栅压坏。为了减小对拦污栅的压力，有时在远离进水口几十米之外加设一道粗栅或拦污浮排，拦住粗大漂浮物，并将其引向泄水建筑物，宣泄至下游。

2. 拦污栅的布置及支撑结构

拦污栅的布置形式取决于进水口的类型、水电站引用流量的大小、水库水位变化幅度、被拦截污物的情况和清污方法等。

拦污栅在立面上可布置成垂直的或倾斜的。倾斜的优点是过水断面大且易清污，倾角一般为60°~70°，广泛应用于竖井式及墙式进水口。而塔式及坝式进水口由于工程量限制，进口处一般不设置成倾斜面，因而拦污栅也相应地为垂直或接近垂直的。

拦污栅的平面形状可以是多边形（或半圆形）的，也可以是平面的。平面拦污栅的优点是便于用清污机清污，竖井式及墙式进水口一般采用平面拦污栅，而塔式和坝式进水口则两种形状均有采用。坝式进水口多边形拦污栅可见图3-4。由图中可以看出，在进口底部伸出的悬臂板上立着5根柱墩，柱墩两侧留有栅槽，拦污栅栅片即插在槽内。柱墩的间距一般不大于2.5 m，柱墩之间用水平的横梁连接成整体框架，并与坝体相连接。

栅片的上下端支撑在上下两横梁上，横梁的间距一般不大于4.0 m。间距过大会加大栅片的横断面，间距过小会增大水头损失。拦污栅框架高度常取决于水库水位和清污要求。在不需要经常清污的情况下,拦污栅框架的顶部只需要高出经常出现的水库低水位,以便有机会可以清理与维护拦污栅。如污物较多,需要经常清污,此时拦污栅顶部应高于清污的水位。拦污栅顶部用顶板封闭。进水口采用平面拦污栅的情况可见图 3-1 和图 3-2,所有水电站进水口共用一个整体的平面拦污栅,充分利用了进水口之间的空间,使拦污栅有足够的过水断面,而且结构简单,便于机械清污。在部分栅面被污物堵塞时,仍可通过邻近的栅面进水。

3. 拦污栅的结构与构造

拦污栅由若干块栅片组成,每块栅片的宽度一般不超过 2.5 m,高度不超过 4 m,整块栅片看起来像一扇百叶窗。栅片如同闸门一样放在支撑结构的栅槽中,必要时可将栅片一片一片地提起检修。栅片的结构如图 3-7 所示,四周用角钢或槽钢焊成边框,中间用扁钢做栅条。栅条上下端焊在边框上,沿栅条的长度方向,每隔一定的距离设置带有槽口的横隔板,栅条背水的一边嵌入横隔板的槽口中并加焊。横隔板的作用是使栅条保持固定的位置,并增加栅条的侧向稳定性。栅片顶部设有吊环。栅条的厚度及宽度由强度计算确定,一般厚度为 6~12 mm,宽度为 100~200 mm,栅条间净距取决于水轮机的型号及尺寸,要保证通过拦污栅的污物不会卡在水轮机的过流部件中。栅条净距 $b$ 一般由水轮机制造厂提供。混流式水轮机 $b \approx D_1/30$,其中 $D_1$ 为水轮机转轮直径;轴流式水轮机 $b \approx D_1/20$;冲击式水轮机 $b \approx d/5$,其中 $d$ 为喷嘴直径。

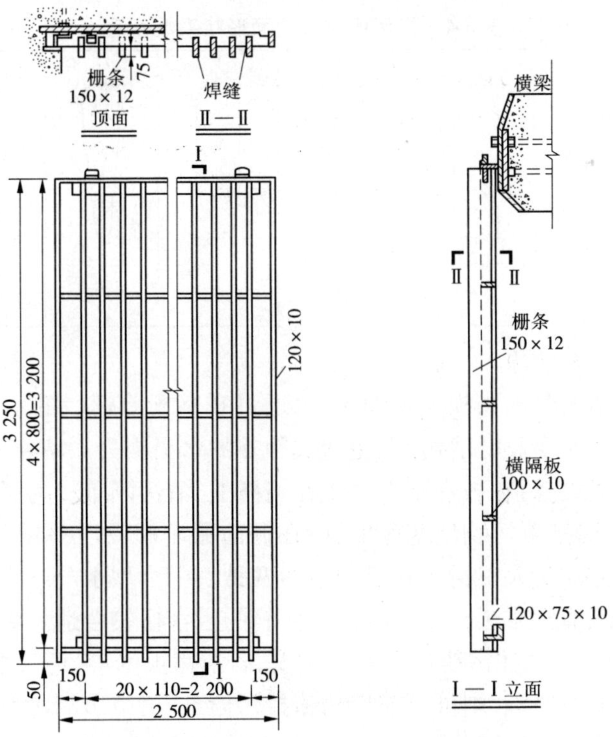


图 3-7 拦污栅栅片结构图 (单位:mm)

4.拦污栅的水头损失

水流经过拦污栅的水头损失与过栅流速及栅条形状有关。过栅流速是指扣除立柱、横梁等支撑结构以后,按净面积所计算的流速(栅条面积不扣除)。拦污栅总面积过小,则过栅流速大,水头损失大,漂浮物对拦污栅的冲击力大,且清污困难;反之,拦污栅总面积过大,则要增加造价,并使布置困难。从清污方便的角度来看,过栅流速以不超过1.0 m/s为宜。如河流污物很少,或采取其他措施(如加设粗栅、拦污浮排等)能保证拦污栅前污物很少时,可将过栅流速加大至1.0~1.2 m/s,以解决大流量水电站拦污栅布置的困难。过栅流速选定后,即可根据水电站的引用流量计算出拦污栅的总面积。拦污栅的水头损失可用下式计算

$$\Delta h = \beta k\left(\frac{s}{b}\right)^{4/3}\frac{v^2}{2g}\sin\alpha \tag{3-2}$$

式中 $s$——栅条厚度,mm;

$b$——栅条净距,mm;

$v$——过栅平均流速,m/s;

$\beta$——栅条断面形状系数,可由表3-4查得;

$k$——拦污栅附着物的影响系数,与污物附着程度有关,人工清污时,可取1.5~2.0;

$\alpha$——拦污栅面与水平面之间的倾角。

**表3-4 拦污栅栅条断面形状系数$\beta$值**

| 栅条断面形状 |  |  |  |  |  |  | 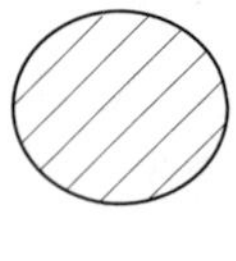 |
|---|---|---|---|---|---|---|---|
| $\beta$ | 2.42 | 1.83 | 1.67 | 1.035 | 0.92 | 0.76 | 1.79 |

5.拦污栅的清污与防冻

拦污栅被污物堵塞时水头损失将加大,可通过观察栅前栅后的水位差来判明被堵塞的程度。拦污栅堵塞时要及时清污,以免造成额外的水头损失。堵塞不多时清污方便,堵塞过多则过栅流速加大,污物被水压力紧压在栅条上,清污困难。为了保证拦污栅结构的安全和正常工作,及时观测污物堵塞程度,应在栅前栅后埋设压差量测设备,以观察水位差或压力差。清污方式有人工清污和机械清污两种。中小型水电站常采用人工齿耙扒掉拦污栅上污物的人工清污方法,应用在浅水、倾斜的拦污栅较合适。大中型水电站常用清污机清污,如图3-8所示。在污物较多的河流上,若清污很困难,可将拦污栅吊出来清污,为在清污时不使水电站停机,则可设前后两道拦污栅,一道吊出清污时,另一道可以拦污。

在严寒地区要防止拦污栅结冰。如冬季仍能保证全部栅条完全埋在水下,则水面形成冰盖后,下层水温高于0 ℃,栅面不会结冰。如栅条露出水面,则要设法防止栅条结冰。一种办法是在栅面上通过50 V以下的电压,形成回路使栅条发热;另一种方法是将压缩

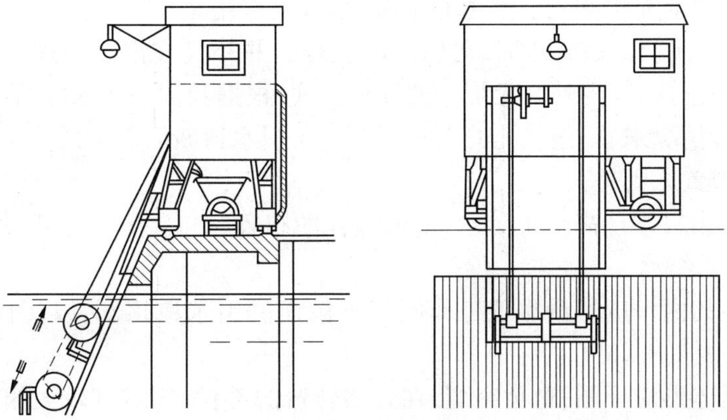

图 3-8　清污机

空气用管道通到拦污栅上游面的底部,从均匀布置的喷嘴中喷出,形成自下而上的挟气水流,将下层温水带至栅面,并增加水流的紊动,以防止栅面结冰。这时要减少水电站的引用流量,以免吸入大量气泡。在特别寒冷地区,有时要将进水口(包括拦污栅)全部建在室内,以便保温。

**(二)闸门及启闭设备**

为控制水流,进水口必须设置闸门。闸门可分为工作闸门(事故闸门)和检修闸门。工作闸门的功用主要是当机组或引水道正常开启和关闭,或当发生事故时紧急关闭,以防事故扩大。检修闸门设在事故闸门之前,它的功用是当检修工作闸门及其门槽时用以堵水。

工作闸门一般要求在动水中能够迅速关闭,开启时则为静水中开启。即先用充水阀向门后充水,待闸门前后水压基本平衡后,再开启闸门,以减少启门力并避免闸门在开启的瞬间高速水流冲入引水道而引起振动。由于引水道末端闸门会漏水,特别是水轮机导叶漏水量较大,所以要求工作闸门能在 3 ~ 5 m 水压差下开启。小型进水口的工作闸门一般为平板门,它占据的空间小。如果水深较浅、压力较小,一般用卷扬式启闭机启闭;如果闸门位于水下较深,启门力过大则采用螺杆式启闭机;大中型进水口可以为弧形闸门,用油压启闭机启闭,启门力大而且操作便利,减少了上部启闭平台结构特别是柱结构的巨大启闭荷载。一般每个工作闸门配一套启闭机,以便随时操作闸门。闸门操作应尽可能自动化,闸门应能吊出进行检修。

检修闸门与工作闸门相比,启门力是很小的,因此一般采用平板门,对中小型水电站还可以采用更简单的叠梁门。周边进水的塔式进水口多采用圆筒闸门。检修闸门为静水启闭,可以几个进水口合用一套。启门机也可用移动式的,或用临时启闭设备,如为坝式进水口则可利用门机来操作检修闸门。检修闸门平时放在专设的储门室内或锁定在检修门槽的上方。

**(三)通气孔**

一般有压进水口的检修闸门为前止水,工作闸门为后止水,因而在工作闸门之后需设置通气孔,通气孔的作用是:

(1)闸门关闭时向引水道中输入空气,以填补流走水量形成的空间,从而防止引水管道发生真空失稳。

(2)闸门开启前充水阀向引水道充水时,起排气作用。

注意:当工作闸门为前止水时,可以利用检修竖井补气或排气,勿需设置专门的通气孔。通气孔面积选择,国内外尚无统一的计算公式,根据我国一些水电站进水口通气孔的原型观测与运行情况来看,通气孔的面积不宜小于引水道断面面积的5%。

通气孔的布置原则是:

(1)通气孔出口端应高于上游水位,通气孔的布置应与启闭室分开,外口应设置防护罩,并应防止冬季结冰。

(2)通气孔的内口应尽量靠近工作闸门下游面的引水道顶部,以便在任何情况下均能充分通气,减少负压。

(3)通气孔体形应平顺,避免突变,在必须转弯的部位,应具有较大的转弯半径,以减少气流阻力。

**(四)充水阀**

充水阀的作用是在工作闸门开启前向引水管道充水。闸门上、下游水压力基本平衡后,闸门在静水中开启。如果不向引水管道充水而直接打开工作闸门,则高速水流倾泻而下引起巨大振动及冲刷,破坏引水道及压力钢管。在工作闸门的上、下游侧以旁通管连接,用充水阀控制。对于布置旁通管有困难的进水口,可以考虑在工作闸门上设置充水阀,利用吊杆启闭,开启时先将吊杆提升一段距离,打开充水阀,此时闸门本体不动,待充水完毕后,再继续提升吊杆开启闸门本体。关闭闸门时,吊杆在自重及充水阀的作用下下压,充水阀关闭。

# 任务三　无压进水口

## 一、无压进水口的作用和设计要求

无压进水口也称开敞式进水口,一般适用于无压引水式电站。特点是进水口水流为无压流。从枢纽组成来说,无压进水口分为有坝进水口和无坝进水口两种。当水电站的引用流量仅占河流流量的一小部分时,在河流上可不建坝,这种取水方式称为无坝取水。当水电站的引用流量占河流流量的较大部分,或者需要拦蓄一部分水量进行日调节时,就要在河流上建造低坝,这种取水方式称为有坝取水。由于无坝进水口只能引用河道流量的一部分,不能充分利用河流资源,故较少采用。以下主要介绍有坝无压进水口。

## 二、无压进水口的位置选择

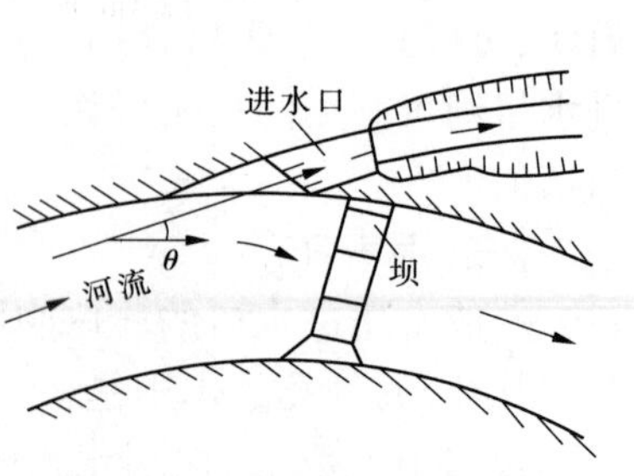

图3-9　无压进水口的位置

无压进水口多为低坝引水,上游没有大的水库,洪水期河道中流量、流速较大,水流挟带大量泥沙与各种漂浮物至进水口前。因此,拦沙、排沙和拦截漂浮物的问题,无压进水口较有压进水口更为突出。考虑到上述情况,无压进水口位置应该选择比较稳定的河段,并布置在河道的凹岸(见图3-9)。由于横向环流的作用,凹岸不会形成回流，泥沙、漂浮物不易堆积，且表层水是流向凹岸的。这样可以减少进入进水口的泥沙，还可以利用进水口前的主流，将拦污栅前的漂浮物冲向下游。

当无合适的稳定河段可以利用时，可采取工程措施造成人工弯道。在布置上也可采取一些减沙排污的工程措施。图 3-10 为某水电站无压进水口的布置。

## 三、无压进水口的组成及其布置

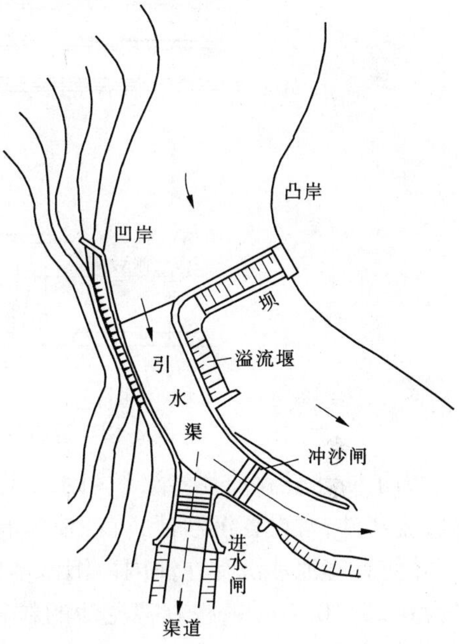


图 3-10　某水电站无压进水口的布置

有坝无压进水口的组成建筑物一般有拦河低坝（或拦河闸）、进水闸、冲沙闸及沉沙池等。这些组成建筑物的总体布置形式多样，但都应符合水工建筑物的要求。现就防沙问题讨论一般布置原则。进水闸与冲沙闸的相对位置应以“正面进水，侧面排沙”的原则进行布置。应根据自然条件和引水流量的大小确定最佳引水角度，条件许可时应尽量减少引水角度。冲沙闸与溢流坝之间常设分水墙，以形成冲沙槽，如图 3-11 所示。此外，也可设置冲沙廊道，排除进口前的淤沙，如图 3-12 所示。冲沙廊道中的流速一般应达到 4 ~ 6 m/s。进水闸的底坎高程应高于冲沙闸和冲沙廊道进口的底面高程，其高差一般不宜小于 1.0 m，这样可防止底沙进入引水道。另外，还可以设置拦沙坎，在非洪水期，引水系数较大而河道推移质较多的情况下，防止底沙进入引水道。拦沙坎高度一般为冲沙槽设计深度的1/4 ~ 1/3，最好不小于 1.0 ~ 1.5 m。

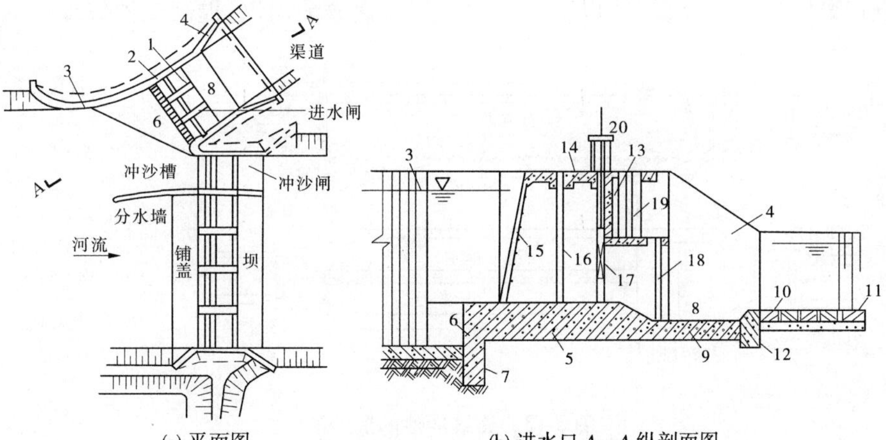


(a) 平面图　　(b) 进水口 *A—A* 纵剖面图

1—闸墩；2—边墩；3—上游翼墙；4—下游翼墙；5—闸底板；6—拦沙坎；7—截水墙；8—消力池；9—护坦；10—穿孔混凝土板；11—乱石海漫；12—齿墙；13—胸墙；14—工作桥；15—拦污栅；16—检修闸门；17—工作闸门；18—下游检修闸门；19—下游闸板存放槽；20—启闭机

图 3-11　设有冲沙槽的进水口布置图

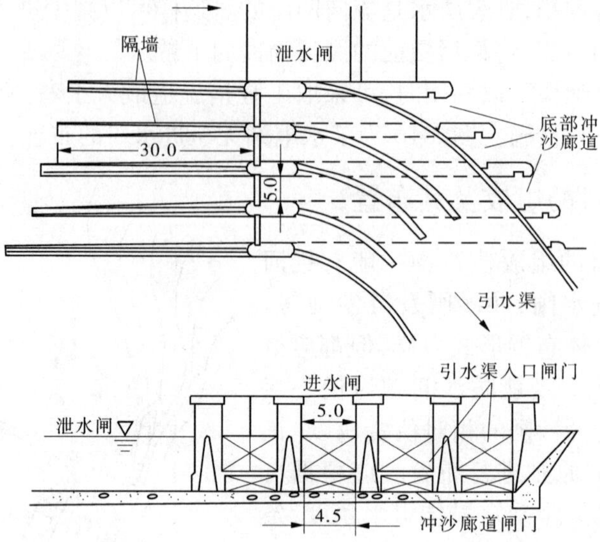


**图 3-12 设有冲沙廊道的进水口** (单位:m)

为了防止悬移质泥沙淤积引水渠道,降低渠道的过水能力,并磨损水轮机转轮及导叶等过流部件,常设置沉沙池,沉沙池具有加大的过水断面和一定的长度,以减小水流的流速,并使有害泥沙沉淀在池内。沉沙池的过水断面面积取决于池中所要求的平均流速,一般为0.25~0.7 m/s,视有害泥沙的粒径(一般大于0.25 mm)而定。沉沙池应有需要的长度,长度不足,则有害泥沙尚未沉淀即已流出沉沙池;过长则造成工程上的浪费,通常沉沙池的长度通过专门的计算和模型试验确定。

沉沙池中所沉积的泥沙应予排除。其排沙方式可分为连续冲沙、定期冲沙和机械排沙三种。图3-13为连续冲沙的沉沙池。沉积的泥沙由下层冲沙廊道排至下游河道。在沉沙池进口处设置了分流设备,以使池中的水流流速分配均匀,提高沉沙效果。

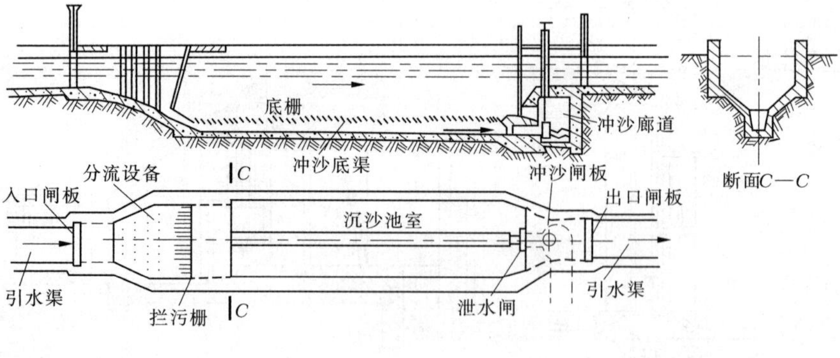


**图 3-13 连续冲沙的沉沙池**

定期冲沙的沉沙池,如图3-14所示,为了定期冲沙时不停止发电,可采用多室式沉沙池,各室轮流冲沙。

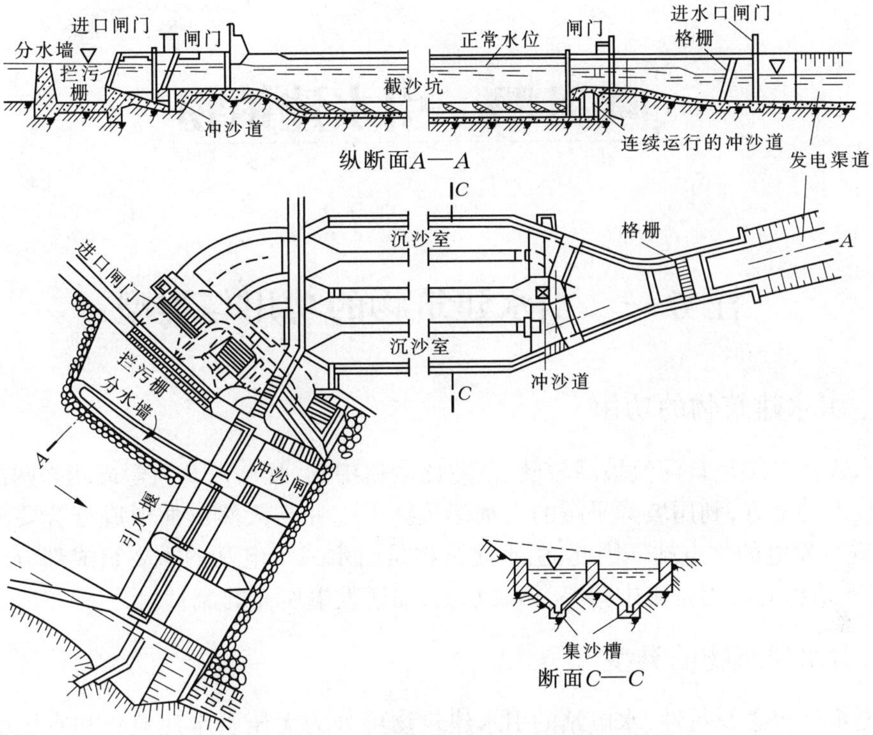


图 3-14 带多室式沉沙池的进水口

冲沙时多采用射流，即先关闭沉沙池进口闸门，用冲沙廊道将池水放空，然后再稍开进口闸门，利用闸底形成的射流将泥沙冲走。

# 项目四 引水建筑物

## 任务一 引水建筑物的功用与类型

### 一、引水建筑物的功用

引水式水电站是自河流坡降较陡、落差比较集中的河段，以及河弯或相邻两河河床高程相差较大的地方，利用坡降平缓的引水建筑物引水并与天然水面形成符合要求的落差（水头）进行发电的水电站。因此，引水建筑物是引水式水电站的重要组成部分之一。可见，引水建筑物的功用是集中落差，形成水头，输送发电所需的流量。

### 二、引水建筑物的类型

根据水流流态及特性，水电站的引水建筑物可分为无压引水建筑物和有压引水建筑物两大类。

无压引水建筑物的特点是具有自由水面，引水建筑物承受的水压力较小，适用于无压引水式水电站以及河道或水库的水位变化不大，沿线地形平缓、岸坡稳定的情况。在结构形式上，无压引水建筑物最常用的有引水渠道或无压隧洞。渠道常沿山坡等高线布置，受地形地质条件制约，其长度和开挖工程量较大，且运行期需经常维护和检查，但施工方便，以往中、小型电站常采用渠道。目前，因为无压隧洞施工技术提高，具有运行可靠、维护工作小等特点，故中、小型水电站采用无压隧洞的逐渐增多。

有压引水建筑物的特点是引水道水流为压力流，承受的水压力较大，适用于有压引水式水电站以及河道或水库水位变幅较大的情况。有压引水建筑物最常用的结构形式是有压隧洞，埋藏在岩体中的有压隧洞造价昂贵，但运行可靠，使用年限长，维护工作量小，不受地表地形、气温及泥沙污物的影响，并可利用岩体承受内水压力和防止渗漏。

## 任务二 引水渠道

### 一 、引水渠道的基本要求

水电站的引水渠道与一般灌溉和供水渠道不同。这是因为电力系统中的负荷随时间变化很大，水电站通常在系统中承担调峰作用，要求引水渠道的引用流量随负荷变化而变化，引起渠道中的水位、压强也不断变化，通常称水电站的引水渠道为引水渠道。

水电站引水渠道应满足以下基本要求：

(1)有足够的输水能力,并能适应发电流量的变化要求。

(2)水质符合要求。应防止有害污物和泥沙进入渠道,渠道进口、沿线及渠末要采取拦污、防沙、排沙措施。

(3)运行安全可靠,经济合理。应尽可能减少输水过程中的水量和水头损失,因此渠道要有防冲、防淤、防渗漏、防草、防凌功能。渠道应能放空和维护及检修,并有排洪设施,结构布置合理,便于施工和运行。

## 二、引水渠道的类型

根据引水渠道的水力特性,可分为自动调节渠道和非自动调节渠道两种类型。

### (一)自动调节渠道

自动调节渠道如图 4-1 所示。其主要特点是渠顶高程沿渠道全长不变,且高出渠内可能的最高水位;渠底按一定坡度逐渐降低,断面也逐渐加大;在渠末压力前池处不设泄水建筑物,以满足引水渠道的运行要求,当渠道通过设计流量时,水流为恒定均匀流,水面线平行于渠底,水深为正常水深 $h_0$;当水电站出力减小,水轮机引用流量小于渠道设计流量时,水流为恒定非均匀流,水面形成壅水曲线,引用流量愈小,渠末水深愈大;当水电站停止工作,引用流量为零时,渠末水位与渠首水位齐平,渠顶应高于渠内最高水位,避免发生漫顶溢流现象。

自动调节渠道无溢流水量损失。渠道最低水位与最高水位之间的容积可用以调节水量,当水电站引用流量发生变化时,可由渠内水深和水面比降的相应变化来自动调节,不必运用渠首闸门的开度来控制,故称自动调节渠道,在引用流量较小时,渠末能保持较高的水位,因而可获得较高的水头。由于渠顶高程沿渠线相等,故工程量较大。只有在渠线较短、地面纵坡较小时,采用此种类型的渠道才可能是经济合理的。

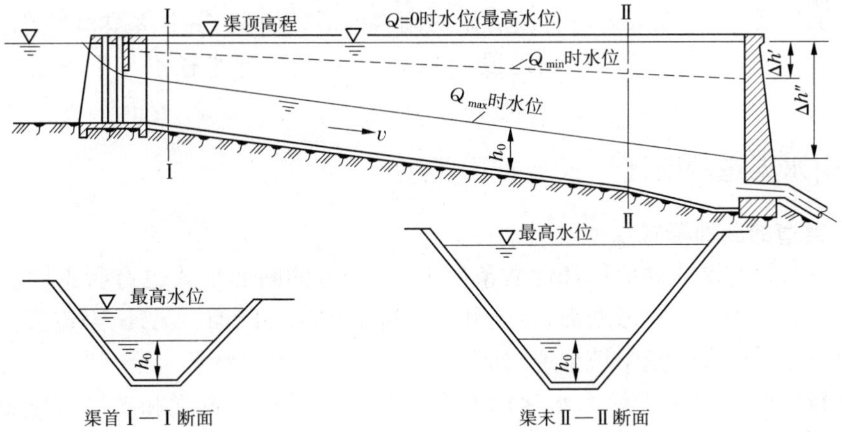


图 4-1　自动调节渠道

### (二)非自动调节渠道

非自动调节渠道如图 4-2 所示。主要特点是渠顶沿渠道长度有一定的坡度,其坡度一般与渠底坡度相同。在渠末压力前池处(或压力前池附近)设有泄水建筑物,一般为溢流堰或虹吸式溢水道,用来控制渠道水位的升高和宣泄水量。当渠道通过设计流量时,水流为恒定均匀流,渠内水深为正常水深 $h_0$,渠末水位略低于溢流堰顶(一般为 3 ~5 cm);当水电站出力减小,引用流量小于设计流量时,渠末水位升高,超过溢流堰顶后,多余水量将通过溢流堰泄向下游;当引用流量为零时,全部流量均经溢流堰泄向下游。渠道末端的顶部高程应高于全部流量下泄时的渠末水位。为了减少无益弃水,应根据水电站负荷的变化,运用渠首闸门的开度调节入渠流量。这种类型的渠道有弃水损失,引用流量较小时,渠末水位较自动调节渠道的水位低,但渠道工程量较小。对于渠道线路较长的水电站或水电站停止运行后仍需向下游供水时,广泛采用非自动调节渠道。

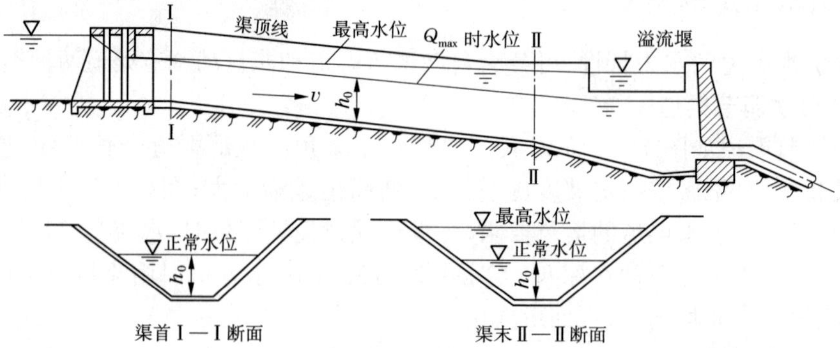


图 4-2 非自动调节渠道

## 三、引水渠道路线选择

渠道的选线是根据确定的引水高程和水电站厂房位置,选择一条从进水口至压力前池的渠道中心线。选线一般应遵循以下原则:

(1)渠线应尽量短。

(2)渠道大致沿等高线布置,以减小工程量。根据需要可修建渠系建筑物(无压隧洞、渡槽、倒虹吸等)。在渠末应有较陡峭的倾斜地形,以利于集中落差和布置压力水管。

(3)渠线应选择在地质较好的地段。需转弯时,其转弯半径不小于 5 倍渠道设计水面宽度。

## 四、引水渠道的断面形式和护面类型

### (一)渠道的断面形式

由于引水渠道沿线的地形和地质条件不同,渠道的断面形式也有所不同。盘山修建的渠道多采用窄深式的矩形断面,在土基上一般采用梯形断面。另外,渠道按其建筑条件又可分为挖方渠道和半挖半填渠道,如图 4-3 所示。

渠道断面的高度等于最大水深加安全超高。渠道堤顶宽度和超高可参考表 4-1 确定,当堤顶有交通要求时,视需要确定。渠道边坡可根据土质条件和开挖深度或填筑高度确定,边坡系数可参考表 4-2 确定。

### (二)渠道护面

在渠道的表面用各种材料做成的保护层叫作渠道护面。护面的作用是:

(1)减少渠道的渗漏损失,加强渠道的稳定性。

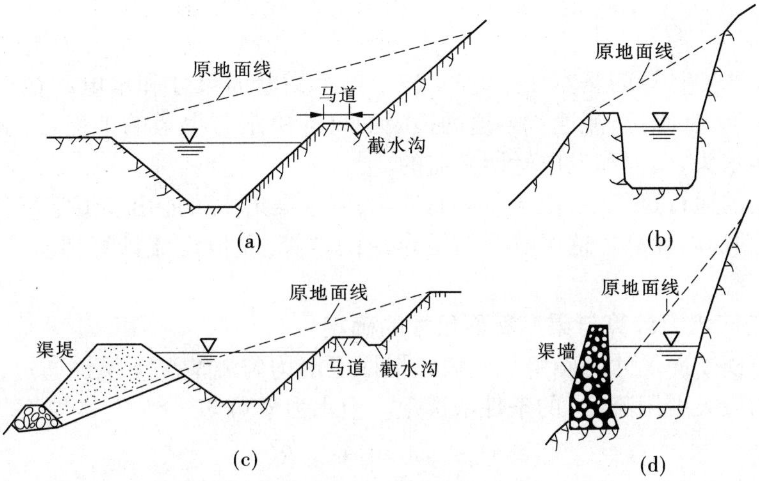


（a）、（b）挖方渠道；（c）、（d）半挖半填渠道

**图 4-3 引水渠道断面形式**

（2）减小渠道的糙率，从而降低水头损失。

（3）防止渠中长草和穴居动物对渠道的破坏。

**表 4-1 渠堤超高和顶宽**

| 流量（$m^3$/s） | 50～10 | 10～5 | 5～2 | 2～0.5 | <0.5 |
|---|---|---|---|---|---|
| 渠堤超高（m） | 1.0～0.6 | 0.45 | 0.40 | 0.30 | 0.20 |
| 渠堤顶宽（m） | 2～1.5 | 1.5～1.25 | 1.25～1.0 | 1.0～0.8 | 0.8～0.5 |

**表 4-2 渠道断面边坡系数**

| 土壤种类 | $m=\cot\varphi$ | | 土壤种类 | $m=\cot\varphi$ | |
|---|---|---|---|---|---|
| | 水下 | 水上 | | 水下 | 水上 |
| 粉砂 | 3～3.5 | 2.5 | 黏壤土、黄土、黏土 | 1.25～1.5 | 0.5～0.75 |
| 细砂<br>1. 疏松和中等密实的细砂 | 2.0～2.5 | 2.0 | 卵石和砾石 | 1.25～1.5 | 1.0 |
| | | | 半岩性的抗水性土壤 | 0.5～1.0 | 0.5 |
| 2. 密实细砂 | 1.5～2.0 | 1.5 | 风化岩石 | 0.25～0.5 | 0.25 |
| 砂壤土 | 1.5～2.5 | 1.5 | 未风化岩石 | 0.1～0.25 | 0 |

渠道护面的类型根据所用材料不同，有混凝土护面、砌石护面、砾石护面、黏土和灰土护面等。

## 五、引水渠道水力计算

引水渠道水力计算的基本任务,在于确定渠道横断面尺寸和水电站在不同运行方式下的渠道水头损失、水位、流速。渠道的横断面尺寸决定着渠道的工程量,水头损失则是计算水电站净水头、出力和发电量所必需的。

在水电站的运行过程中,由于负荷的变化,引水渠道中可能出现恒定流和非恒定流两种状态,应分别加以计算。这里仅介绍恒定流的计算,非恒定流计算请参照《水力学》相关章节进行。

### (一)均匀流水力计算与渠道断面尺寸的确定

引水渠道横断面尺寸的确定与底坡应根据恒定均匀流情况下渠道通过设计流量(一般为水电站的最大引用流量)的条件来选定。由水力学可知

$$Q = wv = wC\sqrt{Ri} \tag{4-1}$$

式中 $Q$——渠道设计流量,一般采用水电站最大引用流量 $Q_{max}$;
$w$——渠道过水断面面积;
$R$——水力半径;
$C$——谢才系数;
$i$——渠底坡度;
$v$——渠道内的平均流速。

长度为 $L$ 的渠道,渠底坡度 $i$ 愈大,则水头损失亦愈大,从减小水头损失(即减少电能损失)的角度来看,底坡应减缓;但 $i$ 值愈小,在渠道通过相同流量的情况下,渠道过水断面面积必将增大,增加工程量。所以,在确定引水渠道的断面尺寸和底坡时,应进行经济比较;选择若干个断面尺寸和底坡的方案,计算各个方案的一次投资和正常运行期的年运行费(不考虑折旧费),然后折算到某一基准年。计算期(一般为渠道运行期+施工期)内总费用最小的方案即为最佳方案。应指出:在计算各个方案的一次投资和运行费时,电能损失必须由替代水电站发出,相应的替代水电站投资和运行费应一并计入。

一般在中、小型渠道设计中,可不进行上述较复杂的经济比较,而按照经济流速来确定渠道的断面尺寸和底坡。山区河流落差大,渠底坡度可采用1/1 000~1/3 000;平原地区河流平缓,渠底坡度可采用1/3 000~1/5 000。渠道的经济流速一般为1.5~2.0 m/s。

在渠道设计时应首先确定渠首水位。渠首水位应是外河引水位(闸前水位)减去过闸水头损失。根据渠首所在河道断面的水位变化规律,可定出最高引水位、最低引水位和设计引水位。最高引水位是按某一防洪标准计算出的相应洪水位,最低引水位是在水电站运行期间可能出现的低水位,设计引水位是保证水电站正常工作所需设计流量进入渠道的外河引水位。对于无坝引水,设计引水位为相应于水电站设计保证率的外河引水位;对于有坝引水,设计引水位为进水闸全开时能引进设计流量的最低水位。

还应指出:在进行渠道水力计算中,要注意在选择糙率系数时应留有余地,要考虑到在未来运行中糙率系数增大的可能性。

### (二)恒定非均匀流水力计算

在确定了引水渠道的断面尺寸和底坡之后,当渠道中通过任一流量 $Q$ 时,在均匀流情况下,渠首水深 $h_1$ 和渠末水深 $h_2$ 均为正常水深 $h_0$,即 $h_1 = h_2 = h_0$。通过均匀流计算,

可求得 $h_0 \sim Q$ 关系曲线。也可通过水力计算求得渠末断面临界水深 $h_k$ 与渠道流量的关系曲线 $h_k \sim Q$。

对于自动调节渠道，当引用流量小于渠道设计流量 $Q_{设}$ 时，渠道内的流态多为恒定非均匀流。渠道以 $a_1$ 型壅水曲线工作。在渠首水位一定的情况下，不同的流量对应着不同的渠末水深 $h_2$，可绘制出 $h_2 \sim Q$ 曲线，如图 4-4 所示。

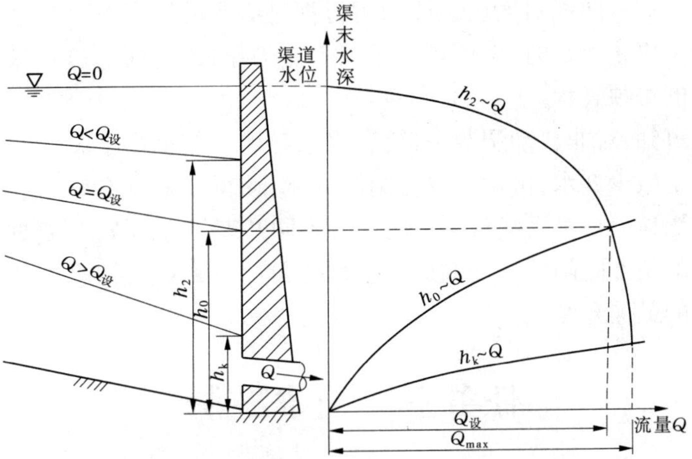


**图 4-4　自动调节渠道渠末水深与流量关系**

对于非自动调节渠道，因渠末（压力前池）设有泄水建筑物，当引用流量小于渠道设计流量 $Q_{设}$ 时，通过渠道内恒定非均匀流计算，可以绘出对应渠首闸不同开度 $a_1$、$a_2$、$a_3$…的 $h_2 \sim Q$ 曲线（见图 4-5）。在图中还按溢流堰形式和尺寸绘出溢流堰泄流曲线 $\Delta h \sim Q_{弃}$。在泄流曲线以上的 $h_2 \sim Q$ 曲线用虚线表示，因为这部分曲线表示渠道中通过的流

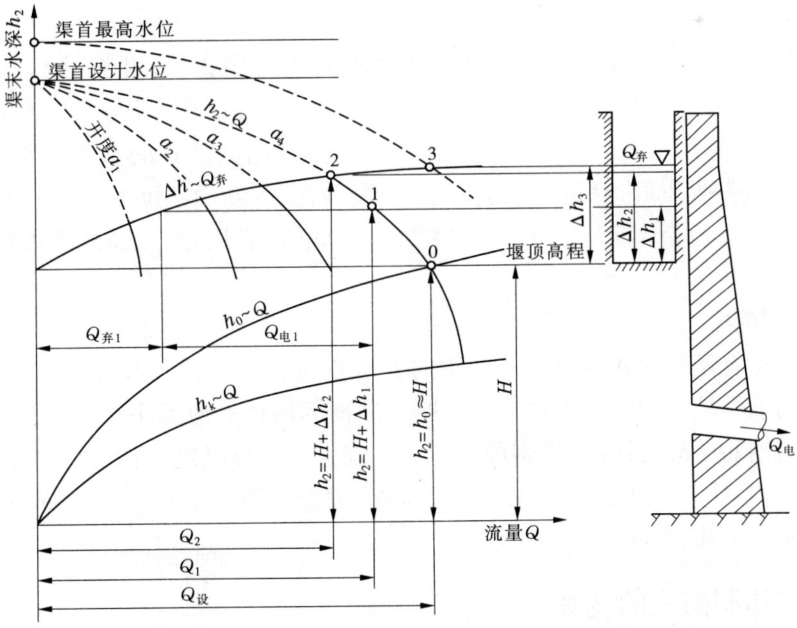


**图 4-5　非自动调节渠道渠末水深与流量关系**

量小于泄水流量，这在恒定流情况下是不可能的。对于渠首闸全开（如 $a_4$）情况，通过溢流堰的弃水流量 $Q_1 < Q_{设}$时，相当于在1点工作，此时 $h_2 > h_0$，电站引用流量为 $Q_{电1}$，通过溢流堰的弃水流量为 $Q_{弃1}$，$Q_1 = Q_{电1} + Q_{弃1}$；当水电站停止工作，渠道通过流量为 $Q_2$，相当于在2点工作，$Q_{电2} = 0$，$Q_{弃2} = Q_2$，即渠中流量全部通过溢流堰下泄。以上所述均为对某一固定渠首水位（如设计水位）而言。当渠首水位变化时，对每一渠首水位均可作出这样一套曲线。这些曲线对渠道设计和运行都是必要的。当渠首为最高水位，渠首闸门全开而水电站又停止工作时，渠道相当于在3点工作，此时堰上过水深度达最大值，据此可以确定渠末的堤顶高程。

由以上讨论可知，对非自动调节渠道，当水电站引用流量小于渠道通过流量时，将发生无益弃水。为了减少弃水，可调节渠首闸门开度，使得渠末既有较高的水位，又不发生弃水。若由溢流堰顶引一水平线与渠首闸门各不同开度相应的 $h_2 \sim Q$ 曲线相交若干点，则交点的横坐标就是不同闸门开度的最佳引用流量。或者在已知水电站引用流量时，可以求得渠首闸门的最佳开度。

# 任务三　引水隧洞

## 一、引水隧洞的类型

隧洞是水电站的引水建筑物之一。对于无压引水式水电站，一般指压力前池以前的隧洞部分；对于有压引水式水电站，一般指调压室以前的隧洞部分。引水隧洞分为无压隧洞和有压隧洞两种基本类型。

### （一）无压隧洞

当用明渠引水，渠线盘山过长，工程量很大时，通过方案比较，可采用无压隧洞引水。根据地质条件和施工条件，无压隧洞的断面形状常采用方圆形、马蹄形和高拱形，如图4-6所示。无压隧洞水面以上的空间一般不小于隧洞断面面积的15%，顶部净空高度不小于0.4 m。各种断面形状的隧洞，从施工需要考虑，其断面宽度不小于1.5 m，高不小于1.8 m。为了防止隧洞漏水和减小洞壁糙率，并防止岩石风化，无压隧洞大都采用全部或部分衬砌。

### （二）有压隧洞

有压隧洞是有压引水式水电站最常用的引水建筑物。其断面形状常采用圆形，这是因为圆形隧洞承受较大均匀压力的缘故。圆形断面的内径一般不小于1.8 m。有压引水隧洞一般采用钢筋混凝土衬砌，衬砌厚度与钢筋配置由计算确定。初估衬砌厚度时，可取洞径的1/12～1/16，但根据施工要求，对于单层布筋断面厚度不小于0.25 m，对于双层布筋断面厚度不小于0.30 m。

## 二、引水隧洞路线的选择

引水隧洞路线的选择是隧洞工程设计中一个根本性的问题，它直接关系到隧洞的投

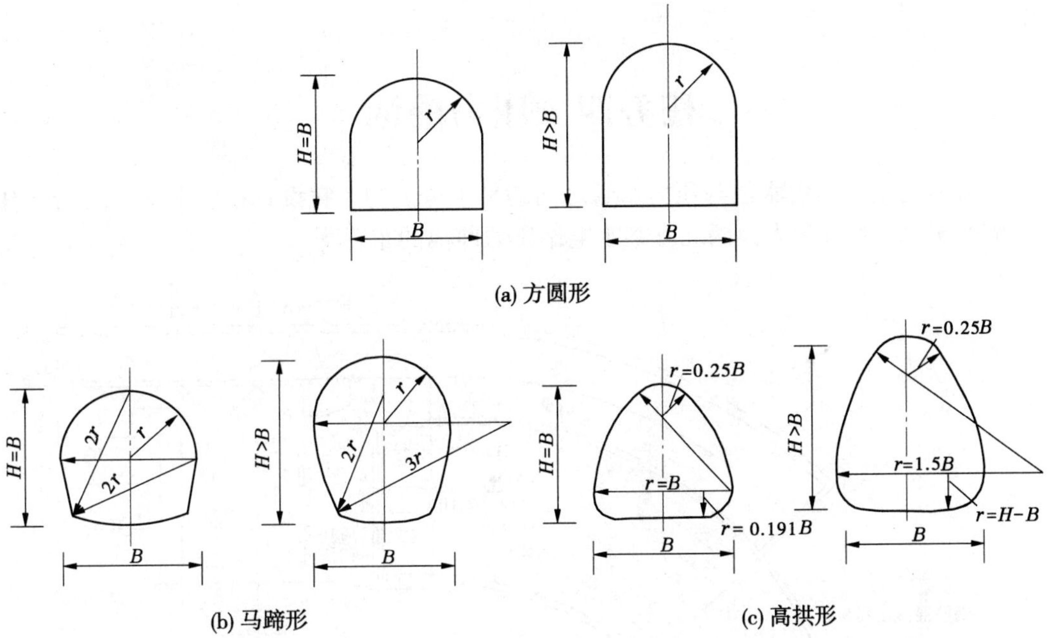


图 4-6　无压隧洞的断面形状

资、工程的安全可靠、施工进度的快慢与难易程度。影响隧洞路线选择的因素很多，主要有以下几方面。

**(一) 地形地质条件的影响**

隧洞路线应力求短而直，但应尽量避开破碎软弱的岩层和地下水位很高、水量很大以及可能发生滑坡的地带。隧洞应有足够的埋置深度，一般要求隧洞周围的岩层厚度不小于 3 倍开挖直径。洞线需要转弯时，其转弯半径宜大于 5 倍洞径。

**(二) 施工条件的影响**

在引水隧洞路线选择中应考虑便于布置施工支洞（平洞或竖井）。另外，应注意避免施工掘进时，因爆破而影响附近建筑物的地基。

**(三) 枢纽总体布置的影响**

选择引水隧洞路线时，应与大坝、进水口、调压室和厂房等布置统一考虑。有时还应考虑发电洞、导流洞、泄洪洞、灌溉洞互为利用的因素。

## 三、引水隧洞经济断面的选择

对于引水隧洞，在水电站引用流量已定的情况下，选择的断面尺寸愈大，工程投资愈大，但电能损失较小；选择的断面尺寸愈小，工程投资愈小，但电能损失较大。这就需要通过技术、经济分析来确定最经济的断面。

经济分析一般是先假设几个隧洞断面方案，然后进行经济比较。对于一般中小型电站，可用经济流速确定隧洞经济断面，一般情况下，混凝土衬砌隧洞的经济流速为 2.5 ~ 4.0 m/s。

# 任务四　压力前池

压力前池是无压引水道与压力水管之间的平水建筑物。它设置在引水渠道或无压引水隧洞的末端。图 4-7 为我国北方某水电站压力前池的布置图。

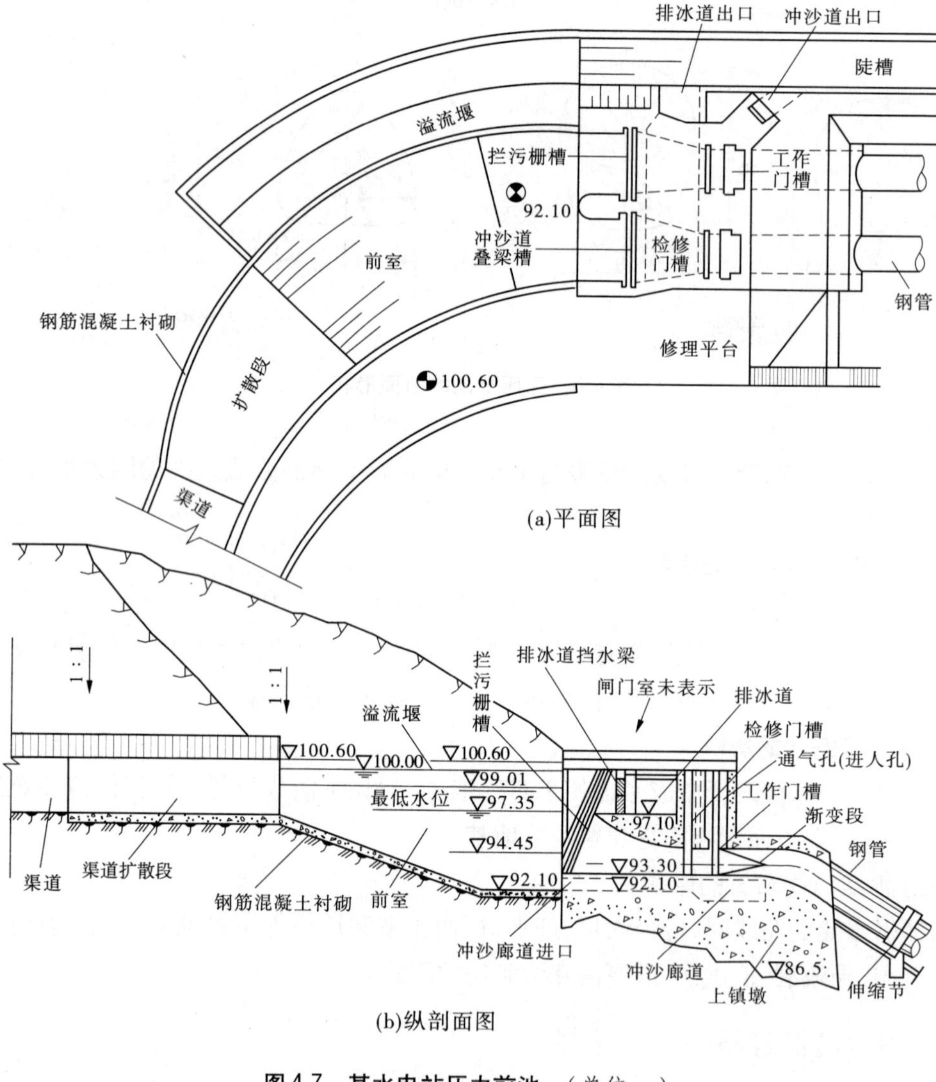


**图 4-7　某水电站压力前池**　（单位：m）

## 一、压力前池的功用及主要组成部分

压力前池的功用：

(1)将渠道来水分配给各条压力水管,并设置闸门控制进入压力水管的流量。

(2)拦截渠道中的漂浮物和有害泥沙,防止其进入压力水管。在严寒地区压力前池中还设有排冰道,以防止冰凌的危害。

(3)当压力前池设有泄水建筑物时,可宣泄多余水量,限制水位升高。当下游有其他用水要求时,在水电站停止运行的情况下,可通过泄水建筑物向下游供水。

(4)压力前池有一定容积,当电站负荷发生变化时,可暂时补充水量不足或容纳多余水量。

压力前池的主要组成部分包括前室、进水室、泄水建筑物、冲沙孔和排冰道等,如图4-7中所示。

## 二、压力前池的位置选择和布置形式

压力前池的位置选择,应根据地形地质条件和运用要求(水头损失小,排污、排沙、排冰和泄水方便等),并结合渠道、压力水管、厂房等建筑物的相互位置综合考虑确定。压力前池的位置通常布置在较陡山坡的顶部,故应特别注意地基的稳定和渗漏问题。压力前池一旦失事,将直接危及厂房,过去曾多次发生因压力前池失事而造成巨大损失的事例。为此,应尽可能将压力前池布置在地质情况较好的挖方中。

图4-8 表示压力前池的几种布置形式,图 4-9 表示每种布置形式中引水渠道与压力前池的连接方式。图 4-9(a)的特点是渠线平行于管线,水头损失小,但排沙、排冰比较不利。图 4-9(c)的特点是渠线垂直于管线,进水流向不顺,常引起涡流,并造成较大的水头损失,但排沙、排冰条件较好。图 4-9(b)的特点介于图 4-9(a)、(c)之间。

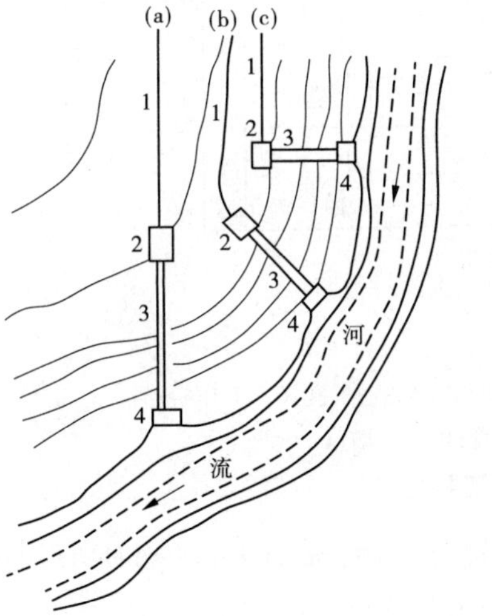


1—渠道;2—压力前池;3—压力水管;4—厂房

**图 4-8 压力前池的几种布置形式**

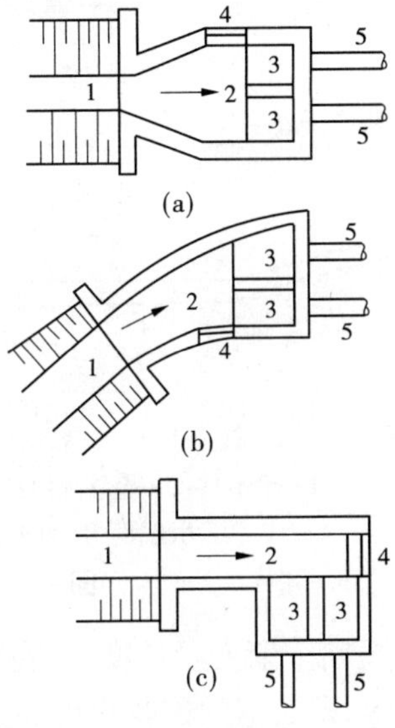


1—引水渠;2—前室;3—进水室;4—溢流坝;5—压力水管

**图 4-9 压力前池的平面布置方式**

## 三、压力前池各组成部分的构造和尺寸

### (一)前室

前室是引水渠道末端与进水室之间的扩大加深部分,如图 4-7 与图 4-10 所示。其主要作用是将渠道断面过渡至进水室所需要的宽度和深度。前室应有一定的容积和水深,满足沉沙的要求。前室在平面上以 $\beta=10°\sim15°$ 的扩散角逐渐加宽,在立面上以 1∶3 ~ 1∶5的坡度向下延伸,直至所需的宽度和深度。为了便于沉沙、排沙,防止有害泥沙进入进水室,前室末端底板高程应低于进水室底板高程 0.5 m 以上,当水中含沙量较大时,宜适当加大此高差。

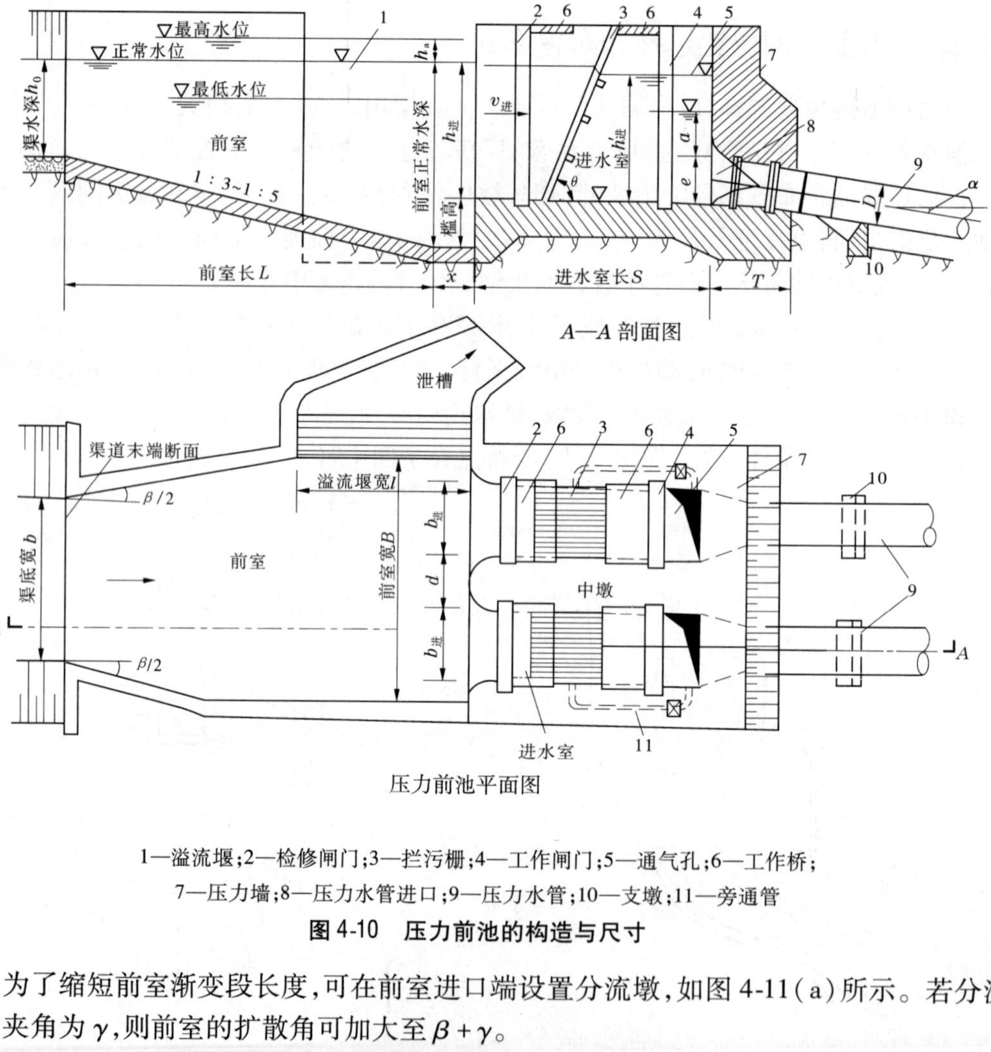


1—溢流堰;2—检修闸门;3—拦污栅;4—工作闸门;5—通气孔;6—工作桥;7—压力墙;8—压力水管进口;9—压力水管;10—支墩;11—旁通管

**图 4-10 压力前池的构造与尺寸**

为了缩短前室渐变段长度,可在前室进口端设置分流墩,如图 4-11(a)所示。若分流墩的夹角为 $\gamma$,则前室的扩散角可加大至 $\beta+\gamma$。

当渠线与管线不一致时,为了避免在前室中产生涡流,造成过大的水头损失和局部淤积,应采用平缓的连接曲线和加设导流墙,如图 4-11(b)所示。

前室宽度 $B$ 为进水室宽度 $B_{进}$ 的 1.0 ~ 1.5 倍,其长度 $L=(2.5\sim3.0)B$。

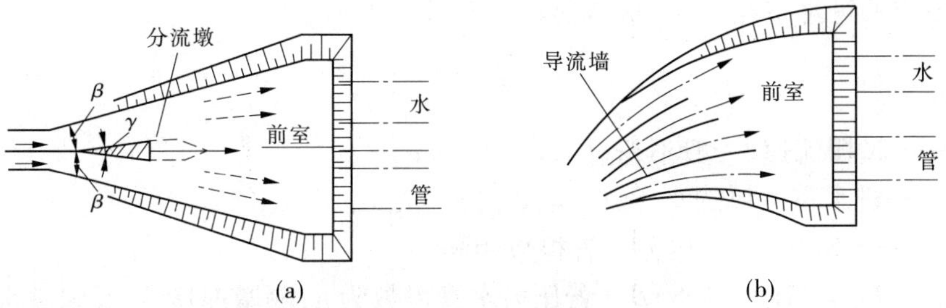


图 4-11 分流墩与导流墙

**(二)进水室**

进水室是压力前池的最主要组成部分,上游与前室相接,下游为埋设压力水管进口的压力墙。当布置有两根以上的压力水管时,应以隔墩分成若干独立的进水室,每一进水室都设有拦污栅、检修闸门、工作闸门、通气孔、旁通管、工作桥和启闭设备等,如图 4-10 所示。这样,当一根压力水管或由此压力水管供水的机组发生事故或需要检修时,不致影响其他机组的正常运行。

1. 前室和进水室中特征水位的确定

(1)前室的正常水位$\nabla_{正常}$可近似地认为等于渠道通过水电站最大引用流量 $Q_{max}$时的渠末正常水位。

(2)前室的最高水位$\nabla_{最高}$,对于自动调节渠道,可认为与渠首最高水位相同,或按水电站突然丢弃全负荷时产生的最大涌波高程计算;对于非自动调节渠道,等于溢流堰顶高程加上最大溢流水深。

(3)前室最低水位$\nabla_{最低}=\nabla_0-\Delta h_2'$。式中,$\nabla_0$ 为增加负荷时前池中水位,$\Delta h_2'$ 为非恒定流时水位落坡高。对非自动调节渠道,$\nabla_0$ 可取溢流堰顶高程;对于自动调节渠道,$\nabla_0$ 为发生非恒定流之前的渠末水位。

(4)进水室的正常水位$\nabla_{进}$为前室正常水位减去各种水头损失,即

$$\nabla_{进} = \nabla_{正常} - (\Delta h_{进} + \Delta h_{门槽} + \Delta h_{栅} + \cdots) \tag{4-2}$$

式中 $\Delta h_{进}$、$\Delta h_{门槽}$、$\Delta h_{栅}$——进口、闸门槽和拦污栅的水头损失。

(5)进水室的最低水位$\nabla_{进最低}$,即压力水管进口前的最低水位,可近似地认为等于前室的最低水位。

2. 进水室各部分高程的确定

(1)为了防止压力水管进口前产生漏斗状的吸气漩涡,压力水管顶部应有足够的淹没深度,管顶高程$\nabla_{管顶}=\nabla_{最低}-d_0$,$d_0$ 为淹没深度,不得小于 0.5 m。

(2)当直径为 $D$ 的压力水管轴线与水平线的倾角为 $\alpha$($\alpha$ 一般不大于 45°)时,进水室底板高程

$$\nabla_{进底} = \nabla_{进最低} - d_0 - \frac{D}{\cos\alpha} \tag{4-3}$$

(3)压力前池围墙顶部高程$\nabla_{墙顶}=\nabla_{最高}+\delta$,$\delta$ 为安全超高,可按表 4-1 确定。

3. 进水室尺寸拟定

(1)进水室的宽度 $B_{进}$ 与压力水管的直径、根数以及水电站的最大引用流量 $Q_{max}$有

关。每一独立的进水室宽度 $b_{进}$ 应满足以下条件

$$b_{进} \geqslant \frac{Q_{max}}{v_{进} h_{进}} n \tag{4-4}$$

式中 $v_{进}$——过栅流速，一般不超过 1.0～1.2 m/s；

$h_{进}$——进水室入口的水深，$h_{进} = \nabla_{正常} - \nabla_{进底}$；

$n$——进水室个数，与压力水管根数相同。

通常采用 $b_{进} = (1.5 \sim 1.8)D$。若压力水管根数为 $n$，隔墩厚度为 $d$，则进水室总宽度为

$$B_{进} = nb_{进} + (n-1)d \tag{4-5}$$

对于浆砌石隔墩，$d = 0.8 \sim 1.0$ m；对于混凝土隔墩，$d = 0.5 \sim 0.6$ m。

(2)进水室的长度主要取决于拦污栅、检修闸门、工作闸门、通气孔、工作桥和启闭设备等的布置需要。对于小型水电站，进水室的长度一般为 3～5 m。

**(三)压力墙**

压力墙是进水室末端的挡水墙，也是压力水管进口的闸墙，一般用混凝土或浆砌石筑成。常见的构造形式有两种：一种如图 4-7 所示，在压力墙中布置有闸门和通气孔，闸门高度较小；另一种如图 4-10 所示，压力墙与工作闸门之间有一段距离，为一开敞水井，可作为通气孔，此种形式闸门较高。为了减少水头损失，常将压力水管进口做成喇叭形。

**(四)泄水道**

泄水道通常设于渠末或压力前池的边墙上，其形式有溢流堰和虹吸管等，图 4-7 与图 4-10为堰顶不设闸门的溢流堰，溢流堰顶高程应略高于前室中的正常水位(一般 5 cm 左右)，以防止水电站正常运行时发生溢流现象，溢流堰的布置可为正堰或侧堰，下游布置有泄水陡槽和消能设施。溢流堰的断面形状一般为流线形的实用堰。当前室的最高水位确定后，则所需溢流堰的长度 $L$ 为

$$L = \frac{Q_{max}}{Mh_{a}^{3/2}} \tag{4-6}$$

式中 $h_{a}$——堰顶允许最大溢流深度；

$M$——溢流堰系数。

也可以先确定 $L$ 再求出 $h_{a}$，从而确定前室的最高水位。

**(五)冲沙廊道和排冰道**

由于渠道中水流挟带的泥沙沉积于前室中，应在前室的最低处设置冲沙廊道。其进口可与管道的进口方向相同，两者分上下层排列，如图 4-7 所示。也可布置在前室最低处的一侧。

排冰道用来排除进入压力前池的冰凌，其底槛应位于前室正常水位以下，用叠梁闸门进行控制，如图 4-7 所示。

## 四、压力前池的主要设备

压力前池的主要设备有拦污栅、检修闸门、工作闸门、通气孔、旁通管、启闭设备和清污机等。

### (一)拦污栅

拦污栅的构造、作用等与潜没式进水口的拦污栅相同。拦污栅设置在进水口处的栅槽中,下端支撑于进水室底板,上端支撑于防护梁上,防护梁与工作桥相连。拦污栅一般与水平面成70°~80°倾斜放置。可采用人工清污或机械清污,有时为吊出栅片清污或检修,又不影响水电站的正常运行,可采用双层拦污栅。

### (二)检修闸门和工作闸门

检修闸门位于工作闸门之前,但可能位于拦污栅之前或之后,供检修拦污栅、工作闸门、进水室时堵水之用,需静水启闭,一般为叠梁式或平板式闸门。

工作闸门的作用是当压力水管、水轮机阀门或机组发生事故或检修时,用来关闭压力水管进口,静水开启,动水关闭。另外,当电站长时间停机时,为了防止水轮机阀门漏水(有时水轮机不设阀门),也常需关闭工作闸门。工作闸门一般采用平面定轮闸门,对于较重要的水电站,常作为快速闸门,用电动螺杆或电动卷扬式启闭机操作。

### (三)通气孔和旁通管

通气孔应布置在紧靠工作闸门的下游面,其作用和截面面积的确定与潜没式进水口相同。旁通管布置在进水室的边墙和隔墩内,一般用闸阀控制,旁通管可为铸铁管、钢管或钢筋混凝土管。

### (四)启闭机

拦污栅和检修闸门可采用移动式启闭机控制,工作闸门则应每个进水室采用一台固定启闭机。为了将拦污栅和闸门吊出检修,需设置启闭机架和工作桥。

## 五、压力前池结构设计的原则

压力前池中的压力墙受自重、顶部设备重和上游水压力等荷载,应在上游进水室最高水位的条件下,按挡水坝进行强度和稳定计算。

压力前池的边墙承受自重、设备重、水压力和土压力等荷载,应按挡土墙设计;溢流堰段则按溢流重力坝设计。

工作桥和启闭机架,一般为钢筋混凝土板梁结构和框架结构,承受自重、设备重和活荷载,另外启闭机架还承受启闭力和风荷载等,应分别按板梁和框架设计。

进水室底板的构造和受力情况与水闸底板相似。当采用钢筋混凝土结构时,一般按弹性地基上的板进行设计;当采用素混凝土或浆砌石结构时,一般不作计算,此时板的厚度为0.5~1.0 m。

必须对压力前池的整体稳定进行核算。作用于压力前池的荷载有自重、设备重、土压力、水压力及渗透水压力等。在土基上,应验算压力前池整体可能沿地基表面或连同部分土体沿某一危险滑弧面滑动时的稳定条件;在岩基或半岩基上,应验算压力前池沿地基表面或连同部分岩体沿某一节理面滑动时的稳定条件。如果不能满足抗滑稳定要求,应采取必要的工程措施。

## 六、日调节池

对于无压引水式电站,如果在引水渠道沿线有比较合适的地形,应尽可能地修建日调节池，如图1-4所示。日调节池的修建，使电站具有日调节能力，改善了运行条件，电站可以担任峰荷。

日调节池与压力前池之间的渠道的设计流量，应采用水电站引用的最大流量，而渠首至日调节池的渠道则可按较小流量设计；当日调节池足够大时，可取电站的最大平均引用流量，这样当日调节池上游的引水渠道较长时，修建日调节池不但可改善电站的运行条件，而且还可能降低水电站的造价。

当水电站的引用流量大于平均流量时，日调节池水位下降；当水电站的引用流量小于平均流量时，日调节池水位上升。修建日调节池后，当电站负荷变化时，压力前池中水位变化幅度较小。日调节池愈靠近压力前池，其作用愈显著。

# 项目五　压力管道

## 任务一　压力管道的功用与类型

### 一、压力管道的功用

压力管道是指从水库、压力前池或调压室向水轮机输送水量的管道。其一般特点是坡度陡，内水压力大（包括静水压力和动水压力）。压力管道是水电站枢纽的重要组成部分，设计施工中必须注意其安全可靠性和经济合理性，一旦失事将直接危及厂房的安全。

压力管道的功用是传递、集中发电水头和输送发电所需的流量。压力管道的基本技术要求是：要有足够的输水能力，水头损失小，运行安全可靠，经济合理。因此，要求压力管道的布置应适应所处地形地质条件，过流断面大小合适，尽量缩短长度，减少水头损失，与水库、压力前池、调压室及厂房合理衔接，提高水电站运行的安全性和经济性。

### 二、压力管道的类型

#### （一）按制作压力管道的材料分类

1. 钢管

钢管一般由钢板焊接而成。它具有强度高、抗渗性能好等优点，故多用于高水头水电站和坝式水电站，适用水头范围可由数十米至 1 000 余米。

钢管所用钢材的性能必须符合现行国家标准，钢管的主要受力构件应使用镇静钢。钢种宜用 A3、16Mn 和经正火的 15MnTi 等。

2. 钢筋混凝土管

钢筋混凝土管分为现场浇筑的或预制的普通钢筋混凝土管和预应力、自应力钢筋混凝土管等类型，具有耐久、价廉、节约钢材等优点，普通钢筋混凝土管一般适用于净水头 $H$ 和管直径 $D$ 的乘积 $HD<60\ m^2$，且静水头不宜超过 50 m 的中小型水电站。

近年来，预应力、自应力钢筋混凝土管有较大发展，它们具有弹性好、抗拉强度高等优点，其适用范围可达 $HD<300\ m^2$，静水头可达 150 m，用以替代钢管，可节约大量钢材，但制作要求高。

#### （二）按压力管道的结构形式分类

1. 明管

敷设于地表、暴露在空气中的压力管道叫作明管，又称露天式压力管道，见图 5-1。

2. 地下埋管

埋入地层岩体中的压力管道叫作地下埋管，又称隧洞式压力管道，如图 5-1(b)所示。

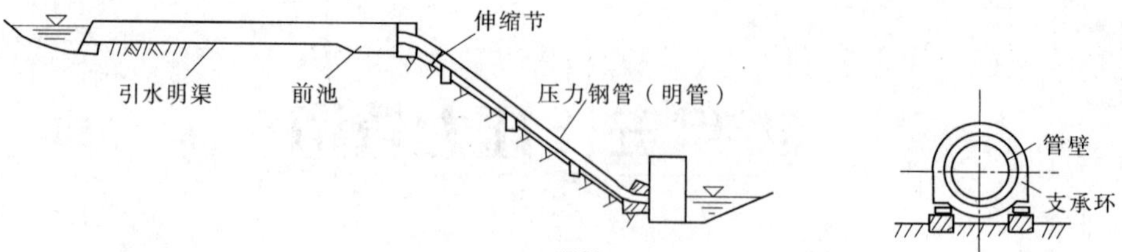

(a) 明管

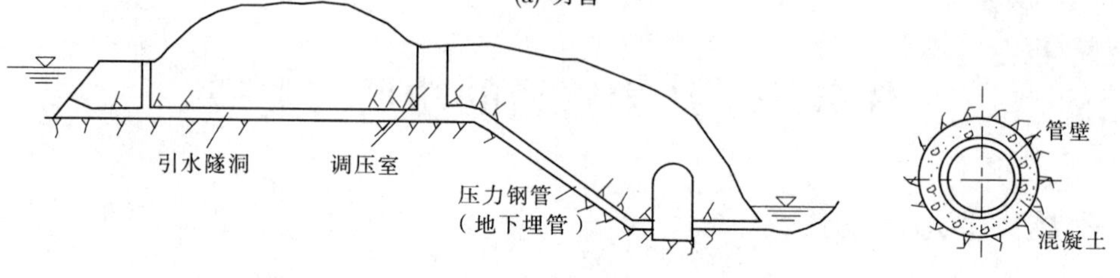

(b) 地下埋管

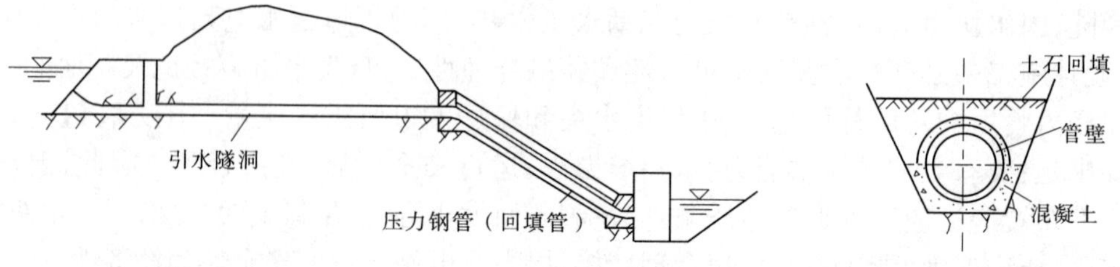

(c) 回填管

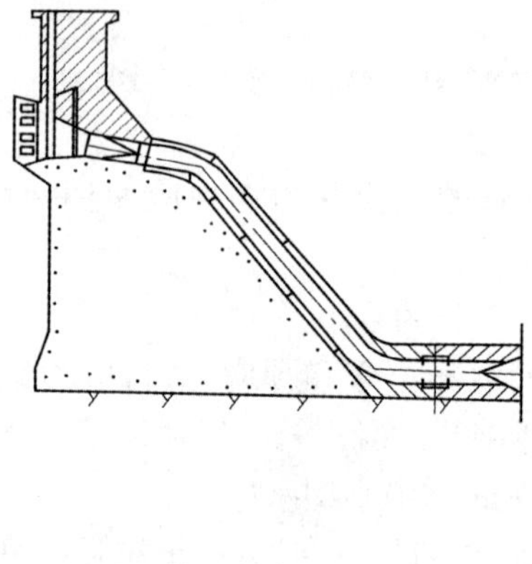
(d) 坝后背管

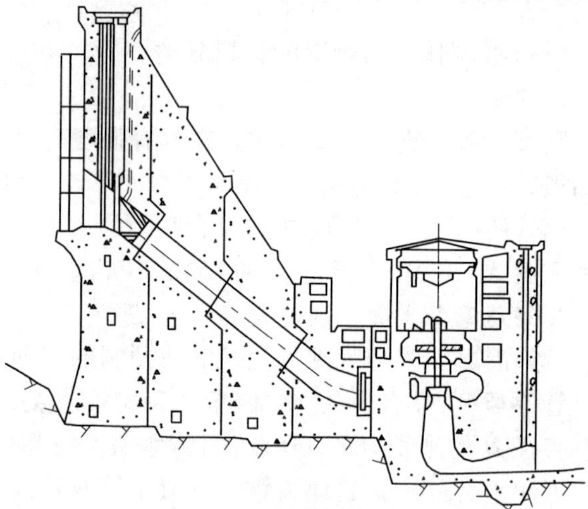
(e) 坝内埋管

**图 5-1 压力管道的结构形式**

3. 坝内埋管

埋设于坝体的压力管道叫作坝内埋管。混凝土重力坝或重力拱坝等坝式厂房，一般采用此种结构形式，如图 5-1(e)所示。

压力管道除上述三种结构形式外，还有回填管、坝后背管等，如图 5-1(c)、(d)所示。

# 任务二 压力管道的路线和供水方式选择

## 一、压力管道路线的选择

正确选择压力管道的路线是设计压力管道的首要任务，路线选择合理与否，对于工程造价及运行的经济、安全可靠性影响极大。在进行路线选择时，应充分考虑地形、地质条件，与水电站总体布置统一安排，并经技术、经济比较后确定。选择压力管道路线的一般原则为：

(1)尽可能选择短而直的线路，这样不仅可减少工程量，还可节约钢材、水泥等管道材料，更减少了水头损失和水锤压力。

(2)明管线路应避开可能发生滑坡、石崩、雪崩和覆盖层很深的地段。个别管段若无法避开山洪、坠石等影响，可做成洞内明管、地下埋管或外包混凝土的回填管。

地下埋管的路线宜选择在地形、地质条件较好的地区，应尽量避开山岩压力、地下水压力和涌水量很大的地段，管线宜深埋。

坝内埋管的平面位置宜在坝段中央，其直径不宜大于坝段宽度的1/3。布置管线时应考虑钢管对坝体稳定和应力的影响及施工的干扰。

(3)为了适应地形、地质的变化，压力管道有时应当转弯，转弯半径不宜小于3倍管径。转弯分为平面转弯、竖直转弯和立体转弯，位置相近的平面转弯和竖直转弯宜合并成立体转弯，位置相近的弯管和渐缩管宜合并成渐缩弯管。

(4)明管两侧应布置排水沟，并应在钢管下的地面上设置横向排水沟。应沿管线设置交通道。

(5)对于地下埋管，在地下水压较高的地区宜设置排水设施，排水设施必须安全可靠并易于检修。

## 二、压力管道的数目和向水轮机的供水方式

压力管道的数目应根据机组台数、管线长短、机组安装的分期、运输条件、制造安装水平、地形和地质条件、电站的运行方式及其在电力系统中的地位等因素，经技术、经济比较后确定。

根据压力管道数目与水轮机台数的关系，压力水管向水轮机的供水方式可分为单独供水、联合供水、分组供水等三种。

### (一)单独供水

每台机组各由一条水管自压力前池或调压室向水轮机供水，如图5-2(a)、(d)所示。这种供水方式结构简单，运行灵活可靠，当其中一根钢管或一台机组发生故障需要检修时，其他机组仍可照常运行，但管材用量较多，因而造价较高，多用于压力水管较短的电站。如果采用其他方式供水，虽可降低管材造价，却增加了分岔管与弯管等复杂结构，水头损失也因而增大，往往并不经济。此外，当引水量很大时，若采用其他供水方式，将使管径过大，给制造和施工带来很多困难。

### (二)联合供水

由一根总管在末端分岔后向电站所有水轮机供水,如图5-2(c)、(f)所示。这种供水方式的显著优点是可以节约管材,降低造价,多在高水头、小流量的水电站中采用。其缺点是运行的灵活性和可靠性较单独供水方式差,当总管发生故障或检修时,将使电站全部机组停止运行,由于增加了分岔管、弯管等构件,结构上较复杂,且水头损失也较大。

### (三)分组供水

每根主管在末端分岔后向两台或两台以上机组供水,如图5-2(b)、(e)所示。这种供水方式的优缺点同联合供水方式相似,只是当一根主管发生故障或检修时,不致造成电站所有机组停止运行,一般适用于管线较长、机组台数较多的电站。

无论采用联合供水或者分组供水,与每根水管相连的机组台数一般不超过4台。

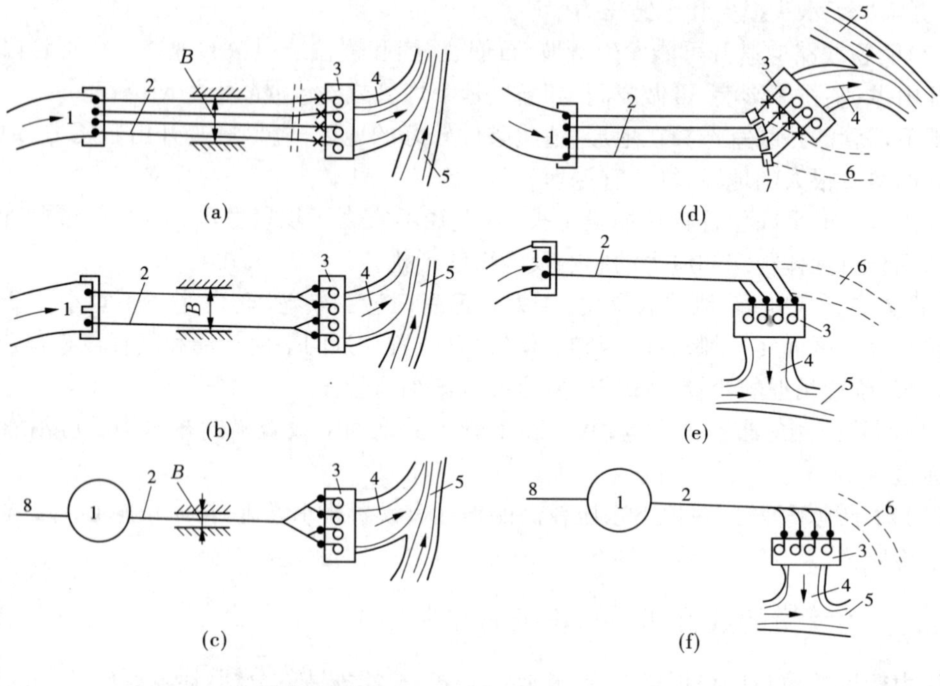


1—压力前池或调压室;2—压力水管;3—厂房;4—尾水渠;
5—河流;6—排水渠;7—镇墩;8—压力隧洞
●—必须设置的阀门; ×—有时可不设的阀门;$B$—管沟开挖宽度

**图5-2 压力水管向机组的供水方式**

压力水管的轴线与厂房的相对方向可以采用正向(如图5-2(a)、(b)、(c)所示)、侧向(如图5-2(e)、(f)所示)或斜向(如图5-2(d)所示)的布置。正向布置的优点是管线较短,水头损失也较小;缺点是当水管失事破裂时,水流直泻而下,危及厂房安全。这种布置方式一般适用于水头较低、水管较短的水电站。侧向或斜向布置时,当水管破裂后,泄流可从排水渠排走,不致直冲厂房,但管材用量增加,水头损失也较大。

在确定上述布置方式时,除考虑各种布置的优、缺点外,还应综合考虑厂区布置要求以及地形、地质条件等因素。

# 任务三 压力管道的水力计算与尺寸拟定

## 一、压力管道水力计算的内容和要求

压力管道的水力计算包括恒定流计算和非恒定流(水锤)计算两部分。恒定流的计算主要是确定压力管道的水头损失,以供确定水轮机的工作水头、选择装机容量、计算电能和确定管径之用。水头损失包括沿程摩阻水头损失和局部水头损失两种。

### (一)沿程摩阻水头损失

水电站压力管道中的流态一般为紊流,沿程摩阻水头损失常用曼宁公式计算

$$i = \frac{n^2}{R^{\frac{4}{3}}} v^2 \tag{5-1}$$

式中 $i$——单位管长的摩阻水头损失;

$n$——水管糙率,可根据水工手册选用;

$R$——水管的水力半径;

$v$——管中流速。

### (二)局部水头损失

压力管道的局部水头损失发生在进口、门槽、拦污栅、弯段、渐变段、分岔处。可根据水力学或水工手册中有关公式计算。

## 二、压力管道的经济直径

压力管道经济直径的选择是设计压力管道的重要问题之一。建造压力管道需要一定的基建投资 $K_{管}$,包括水管材料、制造安装、平整场地、建造镇墩等费用。压力管道建成后,每年还要支付运行费用 $C_{管}$。发电引用流量通过压力管道,会产生水头损失 $\Delta h$,从而导致电能损失 $\Delta E$,这部分损失了的电能将由系统中替代电站(一般为火电厂)发出,从而使替代电站增加一部分基建投资 $K_{火}$ 和年运行费用 $C_{火}$。

输送一定的发电流量 $Q$ ,压力管道可采用不同的直径 $D$ 。$D$ 选择得大,则费用 $K_{管}$和 $C_{管}$高,但管中流速低,水头损失 $\Delta h$ 小,电能损失 $\Delta E$ 也小,替代电站的 $K_{火}$ 和 $C_{火}$ 也低; $D$ 选择得小,则与上述情况相反。相应于某一压力管道直径 $D$ 的电力系统年费用(或总费用)为压力管道与替代电站两部分年费用(或总费用)之和。使系统年费用(或总费用)为最小的压力管道直径叫作经济直径。为了确定压力管道的经济直径,可拟定若干不同的管径方案,分别计算其电力系统年费用(或总费用),然后用年费用(或总费用)最小法进行管径的选择。

我国目前尚无经济直径的通用公式,国外的公式由于各国情况不同,不宜套用。有关经济直径的选择问题,应通过经济评价确定。

对于中小型和不太重要的水电站,可采用经济流速 $v_{经}$ 的数据来选择压力管道的经济直径

$$D_{经} = \sqrt{4Q_{设} / (\pi v_{经})} \tag{5-2}$$

式中 $D_{经}$——压力管道的经济直径；

$Q_{设}$——压力管道的设计流量；

$v_{经}$——经济流速。

根据一般经验，对于明钢管和地下埋管，$v_{经}=4\sim6$ m/s；对于坝内埋管，当设计水头为30 ~70 m时，$v_{经}=3\sim6$ m/s，当设计水头为70 ~100 m时，$v_{经}=5\sim7$ m/s；对于钢筋混凝土压力水管，$v_{经}=2\sim4$ m/s。

水电站压力钢管的直径随水头增高而逐渐减小是经济合理的，但变径次数不宜过多。通常，压力钢管直径的变化都在镇墩处分段并在该处缩小，如图5-3所示。

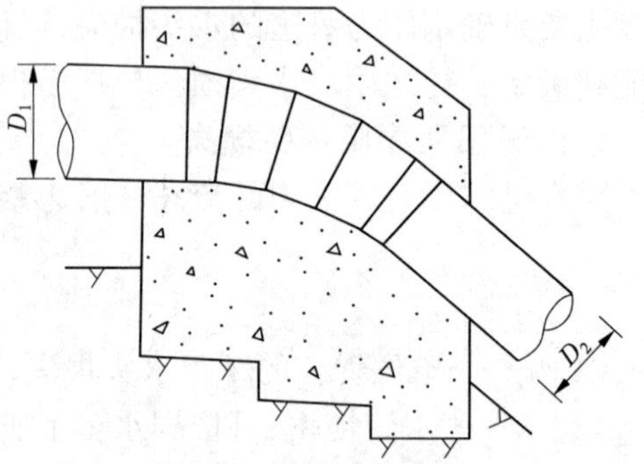

图5-3 钢管直径变化

## 三、钢管管壁厚度的初步确定

明钢管所承受的荷载主要是内水压力，所以在设计压力钢管时，一般只考虑内水压力初步确定各管段所需的管壁厚度，然后再对典型断面进行较详细的应力分析，校核管壁厚度是否满足强度和稳定的要求（参看相关专著）。

初步确定管壁厚度时，考虑到内水压力是钢管的主要荷载，所以按强度要求可近似地采用“锅炉”公式，用降低管壁材料容许应力的方法来估算厚度，因此可得：

$$\delta \geqslant \frac{\gamma H_P r}{\varphi[\sigma]} \tag{5-3}$$

式中 $\gamma$——水的重度，$N/m^3$；

$H_P$——内水压力，m，包括水锤值，初估时水锤值按静水头的15% ~30%，高水头用小值，低水头用大值；

$\varphi$——焊缝系数，为0.9 ~0.95，双面对接焊取0.95，单面对接焊取0.90；

$r$——钢管的内半径，m；

$[\sigma]$——管壁钢材的容许应力，Pa，通常由表5-1查得后再降低15% ~25%。

表5-1 钢材的容许应力

<table>
<tr><td colspan="2">应力区域</td><td colspan="2">膜应力区</td><td colspan="4">局部应力区</td><td>备注</td></tr>
<tr><td colspan="2">荷载组合</td><td>基本</td><td>特殊</td><td colspan="2">基本</td><td colspan="2">特殊</td><td rowspan="5">$\sigma_s$ 为钢材的屈服强度</td></tr>
<tr><td colspan="2">产生应力的内力</td><td colspan="2">轴力</td><td>轴力</td><td>轴力和弯矩</td><td>轴力</td><td>轴力和弯矩</td></tr>
<tr><td rowspan="3">容许应力</td><td>明钢管</td><td>$0.55\sigma_s$</td><td>$0.7\sigma_s$</td><td rowspan="3">$0.67\sigma_s$</td><td rowspan="3">$0.85\sigma_s$</td><td rowspan="3">$0.8\sigma_s$</td><td rowspan="3">$1.0\sigma_s$</td></tr>
<tr><td>地下钢管</td><td>$0.67\sigma_s$</td><td>$0.9\sigma_s$</td></tr>
<tr><td>坝内埋管</td><td>$0.67\sigma_s$</td><td>$(0.8\sim0.9)\sigma_s$</td></tr>
</table>

另外，考虑到钢板厚度在制造中不够精确以及钢管运行中的磨损和锈蚀，初步确定管壁厚度时，应在计算厚度的基础上再加2 mm。

在钢管的设计中,对于某一直径的钢管有一个最小管壁厚度的规定。最小管壁厚度(包括防锈蚀厚度),除满足结构强度要求外,还应考虑制造、运输、安装等要求,保证必要的刚度。对于不同管径,规范规定的最小管壁厚度如表 5-2 所示。

**表 5-2 钢管最小管壁厚度** (单位:mm)

| 外径 | 870 以下 | 920 ~ 1 530 | 1 630 ~ 4 040 | 4 240 ~ 6 040 | 6 240 ~ 7 050 |
|---|---|---|---|---|---|
| 最小壁厚 | 6 | 8 | 10 | 12 | 14 |

# 任务四 明钢管的构造和附件

## 一、明钢管的构造

### (一)接缝与接头

除直径很小的压力钢管可采用无缝钢管外,钢管大多采用钢板焊接而成,焊接管的接缝分为纵缝(平行于管轴)和横缝(垂直于管轴)两种。图 5-4 表示接缝的方向和位置,因接缝处可能成为弱点,故相邻段的纵缝应当错开,并且避免布置在横断面应力较大水平轴线和竖直轴线上,与水平轴线和竖直轴线的夹角应大于 15°。纵缝承受很大的环向拉力,必须采用对接焊;横缝受力较小,允许搭接焊,但也很少采用。焊缝质量应按规定用射线法或超声波法进行探伤检查。

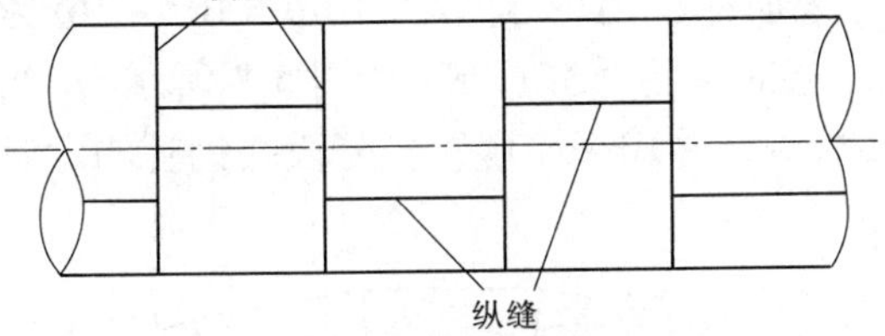


**图 5-4 钢管的纵缝与横缝**

直径较小的钢管,大都在工厂中加工成 4 ~ 6 m 长的管段,然后运至工地逐段用横缝连成整体。不宜在现场焊接纵缝,因质量较难保证,只有在管径很大、运输不便时才就地焊接纵缝,但必须有相应的工艺措施,以保证质量。横缝间距不应小于 500 mm。

管段之间除可用横缝连接外,也可用法兰连接,其优点是容易拆卸,但材料用量较多,只在特殊部位采用。图 5-5 中示出各种常用的法兰接头,图 5-5(a)为固定式,图 5-5(b)为焊接式,图 5-5(c)、(d)为分离式。图 5-5(d)所示的法兰接头可有一定的相对位移(线位移或角位移),当压力钢管的镇墩可能发生沉陷时,采用此种接头是有利的。

为了消除管段在制造安装过程中产生的误差,可采用如图 5-6 所示的双楔环连接,转动楔形环的位置可以调整钢管轴线的角度。

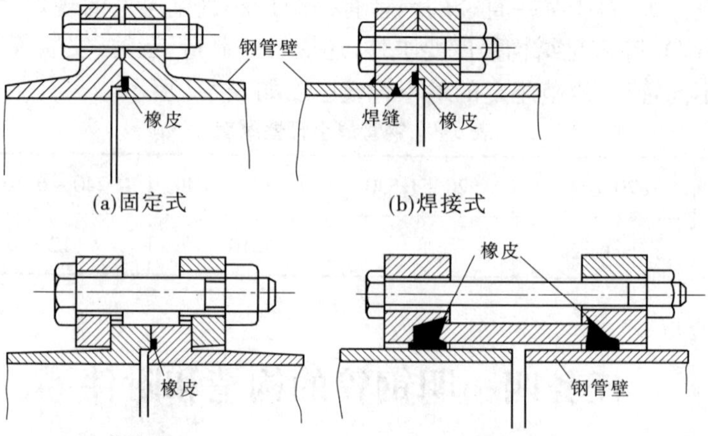


图 5-5 几种常用的法兰连接

**(二)弯管与渐缩管**

钢管在水平面内或竖直面内改变方向时,需要装设弯管。弯管由钢板焊接而成,如图 5-7 所示。

每一折线段两端径向线的夹角不宜超过 10°,以 5°～7°为宜,夹角愈小水流条件愈好。弯管的曲率半径不宜小于 3 倍管径。

两种不同直径的钢管段连接时,需要设置一段直径逐渐变化的渐缩管。为了减少水头损失,渐缩管的收缩角 $\theta$ 不宜过大,但 $\theta$ 太小,又将使渐缩管过长而增加材料用量,通常采用 $\theta = 10° \sim 16°$ 为宜。渐缩管与相邻钢管段之间常用横缝连接(如图 5-8 所示)。当渐缩管与弯管位置相近时,应合并成渐缩弯管。分段式钢管的弯管与渐缩管均埋于镇墩中。

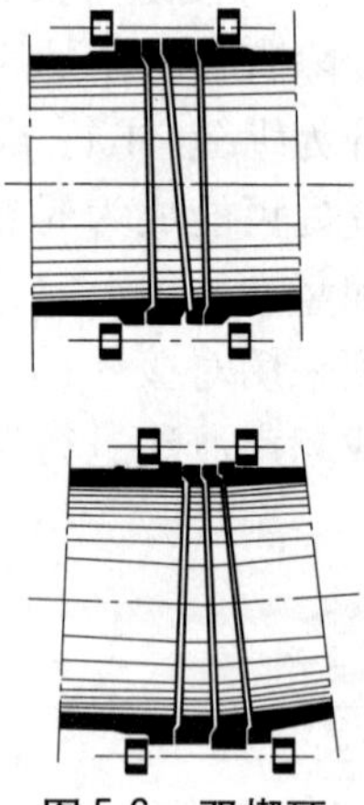

图 5-6 双楔环

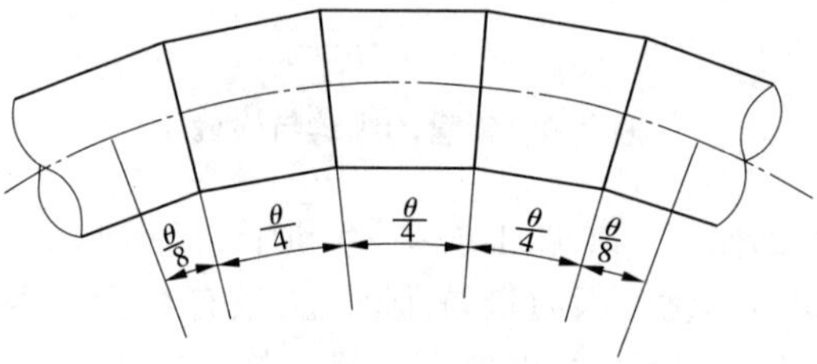


图 5-7 弯管

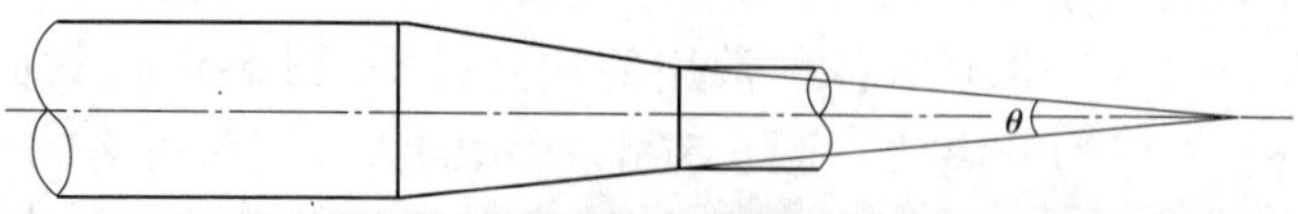


图 5-8 渐缩管

**(三)刚性环(加劲环)**

钢管为薄壁结构,为了增加其强度和抵抗外压的能力,单纯增加管壁的厚度往往是不经济的,有时可考虑增设刚性环,其形式如图 5-9 所示,刚性环多用 T 形或槽形的型钢做成,其断面尺寸由钢管的强度计算和稳定计算确定。

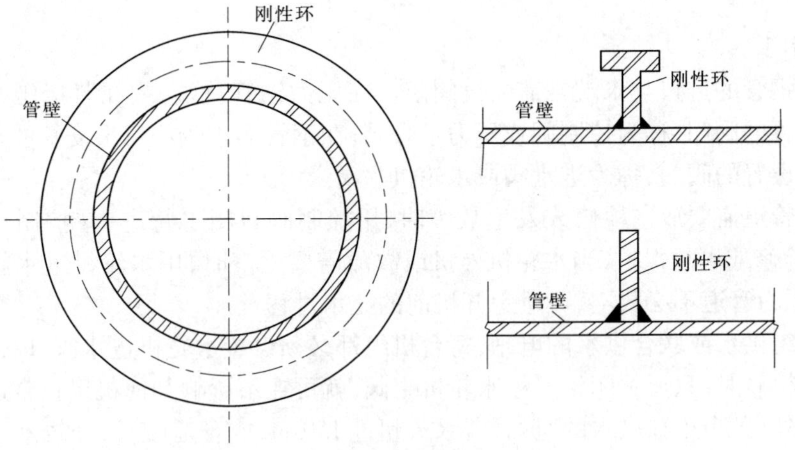


图 5-9　刚性环

**(四)分岔管**

当一根压力水管管道分成几根支管时(即水电站采用联合供水或分组供水时),必须设置分岔管。常见的分岔管有两种基本形式,即对称岔管和非对称岔管(如图 5-10 所

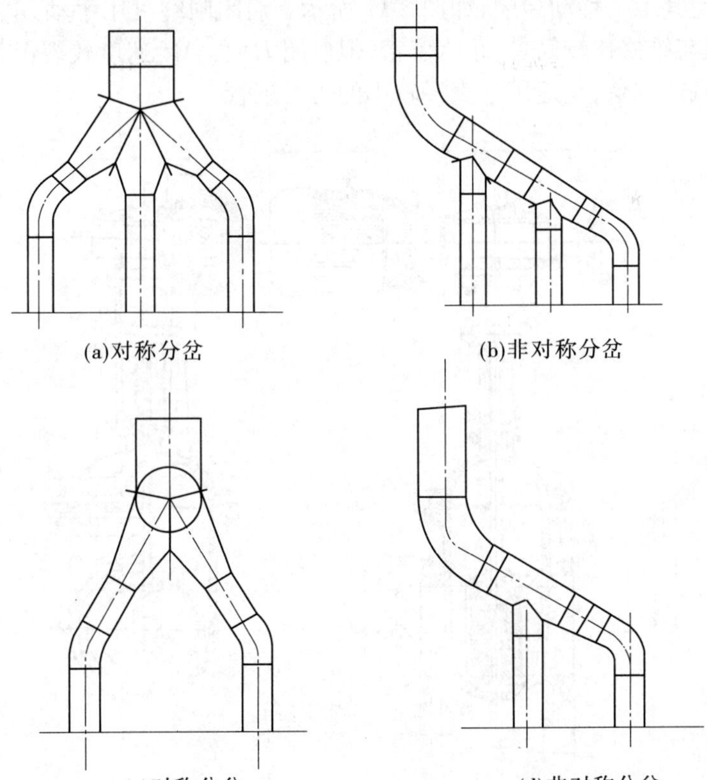


图 5-10　分岔管

示)。当钢管为正向进水时,多采用前者;当钢管为侧向或斜向进水时,多采用后者。

## 二、明钢管的阀门和附件

### (一)阀门

在压力钢管的进口与末端常需装设阀门。在压力钢管首端,或在紧接压力前池或调压室之后设置的阀门,称为控制阀或压力水管阀;在钢管的末端或每根支管的末端与水轮机连接之前设置的阀门,称为进水阀或水轮机主阀。

当压力管道需要放空检修或发生故障时,用控制阀封闭水管进口(控制阀常用平板闸门)进行检修或事故保护;当水轮机停机或故障需要检修时,用水轮机进水阀切断管中来水,此时压力管道不必放空,可避免开机前的充水过程。

对于分组供水或联合供水的电站,每台机组都必须设置水轮机进水阀,以保证在某台机组停机或检修时,只要关闭该机组水轮机主阀,就可在不影响其他机组正常运行的情况下检修。另外,虽为单独供水的电站,若水头超过 150 m,或管道较长,经技术、经济比较,也可装设水轮机主阀。压力管道很短且单独供水的电站可不设水轮机主阀。

压力管道上常用的阀门有以下几种形式。

1. 闸阀

闸阀是由框架和板面构成的闸板,装在阀壳内成整体结构,闸板支撑于阀壳两侧的门槽中,用操作杆使其上下移动启闭,如图 5-11 所示。启闭闸阀可用手动、电动或液压等方式。闸阀的装置与维修比较简单,止水紧密,但启闭力大,启闭速度较缓慢,封水环易被磨损,也容易产生汽蚀现象,只适用于直径较小的压力钢管。

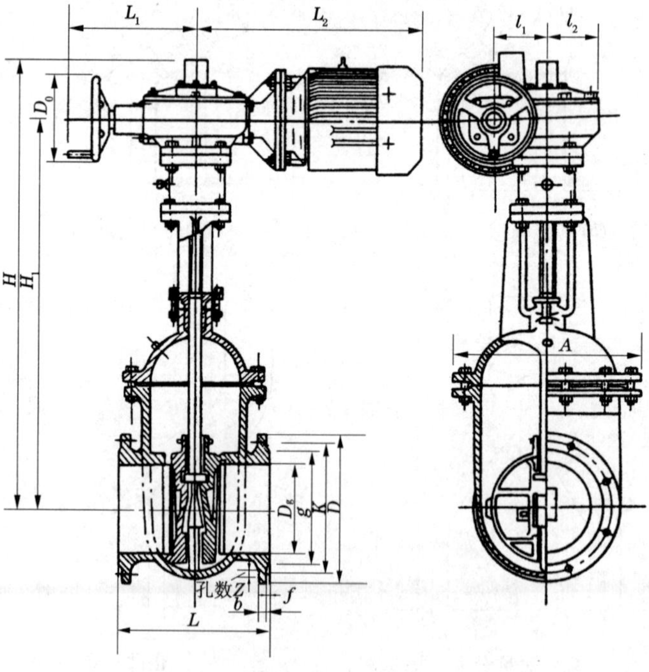


图 5-11 电动闸阀

2. 蝴蝶阀

蝴蝶阀简称蝶阀,是由阀壳、支撑在旋转轴上的阀盘及其他附件组成的,如图 5-12 所示。蝶阀的启闭力小,动作迅速,钢材用量较其他形式的阀门少;但止水不够严密,开启工作状态时的水头损失较大。若采用在阀门周边嵌置橡皮止水或压缩空气围带止水的蝶阀,则漏水问题可大为改善。

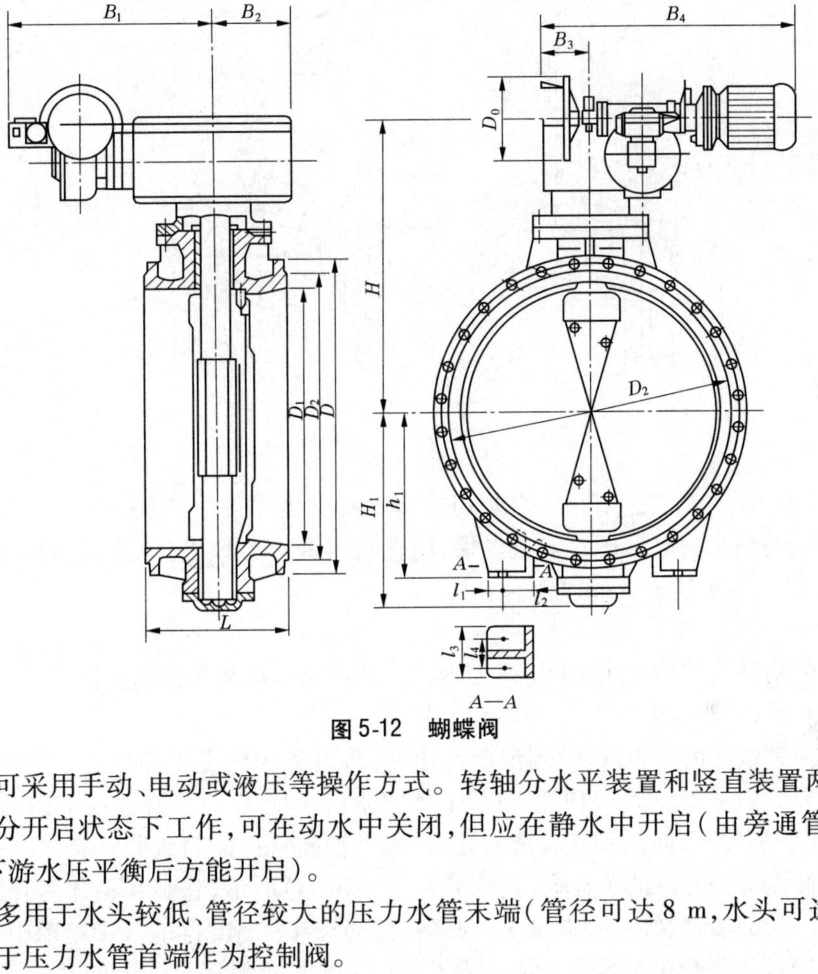

图 5-12　蝴蝶阀

蝶阀可采用手动、电动或液压等操作方式。转轴分水平装置和竖直装置两种。蝶阀不能在部分开启状态下工作,可在动水中关闭,但应在静水中开启(由旁通管向下游充水,待上下游水压平衡后方能开启)。

蝶阀多用于水头较低、管径较大的压力水管末端(管径可达 8 m,水头可达 200 m),也可以用于压力水管首端作为控制阀。

3. 球形阀

球形阀由阀壳、可转动的圆柱体堵水器(栓塞)及其他附件组成,如图 5-13 所示。关闭时,圆柱体轴线与压力水管轴线垂直,装在圆柱体外面的封板沿着一定轨道转向要封闭的下游孔口,将高压水流引向板前的空筒中,使板紧压在下游管口的阀座上,形成严密的关闭;开启时,将封板前空筒中的高压水排往下游,并同时利用旁通管及活门向下游管冲水,在板的另一边形成反向压力,使封板离开阀座,圆柱体即转向开启位置,此时圆柱体轴线与压力水管轴线一致。

球形阀的强度高,止水效果好,封水环不易磨损,水头损失很小(可以忽略不计),但结构复杂,造价高。球形阀在动水中关闭,静水中开启,不能在部分开启状态下工作,多用

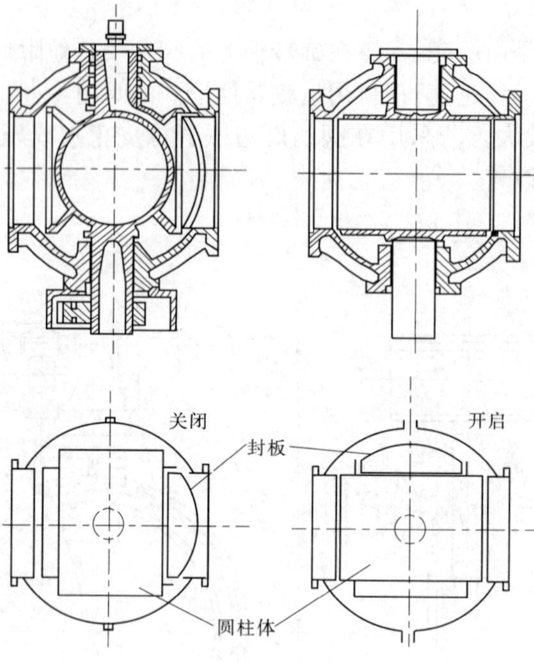


图 5-13 球形阀

于 100 m 以上的高水头电站压力管道末端，用电动或液压方式操作。国外最大球形阀直径达 3. 4 m，最大水头达 850 m 以上。

**(二) 附件**

明钢管的附件有伸缩接头、通气阀、进人孔、排水阀和过流保护装置等。

1. 伸缩接头(伸缩节)

固定在两镇墩间的压力水管，当温度变化时，将沿管轴线发生伸缩，在管壁中产生很大的温度应力。为了避免此种现象，在两镇墩之间(一般是紧靠镇墩的下游，离上镇墩 1 ~2 m)设置伸缩接头，使钢管在温度变化时，能沿轴向自由伸缩或同时有微小的角度变位。常用的伸缩接头为滑动套管式，其构造如图 5-14(a)所示，它是在相邻两管段的下游管段上焊接一固定的套管，上游管段深入其中，在套管与钢管之间的环形缝隙中填以在动物油(如牛油)和石墨粉中浸煮过的石棉盘根，依靠拧紧安装在套管上的螺栓，使压环将环形缝隙中的石棉盘根压紧，以达到止水的目的。图 5-14(b)所示为一种简易的伸缩接头，它利用橡皮圈止水，效果尚好，可用于直径较小的压力钢管上。伸缩接头的间距不宜超过 150 m。在小型水电站中，如果压力钢管用法兰连接且管段不长(不超过 3 ~4 m)，可以不设伸缩接头。

2. 通气阀

通气阀常布置在紧靠压力钢管首端快速闸门的下游，其作用与通气孔相似，有多种形式，图 5-15 是其中的一种，当闸门紧急关闭时，压力钢管中的压力急剧降低，通气阀的浮筒随水位下降而下沉，使空气进入压力钢管；当压力钢管充水时，空气由通气阀排出，浮筒随压力钢管中的水位上升而浮起，使通气阀关闭。

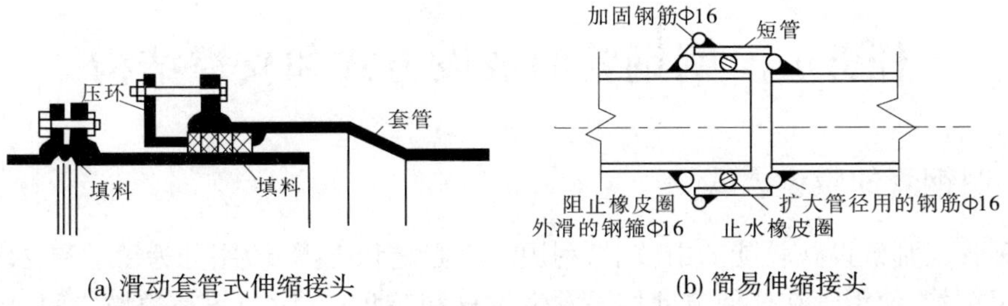


图 5-14　伸缩接头

3. 进人孔与排水阀

为了便于观察和检修压力钢管内部，应当在压力钢管的适当位置（例如镇墩处）设置进人孔。进人孔截面常做成直径不小于 45 cm 的圆孔或短轴不小于 45 cm 的椭圆孔。进人孔间距一般不超过 150 m，其形式很多，图 5-16 为其中的一种。当压力钢管直径小于 800 mm 时，可不设进人孔，而加设嵌入节。

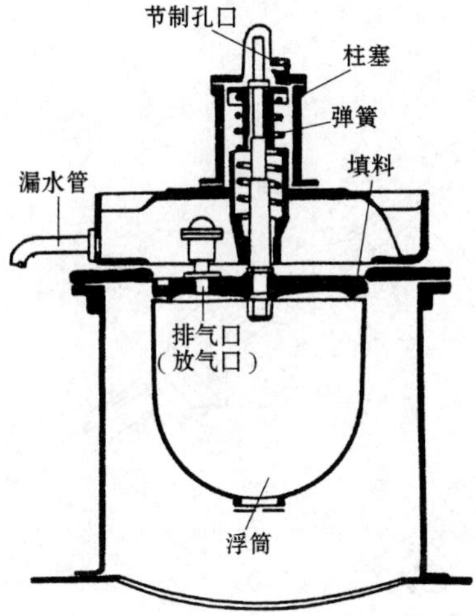


图 5-15　通气阀

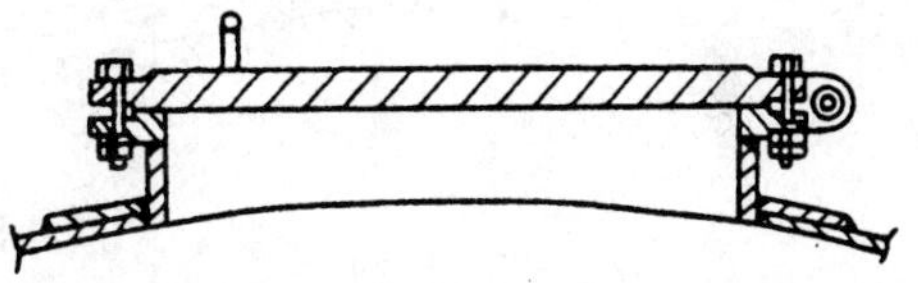

图 5-16　进人孔

通常在压力钢管的最低点应设置排水阀，以便在检修钢管时将水放空。

4. 钢管的过流保护装置和防腐蚀措施

对于大型钢管，可设置过流保护装置。这种装置能反映钢管破裂后管内流速增大的现象，迅速发出信号使进口闸阀关闭，防止事故扩大。此外，压力钢管上还可能装有测量压力、流量和管壁应力的设备。

为了防止压力钢管管壁内、外表面被泥沙磨损和锈蚀，常采取以下两种措施：①在管壁内、外表面上喷镀一层厚为 150 ~ 200 μm 的锌，再加涂一层涂料；②采用油漆涂料保护。外壁常用醇酸（红丹环氧树脂作底漆，灰醇酸磁漆作面漆）、铅粉氯化橡胶漆或环氧沥青漆等涂料，底漆两道，灰色面漆 1 ~ 2 道，总厚度为 100 ~ 150 μm；内壁则常用聚氨酯沥青、环氧沥青或氯化橡胶等涂料，涂 2 ~ 4 道，总厚度为 150 ~ 200 μm。

在严寒地区，明钢管应有防冻设施。

# 任务五　明钢管的敷设方式和支撑结构

## 一、明钢管的敷设方式

明钢管大都敷设在较陡的山坡上，利用墩座固定和支撑，墩座分为镇墩和支墩。镇墩用来固定钢管，使钢管在任何方向均不发生位移和转角；支墩布置在镇墩之间，用来支撑钢管，允许钢管沿其支撑面做轴向位移。明钢管的敷设方式有以下两种。

### （一）分段式

在相邻两镇墩之间设置一伸缩接头，当温度变化时，管段可沿管轴方向移动，因而消除了管壁中的温度应力，明钢管宜采用此种敷设方式，如图 5-17(a)所示。

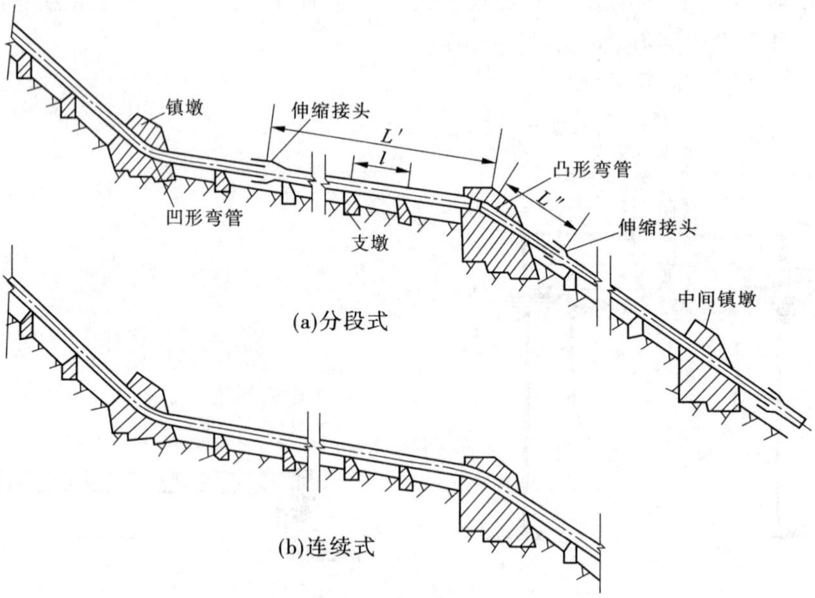


图 5-17　明钢管的敷设方式

### （二）连续式

两镇墩之间不设伸缩接头，在管身的适当位置设置一些可以自由转动的转角接头。当温度变化时，通过转角接头的角变位来调整管身的伸缩，在一定条件下可能是经济合理的，如图 5-17(b)所示。我国很少用此种形式。

为了使钢管受力明确并易于维护和检修，要求钢管底部高出地面不小于 60 cm。

## 二、镇墩和支墩的构造形式

### （一）镇墩

镇墩布置在钢管的转弯处或很长的直线上，如图 5-17 所示。布置在钢管向下弯曲处（即凹形弯管处）的镇墩，自上、下游管段传来的轴向力的水平分力，有使镇墩沿地面滑动的趋势,但轴向力的垂直分力则对镇墩稳定有利,故镇墩所需体积一般较小;布置在钢管向下弯曲处(即凸形弯管处)的镇墩,除轴向力的水平分力有使镇墩沿地面滑动的趋势外,其垂直分力是背离地面的,对镇墩的稳定更为不利,故镇墩所需体积一般较大,在一段长而直的管段上,一般每隔 100 ~ 150 m 应设置一中间镇墩,以减少作用于镇墩上的力。这种中间镇墩的稳定情况介于上述两种镇墩之间。

镇墩为混凝土重力结构,混凝土强度等级不宜低于 C15。在土基上,镇墩底面做成水平的。在严寒地区,镇墩应埋入冻土线以下。在岩基上,镇墩底面可做成阶梯式,如图 5-18所示。镇墩底面宜与作用在镇墩上诸外力之合力相垂直。明钢管末端紧接厂房的镇墩宜与厂房基础分开。

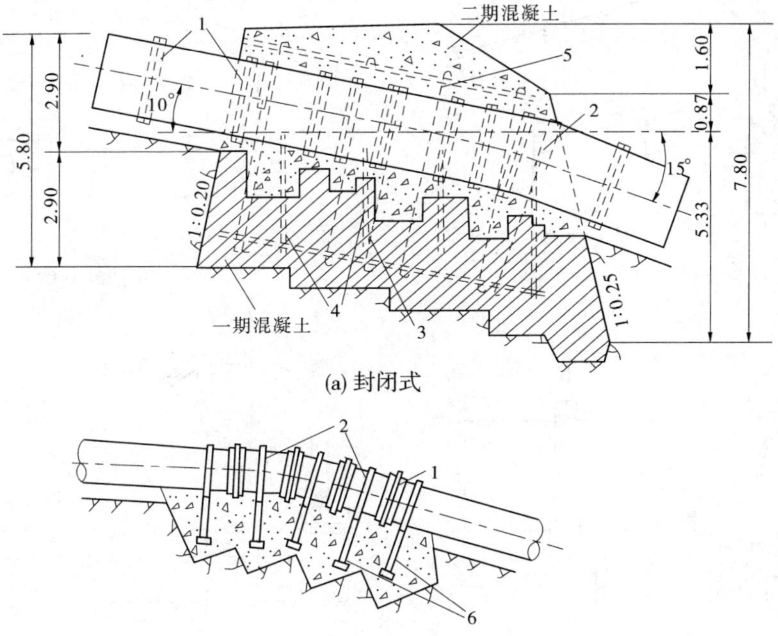


(a) 封闭式

(b) 开敞式

1—肋环;2—拉环;3—锚筋;4—插筋;5—抗拉筋;6—锚栓

**图 5-18 镇墩的构造形式** (单位:m)

按钢管在镇墩上的固定方式,镇墩可分为封闭式(见图 5-18(a))和开敞式(见图 5-18(b))两种形式。前者结构简单,节约钢材,钢管固定性好,分段式钢管宜采用此种形式的镇墩;后者易于检修,但镇墩处钢管受力不均匀,多用于镇墩受力较小的情况。封闭式镇墩的内层(钢管外壁)宜配置钢筋,凸形弯管处的镇墩必须配置锚筋。

**(二)支墩(支座)**

分段式钢管的支墩应使钢管能轴向自由伸缩,并能防止钢管横向滑脱。支墩间距应通过应力分析和钢管的振动分析,并考虑安装条件、支墩形式、地基条件等因素确定,对于中小型钢管,一般为 6 ~ 12 m。在相邻两镇墩之间,支墩宜按等间距布置,设有伸缩接头的一跨,间距宜缩短。

常用的支墩有以下几种形式。

1. 滑动式支墩

1）鞍形支墩

如图5-19（a）所示，钢管直接搁置在混凝土支墩的鞍面上，支墩的包角可采用90°～135°，支墩的鞍面上镶以加强钢板，可以在管壁与支墩的接触面上加润滑剂或石墨垫片，以减少钢管伸缩时的摩擦力。对于经常涂有润滑剂的鞍形支墩，摩擦系数$f$采用0.3；对于未加润滑剂的鞍形支墩，摩擦系数$f$采用0.5。鞍形支墩一般适用于直径小于1 m的钢管，支墩间距一般为6～8 m。

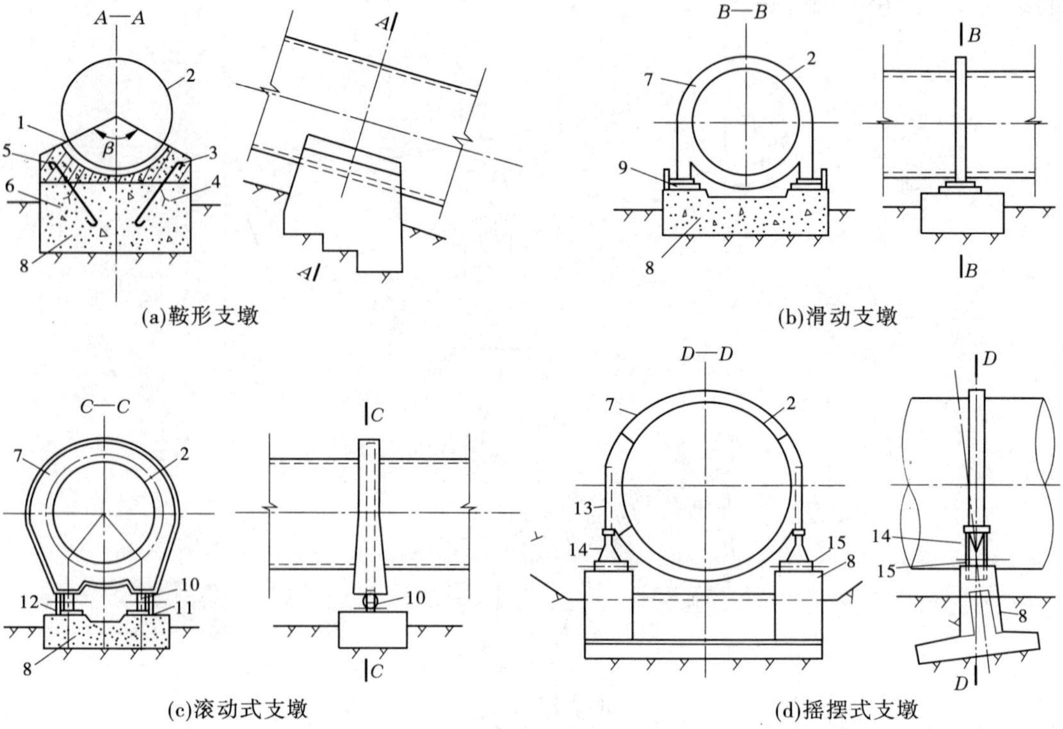


1—钢板；2—钢管；3—插筋；4—锚筋；5—二期混凝土；6——期混凝土；7—支撑环；8—支墩；9—滑动面；10—滚轮；11—钢垫板；12—侧挡板；13—支柱；14—摆柱；15—转轴

**图5-19 支墩的形式**

2）滑动支墩

如图5-19（b）所示，为了克服鞍形支墩在支撑处钢管的受力不均的缺点，在支撑处设置了支撑环。其摩擦系数$f$的取值与鞍形支墩基本相同。滑动支墩适用于直径1～3 m的钢管，支墩间距一般为8～12 m。

2. 滚动式支墩

如图5-19（c）所示，钢管通过滚轮支撑在支墩顶面的固定钢板上，滚轮安装在支撑环下端。滚轮数可不止一个，外侧设有防止横向位移的侧挡板。这种支墩的摩擦力很小，摩擦系数$f$可采用0.1。滚动式支墩适用于直径较大的钢管。

3. 摇摆式支墩

如图5-19(d)所示，这种支墩的特点是在支撑环与墩座之间设一摆动短柱，摆柱下端与墩座铰接，上端以圆弧面与支撑环的承板接触，当钢管伸缩时，短柱以铰为中心前后摆动。这种支墩的摩擦力更小，摩擦系数可近似取0.05。

# 任务六　分岔管

## 一、岔管的特点与设计要求

对于联合供水或分组供水的压力钢管，主管末端与支管连接处需要设置分岔管，也称岔管。

### (一)岔管的工作特点

岔管的工作特点是结构复杂，水头损失大，靠近厂房，承受很大的内水压力。

### (二)岔管的受力特点

在压力管道的分岔处，管壁因互相切割而不再是一个完整的圆形，由内水压力所产生的环向力便不能平衡，故必须采取加固措施，来承受被割裂处管壁的环向力。

此外，在有些情况下管壁还存在轴向力，此轴向力也不能平衡，需由加强构件承担，从而造成了分岔管结构复杂。

在计算力学和计算机这种计算工具应用于工程之前，对这种复杂受力结构只能简化成平面问题进行近似计算。岔管的加强梁有时需要锻造，卷板和焊接后需作调整残余应力处理，因而制造工艺比较复杂。

### (三)岔管的体形设计

岔管的另一特点是水头损失较大，如何降低水头损失是岔管设计的一个重要问题。较好的岔管体形应具有较小的水头损失、较好的应力状态和较易于制造。

从水力学的角度看，岔管的体形设计应注意以下几点：

(1)使水流通过岔管各断面的平均流速相等，或使水流处于缓慢的加速状态。

(2)采用较小的分岔角。但从结构上考虑，分岔角不宜太小，太小会增加分岔段的长度，需要较大尺寸的加强梁，并会给制造带来困难。水电站岔管的分岔角一般在30°~75°范围内，最常采用的范围是45°~60°。岔管的主支管宜布置在同一平面内。

(3)分岔管采用锥管过渡，避免用柱管直接连接。

(4)采用较小的岔裆角。岔裆有分流的作用，较小的岔裆角有利于分流。

(5)支管上游侧采用较小的顺流转角。

以上各点有时难于同时满足，且岔管的水力要求和结构要求也存在矛盾。例如，较小的分岔角对水流有利，但对结构不利，因为分岔角越小，管壁互相切割的破口越大，加强梁的尺寸也就越大，而且过小的夹角会使岔裆部位的焊接困难。又例如，支管用锥管过渡对水流有明显的好处，但不可避免地会使主、支管间的破口加大等。这就要求在设计岔管体形时应最大限度地满足各方面的要求，分清主次，抓住主要矛盾。一般来说，对于水头较低的水电站，岔管的内水压较小，而岔管的水头损失占总水头的比重较大，此时多考虑一些水力方面的要求是正确的；反之，对于高水头的水电站，多考虑一些结构方面的要求是合理的。另外，岔管的布置应考虑地形、地质、厂房布置和水头损失等因素，应确保安全、经济合理。

## 二、几种常用的岔管

根据岔管的体形和加固方式，水电站常用的岔管有以下几种，如图 5-20 所示。

### （一）三梁岔管

如图 5-20（a）所示。三梁岔管是由一个 U 形梁和两个腰梁组成的梁系构成空间结构，互相支撑，共同承担全部不平衡区的内水压力。梁的截面一般为矩形或 T 形，沿相贯线在管壳外或部分镶嵌入管壳内布置，后者受力条件较好，但水头损失较大。

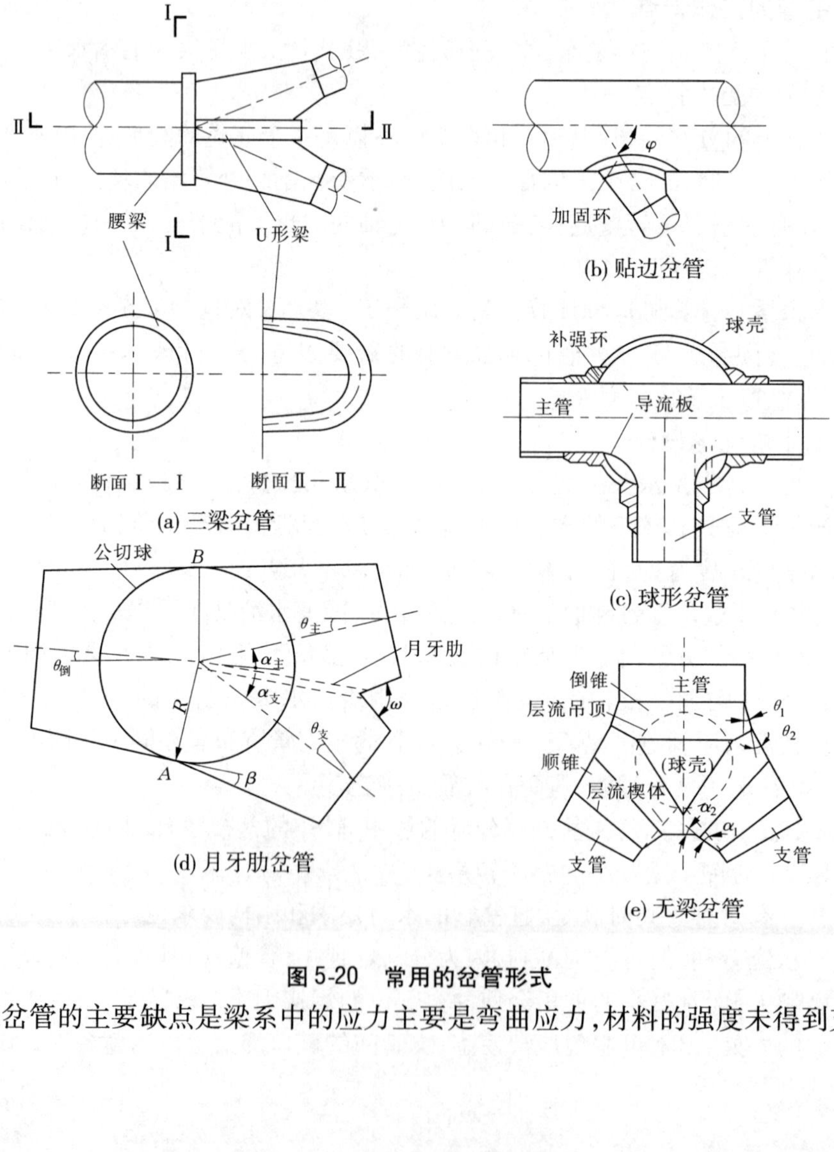


**图 5-20　常用的岔管形式**

三梁岔管的主要缺点是梁系中的应力主要是弯曲应力，材料的强度未得到充分利用，三个曲梁(特别是U形梁)常常需要高大的截面,这不但浪费了材料,加大了岔管的轮廓尺寸,而且可能需要锻造,焊接后还可能需要进行热处理。由于梁的刚度较大,对管壳有较强的约束,因此梁附近的管壳产生较大的局部应力。同时,在内水压力的作用下,由于相贯线的垂直变位较小,三梁岔管用于埋管则不能充分利用围岩的抗力。因此,三梁岔管虽有长期的设计、制造和运行的经验,但由于存在上述缺点,不能认为是一种很理想的岔管。三梁岔管用于内水压力较高、直径不大的明管道。

**(二)贴边岔管**

如图5-20(b)所示,贴边岔管在相贯线的两侧用补强板加固,补强板与管壁焊接,可加于管外,也可同时加于管内和管外。贴边岔管的特点是补强板的刚度较小(与前面的加固梁比较而言),不平衡区的内水压力由补强板和管壁共同承担,适用于中、低水头的Y形地下埋管,特别适用于支、主管直径之比($d/D$)在0.5以下的情况,此比值大于0.7时,不宜采用贴边岔管。

**(三)球形岔管**

如图5-20(c)所示,球形岔管是由球壳、主管与支管、补强环和内部导流板组成的。在内水压力作用下,球壳应力仅为同直径管壳环向应力的一半,因此球形岔管适用于高水头电站。球形岔管突然扩大的球体对水流不利。为了改善水流条件,常在球壳内设导流板。导流板上设平压孔,因此不承受内水压力,仅起导流作用。球形岔管的优点是布置灵活,支管可为任何方向;缺点是制造工艺复杂,水头损失较大。

**(四)月牙肋岔管**

月牙肋岔管是三梁岔管的一种发展。三梁岔管的U形梁嵌入管壳能够改善其应力状态。月牙肋岔管用一个完全嵌入管壳内的月牙形肋板代替三梁岔管的U形梁,并按月牙肋主要承受轴向拉力的原则来确定月牙肋的尺寸。

月牙肋岔管的主管为倒锥管,两个支管为顺锥管,三者有一公切球,以减小流速,从而降低水头损失。由于月牙肋荷载合力基本通过肋板截面形心,使肋板处于轴心受拉状态,材料的强度得以充分发挥。由于肋板厚度不大,可用厚钢板制造,工艺较为简单。我国不少大中型水电站的地下埋管都采用了这种形式的岔管。

水工模型试验表明,在设计分流情况下,月牙肋岔管具有良好的流态,但在非对称水流情况下,插入的肋板对向一侧偏转的水流有阻碍作用,流态趋于恶化。肋板的方向对水流影响较大,在设计岔管的体形时,应注意使肋板平面与主流方向一致。

**(五)无梁岔管**

无梁岔管是在球形岔管的基础上发展起来的新型岔管。球形岔管的补强环需要锻造,与管壳焊接时要预热,球壳一般也要加热压制成型,有的球形岔管在制成后还要进行整体退火,因此工艺复杂。无梁岔管是用三个渐变的锥管作为主、支管与球壳连接段,以代替球形岔管中的补强环。锥管一端与主、支管连接,另一端与球壳片近似沿切线方向衔接,构成一个外形平顺、无明显的不连续结合线的岔管,不仅克服了补强环与管壳刚度不协调的缺点,而且可充分发挥壳体结构的承载能力,结构合理,外形尺寸小,运输、安装均较方便。对埋管来讲,使用无梁岔管有利于利用围岩的弹性抗力。缺点是体形较复杂,成型工艺难度大，在球壳顶部和底部易产生涡流，分岔处水流较紊乱，为此需在岔管内部设置导流板。它适用于大中型水电站的地下埋管。

我国采用地下埋藏式岔管较多。目前，对埋藏式岔管的设计仍以明岔管的设计思想为指导。应研究埋藏式岔管的合理形式，以便利用围岩承担更多的内水压力。在地质条件较好和地应力满足要求情况下，也可不用钢岔管而采用钢筋混凝土岔管。

# 项目六　水锤及调压室

## 任务一　水锤现象和研究水锤的目的

### 一、水锤现象

水轮机调节中突然开、闭导叶时,压力水管内水流量、流速急剧变化,内水压力也将急剧降低或升高。在水流的惯性作用和水体与管壁弹性的影响下,这种降低或升高的压力,以压力波的形式和一定的波速在压力水管中往复传播,形成压力交替升降的波动现象,同时伴有如锤击的声响和振动,这种水力现象称为水锤(或水击),压力波称为水锤波。

由水锤引起的压力升降数值往往很大,在这种压力的作用下,应考虑水体的压缩性和膨胀性。引起水锤的根本原因就在于压力水管中水流的惯性和弹性的相互作用。

我们来研究一下当压力水管材料、管壁厚度 $\delta$、管道直径 $D$ 沿管长不变的简单管道,其初始平均流速为 $v_0$,压力水管末端阀门处水头为 $H_0$,当水头损失不计时,阀门突然关闭(关闭时间 $T_s=0$)后的水锤波传播过程,如图 6-1 所示。

#### (一)第一状态

在紧急情况下,压力水管末端的阀门在 $t=0$ 时瞬时关闭,靠近阀门处的一段长度为 $\Delta L$ 的微小水体首先停止流动(流速由 $v_0$ 变为 0)。但因为水流的惯性作用,上游水体仍然以流速 $v_0$ 流向阀门处,在水流的作用力与阀门的反作用力的作用下,$\Delta L$ 段水体被压缩,水体密度增大,内水压力由 $P_0$ 升高至 $P_0+\Delta P$,其中 $\Delta P$ 称为水锤压力(若 $P_0$ 与 $\Delta P$ 用水头表示,则分别为 $H_0$ 和 $\Delta H$)。在 $\Delta H$ 的作用下管壁膨胀,同时沿管轴向形成一微小空间,当后来的水体充满此空间后,第二段微小水体受阻也停止流动,且同前段微小水体一样被压缩、水体密度增大、内水压力升高、管壁膨胀。如此进行下去,形成一个从阀门 $A$ 处向上游传播的水流速度减小为零、内水压力升高的运动,这种现象称为水锤波的传播,其波速为 $a$ ,此过程时段为 $t=0\sim L/a$ ,水锤所到之处水头升高 $\Delta H$,而波的传播方向与管中恒定流的流动方向相反,水锤波为升压逆行波。

#### (二)第二状态

当 $t=L/a$ 时刻,水锤波到达压力管道进口端面 $B$,由于 $B$ 端右侧管道内的压强为 $H_0+\Delta H$,而左侧水库具有很大的自由水面,不可能形成压强升高,仍为 $H_0$。因此,$B$ 点水体受力不平衡,压力管道内压强高于水库压强。在不平衡力作用下,紧邻水库的管道进口微小管段内水体首先由静止状态以反向流速 $v_0$ 倒流向水库,压强由 $H_0+\Delta H$ 降为原来的 $H_0$,水体密度及管径均恢复原状。随后,自水库端 $B$ 至管道末端阀门端 $A$,一段段微小水体的压强、密度和管径也相继恢复原状,这种现象以“顺行降压波”的形式从水库端 $B$ 按

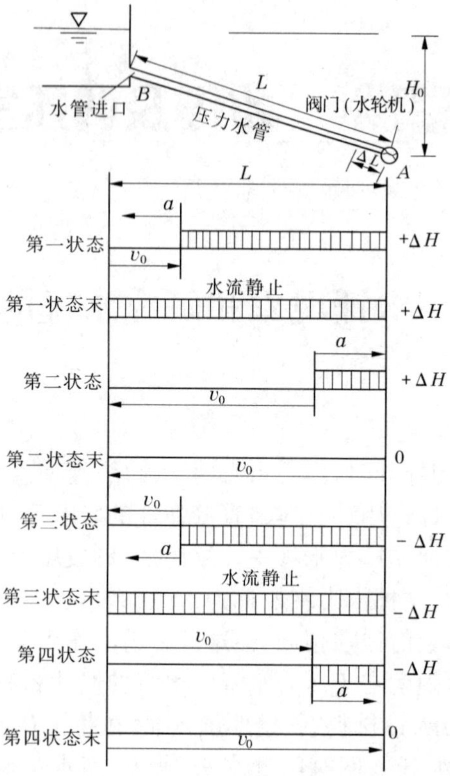


**图 6-1 阀门瞬时($T_s=0$)全关时压力水管中水锤波的传播过程**

速度 $a$ 向阀门端 $A$ 传播。经过 $t=2L/a$ 时间,此降压波到达阀门端 $A$ 处,此时,全管压强恢复为 $H_0$,水体密度和管径全部恢复原状,但压力管道内水流以反向流速 $v_0$ 流向水库。此过程时段为 $t=L/a \sim 2L/a$。

**(三)第三状态**

在 $t=2L/a$ 时,全管水流以流速 $v_0$ 向水库流动,但由于阀门是完全关闭的,靠近阀门的一小段水体停止流动,在水流惯性的作用下,该段水体被"拉长",水体膨胀,压力减小 $\Delta H$,密度减小,管壁收缩。这种水体被"拉长",水体膨胀,压力减小 $\Delta H$,密度减小,管壁收缩现象仍以波速 $a$ 自 $A$ 至 $B$ 逐段传播,形成降压逆行波,此时是水库反射回来的降压顺行波在阀门处的再一次反射。直到 $t=3L/a$ 时,此降压逆行波传至管道进口端 $B$,此时整个水管中的流速均为零,压力由 $H_0$ 减至 $H_0-\Delta H$,同时处于水体膨胀、管壁收缩状态。此过程时段为 $t=2L/a \sim 3L/a$。

**(四)第四状态**

在 $t=3L/a$ 时刻,管道进口端 $B$ 的下游侧比上游侧的压力低 $\Delta H$,在两侧压力差和水体密度差的作用下,$B$ 端的水流又以流速 $v_0$ 向阀门 $A$ 的方向流动,使膨胀的水体恢复到起始时刻的密度,压力也恢复到 $H_0$,接着自 $B$ 至 $A$ 逐段水体相继发生同样的变化,并以波速 $a$ 向阀门方向传播,即水库端又将阀门反射回来的降压逆行波"异号相等"地反射成升压顺行波,压力增加值仍为 $\Delta H$。直到 $t=4L/a$ 时,此时升压顺行波又到达阀门 $A$ 处,此时整个水管中的水体流速、压力、密度和管径都恢复到关闭前的起始状态。此过程时段为 $t=3L/a\sim4L/a$。

此后，若不计摩阻作用，则水锤波的传播又将重复上述过程，并将不断循环进行下去。实际上管壁的摩阻作用总是存在的，故水锤现象会逐渐衰减，并最终消失。

阀门瞬时全部开启时，同样会产生上述水锤波的传播现象，其物理本质并无不同。主要差别是在开始时，阀门处的压力将先降低 $\Delta H$，水锤波以降压逆行波的形状传向水库端，而水库的第一次反射波则为升压顺行波，此后阀门的反射规律和水锤波的传播现象，均与阀门瞬时全部关闭时情况相同。

如上所述，从时间 $t=0$ 至 $t=4L/a$，水锤波的传播完成了一个过程，所以将时段 $T=4L/a$ 称为水锤波的“周期”。水锤波在压力水管中传播一个来回所需要的时间为 $t_{相}=2L/a$，称 $t_{相}$ 为水锤波的“相”。两相为一周期。

## 二、研究水锤的目的

研究水锤的目的有以下几个方面：

(1)计算水电站引水系统水锤压强的最大升高值，以确定压力管道、蜗壳和水轮机强度设计的最大内水压强，作为设计或校核计算的依据。

(2)计算水电站引水系统水锤压强的最大降低值，以确定其最小内水压强，作为布置压力管道(防止压力水管发生真空)及校核尾水管内真空度的依据。

(3)研究水锤与机组稳定运行的关系，水锤压强的最大升高值与最大降低值是机组调节保证的依据。

(4)研究降低水锤压强的措施。

## 三、水锤波的传播速度

水锤波速是分析水锤问题的重要参数，其大小主要与压力管道的直径 $D$、管壁厚度 $\delta$、水的体积弹性模量 $E_0$ 和管壁材料的弹性模量 $E$ 等因素有关。水锤波速的计算公式如下：

(1)均质管水锤波速计算公式为

$$a=\frac{1\ 435}{\sqrt{1+\frac{E_0D}{E\delta}}}\quad(\mathrm{m/s})\tag{6-1}$$

式中 1 435——声波在水中的传播速度，m/s；

$E_0$——水的体积弹性模量，一般取 $E_0=2.06\times10^3$ MPa；

$E$——管壁材料的弹性模量，对钢材 $E=2.06\times10^5$ MPa，对铸铁 $E=0.98\times10^5$ MPa；

$D$——管道直径，m；

$\delta$——管壁厚度，m。

通常 $a=800\sim1\ 200$ m/s，对于金属管道，$a$ 值可直接取为 1 000 m/s。

(2)如管道各段的直径、材料或其他参数不同,$a$ 可取平均值,计算公式为

$$a = \frac{\sum L_i}{\sum \frac{L_i}{a_i}} \tag{6-2}$$

式中 $L_i$——管道中第 $i$ 段的长度,m;

$a_i$——管道中第 $i$ 段的水锤波速,m/s。

## 四、水锤的计算方法

### (一)水锤的类型

上述分析的水锤现象是假定压力管道阀门瞬时启闭时发生的,阀门处的水锤压力 $\Delta H$ 也是瞬时产生的,故只考虑了一个水锤波在水管中来回传播。实际上启闭压力水管末端的阀门总有一段历时(如反击式水轮机导叶的关闭时间 $T_s = 3 \sim 8$ s),设关闭阀门的总历时为 $T_s$。可将其看作由许多连续突然关闭的微小时段组成,每一微小时段的突然关闭,都将在阀门处产生一个水锤升压值 $\Delta H$,使该处压力不断升高。而每一 $\Delta H$ 都有一升压逆行波的形状向水库方向传播。

若 $T_s \leqslant 2L/a$,则当第一个由水库反射回来的降压顺行波尚未到阀门处时,阀门已全部关闭。这样,阀门处的最大水锤压力不会受到降压顺行波的影响,故其大小与阀门瞬时关闭的情况相同。这种水锤称为直接水锤,其数值很大,在水电站工程中应绝对避免。

若 $T_s > 2L/a$,则当阀门尚未完全关闭时,从水库反射回来的第一个降压顺行波已到达阀门处,从而使阀门处的水锤压力在尚未达到最大值时就受到降压顺行波的影响而减小。阀门处的这种水锤称为间接水锤,其值小于直接水锤,是水电站经常发生的水锤现象。这种类型的水锤是本章讨论的重要内容。

### (二)直接水锤的计算

在发生水锤时,水电站压力引水系统中任一断面的压力和流速都是随时间变化的。我们可以根据物理学中的动量定理求得发生直接水锤时任一断面水锤压力与流速之间的关系。图 6-2 为一微小的压力水管段,在恒定流时其过水断面为 $\omega_0$,管中初始流速为 $v_0$。当阀门突然关闭时,设在 $\Delta t$ 时段内水锤波以波速 $a$ 由断面 1—1 传至断面 2—2,则两断面的距离为 $L_0 = a\Delta t$。在水锤压力的作用下,微小管段 $L_0$ 中的水体被压缩,其长度由 $L_0$ 变为 $L_0 + \Delta L$,密度由 $\rho_0$ 变为 $\rho_0 + \Delta\rho$,同时管壁膨胀,过水断面面积由 $\omega_0$ 变为 $\omega_0 + \Delta\omega$,流速由 $v_0$ 变为 $v_0 + \Delta v$。在 $\Delta t$ 时段内,$L_0$ 段水体受水锤波影响前后沿 $v_0$ 方向的动量改变量为

$$\Delta K = (\rho_0 + \Delta\rho)(L_0 + \Delta L)(\omega_0 + \Delta\omega)(v_0 + \Delta v) - \rho_0 L_0 \omega_0 v_0$$

展开上式,略去二阶以上微量(应注意 $\Delta v$ 不是微量)及含有 $\Delta\rho$、$\Delta L$、$\Delta\omega$ 因子的各项(因为 $\Delta\rho$、$\Delta L$、$\Delta\omega$ 数值非常小可视为无穷小量而忽略,如每增加一个大气压,水的体积只减小1/20 000),并将 $L_0 = a\Delta t$ 代入,得

$$\Delta K = \rho_0 L_0 \omega_0 \Delta v = \rho_0 L_0 \omega_0 (v - v_0) = \rho_0 \omega_0 a \Delta t (v - v_0)$$

在 $\Delta t$ 时段内,当水锤波由断面 1—1 传至断面 2—2 前的一瞬间,断面 1—1 的内水压力水头为 $H_0 + \Delta H$,断面 2—2 尚未受到水锤波的影响,其内水压力仍为 $h_0$。作用于 $L_0$ 段水体上沿 $v_0$ 方向上的外力有:

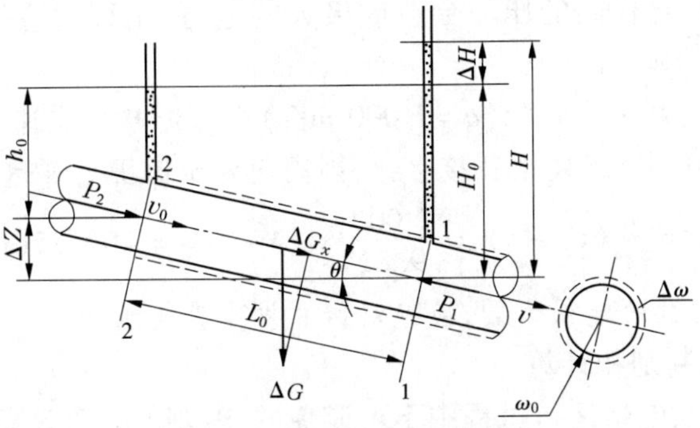


图 6-2　直接水锤计算简图

断面 1—1 上的水压力

$$P_1 = g(\rho_0 + \Delta\rho)(H_0 + \Delta H)(\omega_0 + \Delta\omega) \approx g\rho_0(H_0 + \Delta H)\omega_0$$

断面 2—2 上的水压力

$$P_2 = g\rho_0 h_0 \omega_0$$

该段水体重力 $\Delta G$ 沿 $v_0$ 方向的分力

$$\Delta G_x = \Delta G\sin\theta \approx g\omega_0\rho_0\Delta Z$$

若略去管壁的阻力不计，则上述诸外力之合力 $\sum F$ 在 $\Delta t$ 时段内沿 $v_0$ 方向的冲量为

$$\begin{aligned}(\sum F)\Delta t &= (P_2 + \Delta G_x - P_1)\Delta t \\ &= [g\rho_0 h_0\omega_0 + g\rho_0\omega_0\Delta Z - g\rho_0(H_0 + \Delta H)\omega_0]\Delta t\end{aligned}$$

由图 6-2 可知，$h_0 + \Delta Z = H_0$，则

$$(\sum F)\Delta t = -g\rho_0\Delta H\omega_0\Delta t$$

根据动量定理就有

$$(\sum F)\Delta t = \Delta K$$

即

$$-g\rho_0\Delta H\omega_0\Delta t = \rho_0\omega_0 a\Delta t(v - v_0)$$

整理上式可得直接水锤计算公式，即

$$\Delta H = \frac{a}{g}(v_0 - v) \tag{6-3}$$

式中　$a$——水锤波速，m/s；

$g$——重力加速度，9.81 m/s$^2$；

$v_0$——管道中水流起始平均流速，m/s；

$v$——阀门关闭完成后阀门处流速，m/s。

从式(6-3)中可以看出：

(1)若 $v_0 > v$，即阀门关闭时，起始流速 $v_0$ 大于终了流速 $v$，$\Delta H$ 为正值，压力水管中产生正水锤；反之若 $v_0 < v$，即阀门开启时，产生负水锤。

(2)水锤压力的大小与水锤波速 $a$ 成正比，与流速变化的绝对值成正比。

(3)只要 $T_s \leqslant 2L/a$，直接水锤的大小与关闭时间长短及关闭规律无关，只要流速变化值相同，则水锤压力的最终值是一样的。特别值得注意的是，直接水锤的数值是很大的

(可达净水头的数倍),这样高的压力会造成极大的危害,工程中应绝对避免发生直接水锤。

**【例 6-1】** 某水电站压力钢管($a=1\ 000$ m/s)中水流起始流速 $v_0=4$ m/s,当水电站突然丢弃全负荷($v=0$)时,若发生直接水锤,则阀门处水锤压力可达

$$\Delta H = \frac{a}{g}(v_0 - v) = \frac{1\ 000}{9.81} \times (4-0) = 407.75(\mathrm{m})$$

可见,直接水锤的数值是很大的,应绝对避免发生直接水锤。

**(三)水锤类型的判别和计算**

水锤现象是水力发电站运行过程中不可避免的、客观的有害现象,除非设备故障或运行人员误操作造成直接水锤,从而酿成重大事故,水电站正常情况下发生的都是间接水锤。

水电站的水锤计算按照下列步骤进行(以突然丢弃全负荷为例)。

1. 水锤基本类型的判别

若 $T_s \leqslant 2L/a$,则发生直接水锤,相应的水锤压强上升值直接用式(6-3)计算,水锤计算结束。

若 $T_s > 2L/a$,则发生间接水锤,继续下面步骤。

2. 两个压力水管特性系数 $\rho$ 和 $\sigma$ 的计算

$$\rho = \frac{av_0}{2gH_0} \qquad \sigma = \frac{Lv_0}{gH_0T_s}$$

3. 间接水锤类型的判别及计算

(1)若 $\rho\tau_0$($\tau_0$ 为喷嘴(导叶)的相对起始开度)$\leqslant 1$,水锤最大值发生在第一相末,称为第一相水锤,最大水锤压力上升率计算公式如下

$$\xi_{\max} = \xi_1 = \frac{2\sigma}{1+\rho\tau_0-\sigma} \tag{6-4}$$

(2)若 $\rho\tau_0 > 1$,水锤最大值发生在末相,称为末相水锤,计算公式如下

$$\xi_{\max} = \xi_m = \frac{2\sigma}{2-\sigma} \tag{6-5}$$

机组突然增加负荷时,压力水管中产生负水锤,计算过程同上,只是负水锤符号由“$\xi$”变为“$\eta$”,其公式为

$$\eta_1 = \frac{2\sigma}{1+\rho\tau_0+\sigma} \quad \eta_m = \frac{2\sigma}{2+\sigma}$$

**【例 6-2】** 某水电站压力水管长 $L=200$ m,管壁厚度及管径均匀,管材为金属材料,电站设计水头 $H_0=150$ m,最小水头 $H_{\min}=133$ m。管中水流最大流速 $v_{\max}=3.92$ m/s,空载时 $\tau_{xx}=0.1$,导叶总关闭时间 $T_s=3$ s。求机组突甩及突增全负荷时,管中的最大水锤压力和最小水锤压力。

**解:** 对于金属管道 $a=1\ 000$ m/s。

(1)水锤基本类型的判别:

$$\frac{2L}{a} = \frac{2\times 200}{1\ 000} = 0.4(\mathrm{s})$$

而 $T_s = 3\ \text{s} > 2L/a = 0.4$，所以发生间接水锤。

(2)两个压力水管特性系数 $\rho$ 和 $\sigma$ 的计算：

$$\rho = \frac{av_{max}}{2gH_0} = \frac{1\,000 \times 3.92}{2 \times 9.81 \times 150} = 1.33$$

$$\sigma = \frac{Lv_{max}}{gH_0T_s} = \frac{200 \times 3.92}{9.81 \times 150 \times 3} = 0.18$$

(3)间接水锤类型的判别及计算：

突然甩全负荷时(导叶由起始开度 $\tau_0 = 1.0$ 关至 $\tau_{xx} = 0.1$)

$$\rho\tau_0 = 1.33 \times 1.0 = 1.33$$

根据 $\rho\tau_0 = 1.33 > 1$，可知发生末相水锤，则

$$\xi_{max} = \xi_m = \frac{2\sigma}{2 - \sigma} = \frac{2 \times 0.18}{2 - 0.18} = 0.198$$

$$\Delta H_{max} = \xi_{max}H_0 = 0.198 \times 150 = 29.7(\text{m})$$

突增全负荷时(导叶由起始开度 $\tau = 0.1$ 开至 $\tau = 1.0$)，管道内将发生负水锤，并且静水头越小负水锤绝对值越大，因此计算时以最小水头作为计算工况。

$$H_0 = H_{min} = 133(\text{m})$$

$$\rho = \frac{av_{max}}{2gH_0} = \frac{1\,000 \times 3.92}{2 \times 9.81 \times 133} = 1.50$$

$$\rho\tau_0 = 0.15$$

$$\sigma = \frac{Lv_{max}}{gH_0T_s} = \frac{200 \times 3.92}{9.81 \times 133 \times 3} = 0.20$$

由于 $\rho\tau_0 = 0.15 < 1$，可知发生第一相水锤，则

$$\eta_{max} = \eta_1 = \frac{2\sigma}{1 + \rho\tau_0 + \sigma} = \frac{2 \times 0.20}{1 + 1.5 \times 0.1 + 0.20} = 0.30$$

$$\Delta H_{max} = \eta_{max}H_0 = 0.30 \times 133 = 39.9(\text{m})$$

管内最小水锤压力为：

$$H = H_0 - \Delta H_{max} = 133 - 39.9 = 93.1(\text{m})$$

为了避免尾水管出现压力过低而造成水流中断时水流反冲引起抬机现象，故尾水管真空值 $H_B$ 不应大于 8 $mH_2O$。

中、高水头水电站的压力管一般较长，蜗壳和尾水管的影响较小，可以忽略不计。对低水头水电站，则必须考虑二者的影响。

## 任务二 减小水锤压强的措施

压力管道较长的高、中水头水电站，当水流的惯性时间常数较大($T_w$ 超过 2 ~ 3.5 s)时，调节保证计算的结果很难同时满足压力上升率和转速上升率的要求。为了保证机组安全运行，应当采取一些技术措施来降低水锤压力或限制转速上升。

### 一、改变导叶关闭规律

导叶关闭规律对水锤压力和转速变化起着决定性的影响。图 6-3(a)是在相同时间

内给出的三种导叶关闭规律，图 6-3(b)是对应三种导叶关闭规律的水锤压力变化曲线。从图中可以看出，关闭规律Ⅰ的关闭速度均匀，其水锤压力有一稳定值；关闭规律Ⅱ的关闭速度先快后慢，因此水锤压力先升后降，有一极限值；关闭规律Ⅲ的关闭速度先慢后快，因此水锤压力先小后大，此种情况相当于缩短了关闭时间，所以这种规律对水锤压力变化最不利。因此，确定合理的导叶关闭规律对降低水锤压力和转速的上升有着重要的意义。

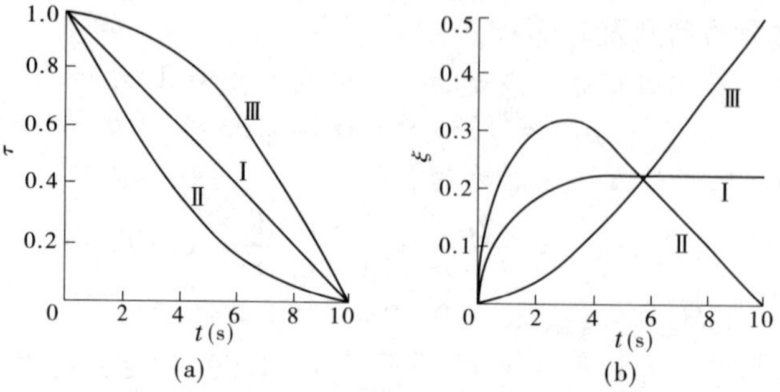


**图 6-3 导叶关闭规律对水锤压力的影响**

比较规律Ⅰ、Ⅱ可知，规律Ⅱ有利于在开始阶段迅速减小水轮机动力矩，使最大转速上升减小。综上可知，导叶关闭采用先快后慢的关闭规律为佳，此种关闭规律可以有效地降低水锤压力和转速上升值。目前，常采用导叶的两段关闭规律，即在调速器中采取一定的措施，使接力器关闭速度先快后慢。图 6-4 所示为某水电站采用两段关闭规律时的甩负荷示意图，由图可知，在甩负荷开始阶段导叶关闭速度快，如此有利于降低转速上升值，当压力上升到规定数值时，导叶关闭速度减缓，使随后发生的压力上升不会比折点处的压力上升高，所以甩负荷过程中最大压力上升值发生在折点处。因此，只要适当选择折点的位置和第一、二段的关闭速度，就可以达到降低水锤压力和机组转速上升的目的。

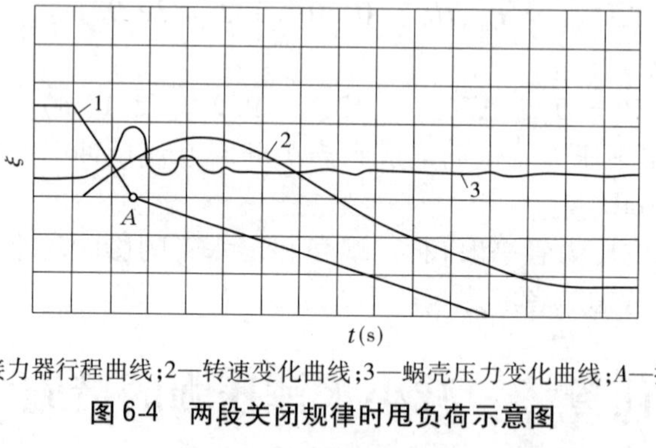


1—接力器行程曲线；2—转速变化曲线；3—蜗壳压力变化曲线；A—折点

**图 6-4 两段关闭规律时甩负荷示意图**

两段关闭控制系统目前尚无定型产品，需要时可与厂家协商，提出具体技术要求。如图 6-5 所示调压阀的控制系统中也包括有两段关闭装置，其动作原理如下：

在甩负荷后调压阀开始快速开启时，导叶接力器快速关闭导叶；引导油腔的排油因受节流孔 C 的限制而油压迅速升高迫使油压止回阀克服油压和弹簧力而开启。于是调压阀接力器关闭腔内压力油有一部分经调节阀 D 排走，于是调压阀开启速度较“分段装置”未投入时加快了。此后，调压阀全开，导叶尚未全关，引导油腔的油压消失，油压止回阀关

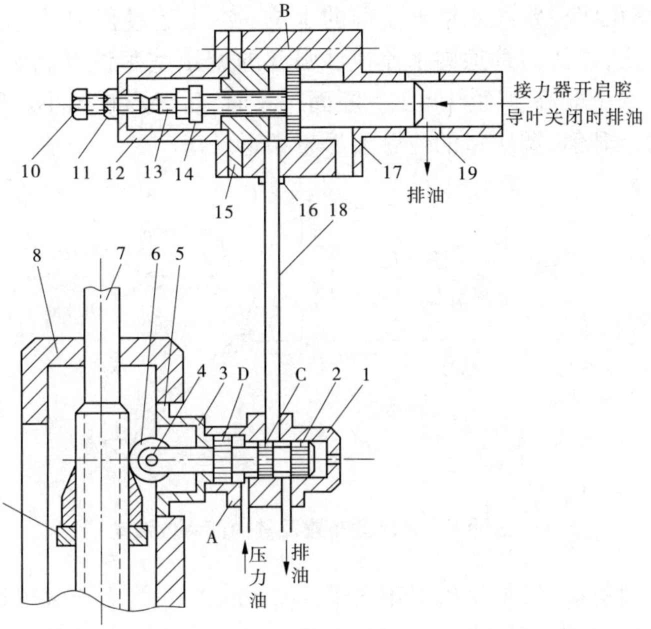


1—阀体;2—阀塞;3—调节环;4—轴销;5—支座;6—滚轮;7—反馈轴;
8—反馈阀体;9、11—锁紧螺母;10—调节螺母;12—罩;13—阀室;14—调节螺母;
15—压盖;16—密封圈;17—节流罩;18—油管;19、A、C—节流孔;B、D—调节阀

**图 6-5 YDT-1800A 调速器两段关闭装置**

闭,导叶接力器仅在经节流孔 A 流来的少量压力油的作用下缓慢关闭,从而实现了导叶的两段关闭。

值得提出的是,并不是调压阀才有两段关闭装置。如有些水电站并未装设调压阀,但仍可在接力器轴反馈阀体与开启腔排油管之间装设两段关闭装置。当接力器活塞位于某一确定位置时,改变其开启腔油口开口的大小,从而改变接力器活塞的关闭速度。

## 二、设置调压室

如前述的调节过程特性对调节过程的影响可知,从减小水锤压力升高的角度出发,可以采用缩短管道长度 $L$ 或增大管径的方法来减小 $T_w$ 值。但是管道长度取决于地形地质条件,而增大管径会造成投资的增加,大多数情况下采用缩短管道长度 $L$ 或增大管径的方法来减小 $T_w$ 值并不是可取的方法,为此可设置调压室。

调压室是一种修建在水电站压力引水隧洞(或其他形式的压力引水道)与压力管道之间的建筑物,调压室将连续的压力引水道分成上游引水道和下游引水管道(即压力管道)两个部分,它能有效地减小压力管道中的水锤压力上升值。调压室是一具有自由水面和一定容积的调节性水工建筑物,如图 6-6 所示。当甩负荷时,水锤压力波由导叶处开始,沿压力管道传播至调压室时,水锤波被调压室反射。而引水隧洞中水流由于压力波的阻止,其动能被暂时以调压室水位升高形成的位能储存起来。随后,调压室中高于稳定水位的水体又迫使水流向上游流动,水位形成波动,由于水流在流动中因摩擦产生能量损失，最后调压室水位将稳定在水锤发生前的水位。在上述过程中，压力管道中的水锤压力升高由两部分决定，即压力管道内水流惯性引起的调压室水位升高和引水隧洞中水流惯性引起的调压室水位升高。而当调压室断面越大时，后者影响越小。所以，要减小压力管道内的水锤压力上升值，调压室的位置要尽量靠近厂房。

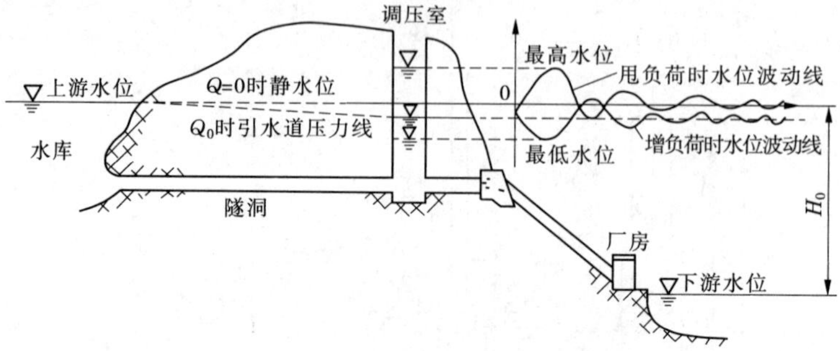


**图 6-6 调压室布置及其内部水位波动**

当水电站增加负荷时，水轮机引用水量加大，如果 $T_w$ 较大而未设调压室，水流可能会出现断流，设置调压室则可暂时补充不足水量以保证水流的连续性。此时，调压室中的水位将有所降低，则压力管道内由于增负荷引起的压力降低也会减小，这给保证管道结构的安全和调节系统的稳定性都会带来好处。

调压室有简单圆筒式、阻抗式、溢流式、双室式及差动式等多种形式，有的水电站还设置了调压室组、尾水调压室。尽管调压室能够比较全面地解决有压力长引水管道水电站在调节保证计算中存在的问题，但建造调压室投资大、工期长，所以在实际中是否采用调压室，还应根据水电站在电网中的作用、机组运行条件、电站枢纽布置以及地形、地质条件等进行综合技术、经济比较后确定。在初步分析时，设不设置调压室可用整个引水管道中的水流惯性时间常数 $T_w$ 值进行判断。对于孤立系统或水电站容量占电力系统总容量50%以上者，允许 $T_w=2.5\sim3.0$ s；水电站容量占电力系统总容量20%以下者，允许 $T_w=5.0\sim6.0$ s；当 $T_w$ 超过上述范围时应考虑设置调压室。

## 三、装设调压阀

由于受到地质、地形条件限制兴建调压室有困难的中小型水电站（$T_w\leqslant12$ s），可考虑以调压阀代替调压室，一般其投资为建造调压室的20%。

调压阀设置在由蜗壳或压力水管引出的排水管上，如图6-7所示。在甩负荷后导叶关闭的同时，调压阀打开。部分流量（一般为管道流量的50%～80%）经调压阀泄出，使压力管道中的流量变化减缓，压力升高也减小。为了节省水量，在导叶关闭后，调压阀能自动慢慢关闭。采用调压阀装置，即使导叶以较快的速度关闭，由于压力管道中总流量变化不大，故水锤压力增加不大。这样，提高了导叶的关闭速度，也会相应地减少机组的速率上升值。增负荷时，调压阀无作用。

图6-8为国产TFW型调压阀全油压控制系统的原理图。其特点是全部采用压力油直接进行控制和操作，通过改装后的调速器主配压阀等元件同时控制和操作导叶接力器

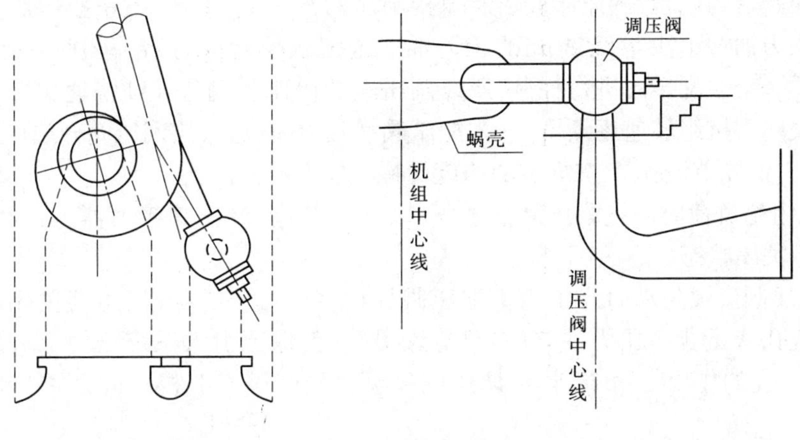


(a)调压阀设置在蜗壳的引出管上　(b)调压阀设置在压力水管的引出管上

**图 6-7 调压阀设置示意图**

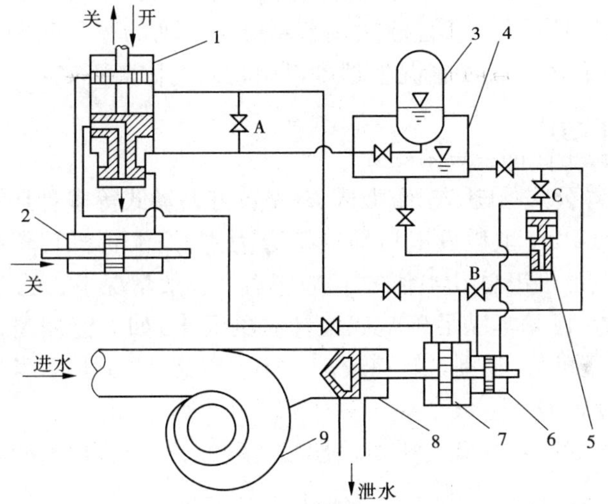


1—调速器主配压阀;2—调速器主接力器;3—压力油罐;4—回油箱;5—油压止回阀(差压阀);
6—引导阀;7—调压阀接力器;8—调压阀;9—蜗壳弧;A、B、C—节流阀

**图 6-8 TFW 型调压阀全油压控制系统的原理图**

和调压阀接力器,并具有导叶两段关闭装置。其动作原理如下:

(1)机组负荷不变时。主配压阀活塞位于图示中间位置,压力油经节流孔 A 进入调压阀接力器关闭腔,而调压阀开启腔则经过主配压阀中间阀盘中心孔排油。由于关闭腔的油压大于调压阀阀盘上的水推力,故调压阀处于关闭状态。

(2)机组减少量负荷(约占机组额定出力的 15% 以内)时。由于主配压阀活塞上移量小于中间阀盘的遮程,仅有少量压力油经孔 A 及主配压阀阀盘间隙进入导叶接力器关闭腔,使导叶缓慢关闭。此时油流经 A 孔所形成的压降 $\Delta P$ 较小,且调压阀开启腔仍通排油,故调压阀关闭腔的油压仍大于调压阀阀盘上的水推力,调压阀仍不动作。

(3)当机组瞬时甩较大负荷(如大于机组额定出力的 15%)时。主配压阀活塞上移量大于中间阀盘的遮程，调压阀开启腔直接与压力油相通，调压阀快速开启，调压阀关闭腔排出的压力油加上少量经 A 孔的压力油一起流至导叶接力器关闭腔快速关闭导叶。由于采用同一个主配压阀进行控制，所以调压阀的快速开启与导叶快速关闭是协联同步的。导叶关闭后机组转速逐渐恢复，主配压阀回到中间位置，故调压阀开启腔又与排油接通，于是压力油经节流孔 A 按规定的速度缓慢关闭调压阀。

(4)机组增负荷时。主配压阀活塞下移，导叶开启，调压阀接力器工作状态未变，调压阀仍处于关闭状态。

(5)调压阀失灵拒动时。不论主配压阀开口多大，进入导叶接力器关闭腔的压力油只是经节流孔 A 的少量压力油，机组只能缓慢关闭，保证引水系统压力上升不超过允许值。可见，A 孔的作用有两个：整定调压阀失灵时导叶缓慢关机时间及调压阀的关闭时间。

目前认为，在系统中不担任主调频机组的水电站，特别是单机容量占电力系统比重不大的水电站，或者对供电质量没有特别严格要求的农村地区性电力系统中的水电站，在 $2\sim2.5\ \mathrm{s}<T_w<12\ \mathrm{s}$ 时，用调压阀代替调压室可以节省投资，缩短建设工期，亦可满足调节保证计算的要求。但调压阀不能解决调节系统小波动的稳定问题，当 $T_w$ 较大时，这个问题就更为突出，所以不是任何情况下都可以用它来代替调压室。

## 四、增大机组 $GD^2$

从转速上升计算公式可知，增加机组 $GD^2$ 值，可以降低转速上升值。

机组转动惯量 $GD^2$ 一般以发电机转动部分为主，而水轮机转轮相对直径较小、重量较轻，通常其 $GD^2$ 只占机组总 $GD^2$ 值的 10% 左右。一般情况下，大、中型反击式水轮机组按照常规设计的 $GD^2$ 已基本满足调节保证计算的要求；如不能满足，应与发电机制造部门协商解决。中小型机组，特别是转速较高的小型机组，由于其本身的 $GD^2$ 较小，常用加装飞轮的方法来增加 $GD^2$。

此外，加大 $GD^2$ 意味着加大了机组惯性时间常数，这会有利于调节系统稳定性。

# 任务三　调压室

## 一、调压室的功用及基本要求

### （一）调压室的功用

为了改善水锤现象，常在有压引水隧洞（或水管）与压力管道衔接处建造调压室。调压室利用扩大的断面和自由水面反射水锤波，将有压引水系统分成两段：上游段为有压引水隧洞，调压室使隧洞基本上避免了水锤压力的影响；下游段为压力管道，由于长度缩短了，从而降低了压力管道中的水锤值，改善了机组的运行条件。

根据上面的分析，调压室的功用可归纳为以下三点：

(1)反射水锤波。基本上避免（或减小）压力管道中的水锤波进入有压引水道。

(2)缩短压力管道的长度。从而减小压力管道及厂房过流部分中的水锤压力。

(3)改善机组在负荷变化时的运行条件及系统供电质量。

按照人们的习惯,调压室的大部分或全部设置在地面以上的称为调压塔,调压室大部分埋在地面之下者,则称为调压井。

**(二)调压室的基本要求**

根据调压室的功用,调压室应满足以下基本要求:

(1)调压室的位置应尽量靠近厂房,以缩短压力管道的长度。

(2)能较充分地反射压力管道传来的水锤波。调压室对水锤波的反射愈充分,愈能减小压力管道和引水道中的水锤压力。

(3)调压室的工作必须是稳定的。在负荷变化时,引水道及调压室水体的波动应该迅速衰减,达到新的恒定状态。

(4)正常运行时,水头损失要小。为此调压室底部和压力管道连接处应具有较小的断面面积,减小水流通过调压室底部的水头损失。

(5)工程安全可靠,施工简单方便,造价经济合理。

上述各项要求之间会存在一定程度的矛盾,所以必须根据具体情况统筹考虑各项要求,进行全面的分析比较,审慎地选择调压室的位置、形式及轮廓尺寸。

## 二、调压室工作原理

水电站在运行时负荷会经常发生变化。负荷变化时,机组就需要相应地改变引用流量,从而在引水系统中引起非恒定流现象。压力管道中的非恒定流现象(即水锤现象)在本项目任务一中已经加以讨论。引用流量的变化,在引水道—调压室系统中亦将引起非恒定流现象,这正是本任务要加以讨论的。

如图6-9为一具有调压室的引水道。当水电站稳定运行时水轮机引用流量 $Q_0$ 不变,引水道通过流量 $Q_0$ 时将产生水头损失,因此调压室稳定水位比上游库水位低,此初始状态为恒定流。

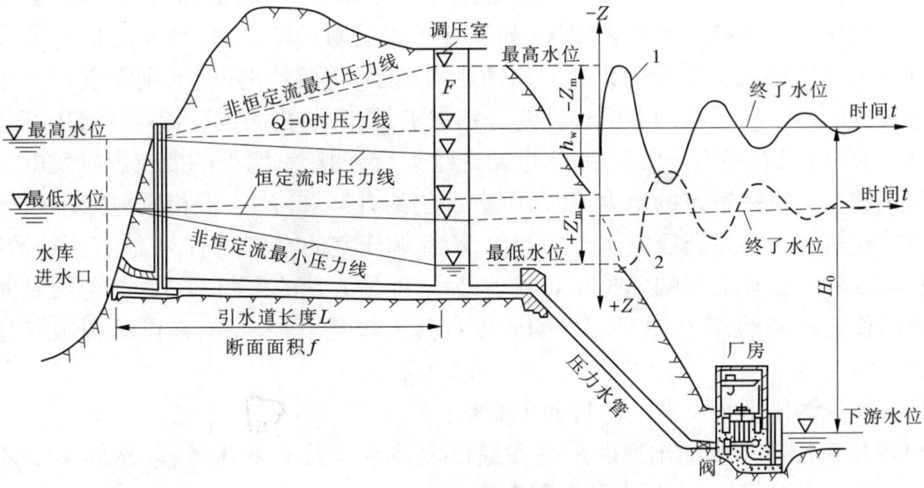


图6-9 调压室工作原理示意图

当水电站丢弃全部负荷，水轮机引用流量由 $Q_0$ 变为零时，压力管道中产生水锤现象，压力管道的水流经过一个短暂的时间后就停止流动，可认为压力管道中水流是突然停止的。此时，引水道中的水流由于惯性作用仍继续流向调压室，引起调压室水位升高，使引水道始末两端的水位差随之减小，因而其中的流速也逐渐减慢。当调压室的水位达到水库水位时，引水道始末两端的水位差等于零，但其中水流由于惯性作用仍继续流向调压室，使调压室水位继续升高直至引水道中的流速等于零为止，此时调压室水位达到最高点。因为这时调压室的水位高于水库水位，在引水道的始末又形成了新的水位差，所以水又向水库流去，即形成了相反方向的流动，调压室中水位开始下降。当调压室中水位达到水库水位时，引水道始末两端的压力差又等于零，但这时流速不等于零，由于惯性作用，水位继续下降，直至引水道流速减到零为止，此时调压室水位降低到最低点。此后引水道中的水流又开始流向调压室，调压室水位又开始回升。这样，引水道和调压室中的水体往复波动。由于摩阻的存在，运动水体的能量被逐渐消耗，因此波动逐渐衰减，最后全部能量被消耗掉，调压室水位稳定在水库水位。调压室水位波动过程如图 6-9 曲线 1 所示。

当水电站增加负荷时，水轮机引用流量加大，引水道中的水流由于惯性作用，尚不能立即满足负荷变化的需要，调压室需首先放出一部分水量，从而引起调压室水位下降，这样调压室、水库间形成新的水位差，使引水道的水流加速流向调压室。当调压室中水位达到最低点时，引水道的流量等于水轮机的流量，但因调压室、水库间水位差较大，隧洞流量继续增加，并超过水轮机的需要，因而调压室水位又开始回升，达最高点后又开始下降，这样就形成了调压室水位的上下波动，由于能量的消耗，波动逐渐衰减，最后稳定在一个新的水位，此水位与库水位之差为引水道通过水轮机引用流量的水头损失。增加负荷调压室水位波动过程，如图 6-9 曲线 2 所示。

从以上的讨论可知，引水道—调压室系统非恒定流的特点是大量水体的往复运动，其周期较长，伴随着水体运动有不大的和较为缓慢的压力变化。这些特点与水锤不同。在一般情祝下，当调压室水位达到最高点或最低点之前，水锤压力早已大大衰减甚至消失，两者的最大值不会同时出现，因此在初步估算时可将两者分开计算，取其大者。但在有些情况下，如调压室底部的压力变化较快（如阻抗式或差动式调压室）或水轮机的调节时间较长（如设有减压阀或折流板等），这时水锤压力虽小，但延续时间长，则需进行调压室波动和水锤的联合计算，或将两者的过程线分别求出，按时间叠加，求出各点的最大压力。

在增加负荷或丢弃部分负荷后，水电站继续运行，调压室水位的变化影响发电水头的大小，调速器为了维持恒定的出力，随调压室水位的升高和降低，将相应地减小和增大水轮机流量，这进一步激发调压室水位的变化，因此调压室的水位波动，可能有两种情况：一种是逐步衰减的，波动的振幅随时间而减小；另一种是波动的振幅不衰减甚至随时间而增大，成为不稳定的波动，产生这种现象的调压室其工作是不稳定的，在设计调压室时应予避免。

因此，研究调压室水位波动的目的主要是：

（1）求出调压室中可能出现的最高和最低涌波水位及其变化过程，从而确定调压室的高度和引水道的设计内水压力及布置高程。

（2）根据波动稳定的要求，确定调压室所需的最小断面面积。

## 三、调压室的基本类型及布置方式

### (一)调压室的基本类型

根据调压室水力条件和结构形式不同,调压室有以下几种基本类型。

1. 简单圆筒式调压室

如图6-10(a)所示,简单圆筒式调压室的特点是自上而下具有相同的断面,结构形式简单,反射水锤波的效果好,但在正常运行时隧洞与调压室的连接处水头损失大,当流量变化时调压室中水位波动的幅度较大,衰减较慢,所需调压室的容积较大。因此,一般多用于低水头或小流量的水电站。

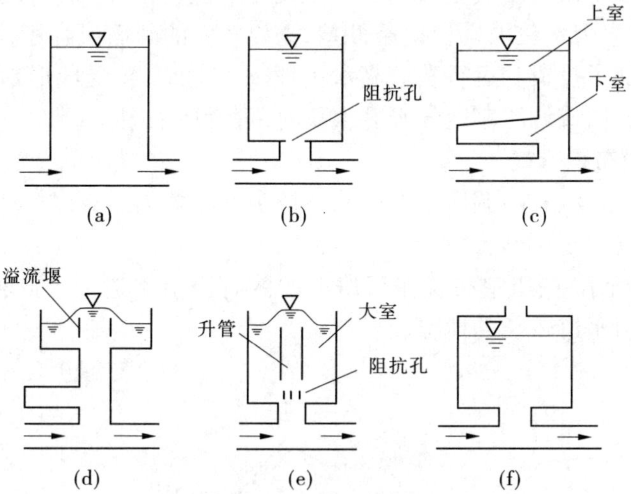


**图6-10　调压室的基本类型**

2. 阻抗式调压室

如图6-10(b)所示,将简单圆筒式调压室底部收缩成孔口式或用小于引水道断面的连接管与引水道相连即成阻抗式调压室。由于阻抗孔的消能作用,水位波动振幅小,衰减快,因而体积小于简单圆筒式,而且正常运行时的水头损失小;但由于阻抗的存在,反射水锤波的效果较差,引水道可能受水锤的影响。因此,一般阻抗孔面积不小于引水道面积的15%,但也不宜大于60%,以免过分降低阻抗孔的作用。阻抗式调压室一般用于引水道较短的中低水头水电站。

3. 双室式调压室

如图6-10(c)所示,由一断面较小的竖井和断面扩大的上下储水室组成,正常运行的静水位在上、下室之间,弃荷时竖井水位上升,使上室充水,增荷时水位下降,由下室补充水位。上、下室限制了水位波动的振幅,且室水位波动快,衰减快,所需容积较小,反射水锤波的效果较好。双室式调压室适用于水头较高、水库工作深度较大的水电站。

4. 溢流式调压室

如图6-10(d)所示,溢流式调压室的顶部有溢流堰,丢弃负荷时调压室充水,水位上升,达到溢流堰后开始溢流,限制了水位的进一步升高,有利于机组的稳定运行,溢出的水量,可以设上室加以储存,也可以排至下游。

5. 差动式调压室

如图6-10(e)所示,差动式调压室由两个直径不同的同心圆筒组成,外筒称为大室,内筒(通常称升管)直径较小,上有溢流口,其底部以阻抗孔孔口与大室相通,它综合地吸取了阻抗式调压室和溢流式调压室的优点,但结构较复杂。

6. 气垫式或半气垫式调压室

将调压室顶部完全封闭,自由水面以上的密闭空间充满高压空气,就成为气垫式调压室。若上部空间有一断面不大的通气孔与大气相通,称为半气垫式调压室,如图6-10(f)所示,这种调压室在水位波动过程中,利用空气的压缩或者膨胀促使压力管道减速或者加速,可以减小水位波动振幅。气垫式调压室更便于靠近厂房布置,对反射水锤波有利,常可以减小水锤压力。但水位波动稳定条件差,需要较大的断面或容积,且需配置空压机定期向室内补气,增加了投资和运行费。高水头地下水电站,或受地形地质条件限制,厂房附近无建调压室条件,或调压室通气竖井太长时,可考虑采用。

**(二)调压室的布置方式**

根据不同的要求及条件,调压室在引水系统中的布置大致有以下四种方式。

1. 上游调压室(引水调压室)

如图6-11(a)所示,调压室布置在厂房上游的有压引水道上。此种布置方式应用最广泛,适用于有压引水道较长的情况。

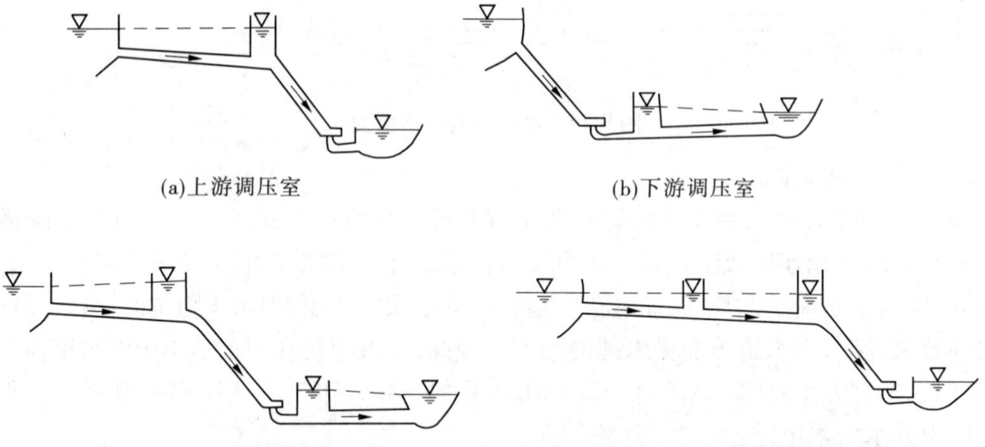

(a)上游调压室　(b)下游调压室

(c)上下游双调压室系统　(d)上游双调压室系统

**图6-11　调压室的布置方式**

2. 下游调压室(尾水调压室)

当厂房下游有压尾水管较长时,需要设置下游调压室以减小水锤压力,特别是防止丢弃负荷时产生过大的负水锤。尾水调压室应尽可能靠近水轮机,如图6-11(b)所示。

尾水调压室的水位变化过程,正好与引水调压室相反,因而水力计算时基本公式相同,但要注意符号和方向相反。在电站正常运行时,调压室的稳定水位高于下游水位,其差值等于尾水隧洞中的水头损失。尾水调压室通常伴随地下水电站修建,均在岩石中开挖而成,其结构形式除满足运行要求外,常取决于施工条件。

3. 上下游双调压室系统

如图 6-11(c)所示,如果厂房的上、下游都有较长的有压引水道及尾水管,为了减小水锤压力,改善电站的运行条件,在厂房的上下游均设置调压室而成双调压室系统。当负荷变化时,两个调压室的水位都将发生变化,而任一个调压室的水位变化,将引起水轮机流量新的变化,从而影响到另一个调压室的水位变化,因此两个调压室的水位变化是相互制约的,使整个引水系统的水力现象更为复杂。当引水隧道的特性和尾水隧洞接近时,可能发生共振。因此,设计上下游双调压室时,不能只限于推求波动的第一振幅,而应该求出波动的全过程,研究波动的衰减情况。

4. 上游双调压室系统

如图 6-11(d)所示,在有压引水道中设置两个调压室,靠近厂房的调压室对于反射水锤波起主要作用,称为主调压室;靠近上游的称为辅调压室,用以反射越过主调压室的水锤波,进一步改善引水道的工作条件。辅调压室愈接近主调压室,所起的作用愈大,愈向上游其作用愈小。引水系统波动衰减由两个调压室共同保证,增加一个调压室的断面,可以减少另一个调压室的断面,但两个调压室所需断面之和大于只设置一个调压室时所需的断面,从表面上看增大了造价,因而实际中往往是利用原引水隧洞的施工竖井建成一个调压室,修建另一个调压室的断面和造价就低于只设置一个调压室的情况,此情况采用双调压室方案可能是经济的;有时因水电站扩建,原有调压室断面不够又因地质原因不能拓宽的,而增设辅调压室;有时因结构、地质等原因,设置辅调压室以减小原有的主调压室尺寸。

上游双调压室系统的波动是非常复杂的,相互制约和诱发的作用很大,整个波动并不成简单的正弦曲线。因此,应合理选择两个调压室的位置和断面,使引水系统的波动能较快地衰减。

## 四、调压室的设置条件

如前所述,在有压引水系统中设置调压室后,一方面使有压引水道基本上避免了水锤压力的影响,减小了压力管道中水锤压力,改善了机组运行条件,从而减少了它们的造价;但另一方面却增加了设置调压室的造价,所以是否需要设置调压室应进行方案的技术、经济比较来决定。我国《水电站调压室设计规范》(NB/T 35021—2014)建议以下式作为初步判别是否需要设置上游调压室的近似准则

$$T_w = \frac{\sum L_i v_i}{g H_r} \tag{6-6}$$

式中　$T_w$——水流惯性时间常数,表示在水头 $H_r$ 作用下,不计水头损失,管道内流速从 0 增大到 $v_i$ 所需的时间;

$L_i$——包括蜗壳和尾水管的引水道各段长度,m;

$v_i$——各段管道中水流流速,m/s;

$g$——重力加速度,m/s$^2$;

$H_r$——水轮机设计水头,m。

当 $T_w<2\sim4$ s 时，可不设调压室。如单独运行或容量在电力系统中所占比重超过 50%，$T_w$ 宜取小值；容量在电力系统中所占比重小于 10% ~20% 时，$T_w$ 宜取大值。

在有压尾水道中，为了避免水轮机停机时连续水流的间断，不设尾水调压室的尾水道的临界长度可按下式初步确定：

$$L_w = 5T_s\left(8-\frac{\nabla}{900}-\frac{v_{wj}^2}{2g}-H_s\right)/v_{w0} \tag{6-7}$$

式中 $L_w$——尾水管的长度，m；

$T_s$——水轮机导叶关闭时间，s；

$\nabla$——机组安装高程，m；

$v_{wj}$——尾水管进口处流速，m/s；

$v_{w0}$——尾水管稳定运行时的流速，m/s；

$H_s$——吸出高度，m。

调压室的功用是缩短尾水管长度，防止尾水管产生真空，因而设置是以尾水管中不产生液柱分离为条件。最终通过调节保证计算，机组丢弃全负荷后尾水管进口的最大真空度不宜大于 8 m 水柱。

## 五、调压室的稳定断面计算

水电站有压引水系统设置调压室后，非恒定流的形态发生了变化，在引水道—调压室系统中出现了与水锤波的性质不完全相同的波动，同时也出现了引水道—调压室系统的波动稳定问题，简称为调压室的稳定问题。

调压室的水位波动可分为两种：一种是大波动，即机组丢弃满负荷或由空转突然增大到较大负荷，此时调压室中水位将发生较大的波动；另一种是小波动，即电站负荷出现微小变化，调压室中水位呈微小波动。如前所述，调压室的水位波动可能是稳定的，也可能是不稳定的，即振幅随时间而增大。设计调压室时，不仅要求波动是稳定的，而且必须是衰减的，以保证电站稳定运行。

### （一）小波动的稳定条件

1910 年托马教授根据德国汉堡电站运行实例，研究了调压室小波动时的不稳定现象，并指出了相应的波动稳定条件。研究时假定波动为无限小，电站单独运行，调压室为简单圆筒式，水轮机效率不变，调速器严格保持机组出力为常数。

根据托马教授的研究结果，引水道—调压室系统水位波动稳定衰减的条件是

$$F > F_k = \frac{Lf}{2g\alpha(H_0-h_{w0}-3h_{wm0})} \tag{6-8}$$

$$h_{w0}+h_{wm0} < \frac{H_0}{3} \tag{6-9}$$

式中 $F$——调压室断面面积，$m^2$；

$F_k$——调压室临界断面（通常称为托马断面）面积，$m^2$；

$L$——压力引水道长度，m；

$f$——压力引水道断面面积，$m^2$；

$\alpha$——引水道的阻抗系数(不包括流速水头),$\alpha = h_{w0}/v_0^2$,$v_0$ 为压力引水道流速,m/s;

$H_0$——发电最小静水头,m;

$h_{w0}$——压力引水道水头损失,m;

$h_{wm0}$——压力管道水头损失,m。

式(6-8)表示,调压室的断面面积必须大于临界断面面积 $F_k$。由此式可知,水电站水头愈高,托马断面面积愈小,即波动衰减条件愈容易满足。因此,在选择调压室形式时,对高水头水电站多采用断面较小的双室式;对中低水头水电站,采用断面较大的简单圆筒式和阻抗式。

式(6-9)表示,为保证波动衰减,引水道和压力管道的水头损失之和必须小于静水头的1/3,由于经济上的原因,引水系统的水头损失占静水头的比重通常很小,该条件一般总是满足的。

**(二)大波动的稳定条件**

当调压室水位波动的振幅较大时,波动微分方程不再是线性的,托马条件不再适用。可按小波动计算托马断面初定调压室尺寸,再用逐步积分法求解,研究其在各种工作条件下波动的全过程,分析其是否稳定衰减,通过比较,选择一个最后的方案。

研究证明,如小波动不能保证稳定,大波动必然不会衰减。因此,简化计算可取(1.05~1.1)$F_k$ 来计算大波动所需要的稳定断面。

**(三)影响波动稳定主要的因素**

1.调压室底部流速水头的影响

引水道中的流速水头可视为水头损失,但对水轮机而言,仍是有效水头的一部分。托马断面是根据简单圆筒式调压室推导出来的,对于有连接管的调压室,没有考虑调压室底部流速水头的影响,但此影响对波动稳定是有利的,因而托马断面可适当减小。可认为调压室底部流速与引水道中流速相同,则式(6-8)变为

$$F > F_k = \frac{Lf}{2g(\alpha + 1/2g)(H_0 - h_{w0} - 3h_{wm0} + v^2/2g)}$$

由上式可看出,引水道直径愈大,长度愈短,流速水头的影响愈明显。

注意在实际运行中,调压室底部的流态极不稳定,考虑全部流速水头是偏于不安全的,可用下式计算

$$F > F_k = \frac{Lf}{2g(\alpha + 0.7/2g)(H_0 - h_{w0} - 3h_{wm0})}$$

2.水轮机效率的影响

前述计算是假定水轮机效率恒定,实际上水轮机效率是随流量和水头不断变化的,因此对式(6-8)作出修正

$$F > F_k = \frac{Lf(1 + \Delta)}{2g\alpha[H - 2h_{wm0}(1 + \Delta)]}$$

$$\Delta = \frac{\Delta\eta}{\Delta H}\frac{H}{\eta_0}$$

式中 $\Delta$——水轮机效率变化修正值;

$\frac{\Delta\eta}{\Delta H}$——由水轮机综合特性曲线,查得的水头变化时的效率改变值;

$H$——恒定情况下水轮机的净水头,m;

$\eta_0$——恒定情况下水轮机的效率。

3. 糙率的影响

引水系统糙率愈大,阻抗系数 $\alpha$ 就愈大,虽然 $H_0 - h_{w0} - 3h_{wm0}$ 随糙率的增大而减小,但因糙率对 $\alpha$ 的影响更直接,因此引水道的糙率对波动衰减是有利的,而压力管道糙率对波动衰减是不利的。为安全计,在计算托马断面时,引水道的糙率应采用可能的最小值,压力管的糙率则采用可能的最大值。

4. 调速器和机组性能的影响

推导托马公式时,未考虑调速器参数及机组效率、直径、转速等性能的影响。实际上,机组及调速器性能对电站的稳定运行亦有影响。德国汉堡电站调压室发生水位波动的不稳定现象,除调压室断面面积过小外,当时调速器构造简单、自身稳定性差也是一个因素。我国某电站调压室断面面积为托马断面面积的60%,通过调整调速器参数仍能稳定运行。有的电站在电网中所占比重较大,通过调速器参数的选择,论证了运行的稳定性和可靠性,未设调压室。

5. 电力系统的影响

托马条件是按电站单独运行推导的,当调压室水位发生波动时,只能依靠本电站的调速器调节保证出力恒定,因此单独运行电站的稳定性较差。但实际上电站都是投入电力系统运行,当调压室水位发生波动时,将由电力系统中各电站共同承担负荷变化,从而减小了设计电站出力变化的幅度,有助于设计电站水位及出力的稳定。

加敦推导了考虑电力系统影响的稳定断面计算公式。当电站容量小于系统容量1/3时,所需断面小于零,即小波动稳定性由电力系统共同保证,与调压室断面大小无关。目前,电站装机容量大于系统容量1/3的长引水式水电站很少,大部分容量小于1/3系统容量且并网运行,因此托马断面往往是偏于安全的。

**(四)稳定断面面积的规范计算**

由以上可知,影响调压室稳定断面面积的因素较多,为统一起见,稳定断面的规范计算按托马准则计算,并乘以安全系数 $K$。

$$F = KF_k = K\frac{Lf}{2g(\alpha + 1/2g)(H_0 - h_{w0} - 3h_{wm0})} \tag{6-10}$$

式中 $K$——系数,一般可采用1.0~1.1,选用 $K<1.0$ 时应作专门论证。

## 六、调压室水位波动的基本方程

图6-12为一具有简单圆筒式调压室的引水系统示意图。当水轮机引用流量 $Q$ 保持不变,引水道中流速 $v$ 和调压室水位 $Z$ 均为固定值时,引水系统为恒定流。当水轮机引用流量 $Q$ 发生变化时,引水道—调压室系统将发生波动,水流变成非恒定流。此后,引水道中的流速 $v$(以流向调压室为正)和调压室水位 $Z$(以水库水位为基准面,向下为正)都是时间 $t$ 的函数。

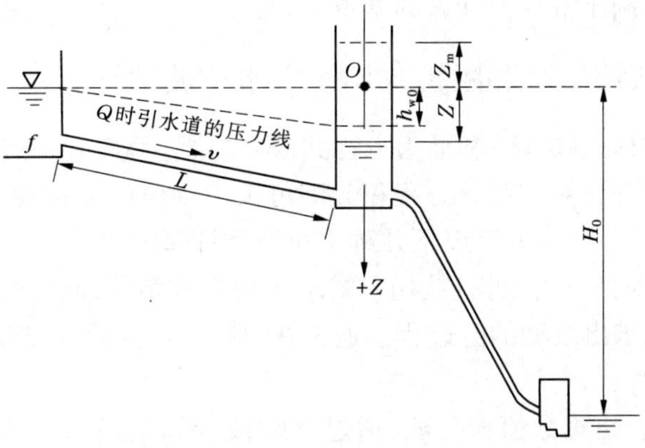


图6-12 有压引水系统示意图

### (一)连续方程

根据水流连续性定律,非恒定流情况下水轮机在任何时刻所需要的流量 $Q$ 是由两部分组成的,来自引水道的流量 $fv$ 和调压室流出的流量 $F\frac{\mathrm{d}Z}{\mathrm{d}t}$,此处 $f$ 为引水道横断面面积,$F$ 为调压室横断面面积,$\frac{\mathrm{d}Z}{\mathrm{d}t}$为调压室水位变化速度(下降为正,上升为负)。由此得水流的连续方程为

$$Q = fv + F\frac{\mathrm{d}Z}{\mathrm{d}t} \tag{6-11}$$

### (二)动力方程

根据牛顿运动第二定律,非恒定流情况下引水道中水体质量与其加速度的乘积等于水体所受的力,即$\frac{Lf\gamma}{g}\frac{\mathrm{d}v}{\mathrm{d}t}=f\gamma(Z-h_w)$,由此得水流在某一瞬时的动力方程为

$$Z = h_w + \frac{L}{g}\frac{\mathrm{d}v}{\mathrm{d}t} \tag{6-12}$$

式中 $h_w$——引水道通过流量 $Q$ 时的水头损失,m;

$\frac{\mathrm{d}v}{\mathrm{d}t}$——引水道中水流的加速度,$\mathrm{m/s^2}$。

### (三)等出力方程

调压室水位波动将引起水轮机工作水头和出力的变化。由于机组的负荷不变,因此调速器必须随着水头的变化相应地改变水轮机的引用流量,以保持水轮机出力不变。当调压室水位发生一个微小变化 $x$ 时,调速器使水轮机的流量相应地改变一个微小数值 $q$,此时的压力管道的水头损失为 $h_{wm}$,由出力保持不变的条件得

$$\gamma Q_0(H_0 - h_{w0} - h_{wm0})\eta_0 = \gamma(Q_0 + q)(H_0 - h_{w0} - x - h_{wm})\eta$$

当水轮机的水头和流量变化不大时,可近似假定 $\eta_0=\eta$,由此得等出力方程为

$$Q_0(H_0 - h_{w0} - h_{wm0}) = (Q_0 + q)(H_0 - h_{w0} - x - h_{wm}) \tag{6-13}$$

式中 $h_{w0}$——引水道通过流量 $Q_0$ 时的水头损失,m;

$h_{wm0}$、$h_{wm}$——压力管道通过流量 $Q_0$ 和 $Q_0+q$ 时的水头损失,m。

以上三式是进行调压室水力计算的基本方程式。

## 七、简单圆筒式调压室和阻抗式调压室水位波动计算

联解水流连续方程式(6-11)和动力方程式(6-12),可得出表示调压室水位 $Z$ 随时间 $t$ 变化规律的微分方程式,对该微分方程积分即可求出水位波动过程,按联解连续方程式和动力方程式的方法不同,一般有以下几种水位波动计算方法:

(1)解析法。较简便省时,可直接用公式求出最高和最低涌波水位,但引入的假定较多,精度较差,且不能求出波动的全过程。通常在可行性研究阶段或初步设计阶段用以初步确定调压室的尺寸。

(2)逐步积分法。也称数值积分法,通过逐时段计算出最高和最低涌波水位及波动的全过程,适用于各种形式的调压室以及丢弃部分荷载的情况,具有较大的灵活性和准确性。逐步积分法分为图解法和列表法,二者原理相同,前者简便、醒目,应用较广,后者较繁但精度高。逐步积分法一般用于技施设计阶段。

(3)电算法。可以把调压室的水位波动、压力管道的水锤压力及机组速率变化联合起来计算,对调压室的水位波动进行较详细的分析。当研究某个参数对调压室水位变化过程的影响时,电解法更优越。

解析法较简单,虽不能求出水位波动全过程,但可直接求出最高和最低水位,可在初定调压室尺寸时采用。下面仅介绍调压室水位波动计算的解析法。

### (一)丢弃全负荷时的最高涌波水位计算

当丢弃全负荷后,水轮机的流量 $Q=0$,连续方程式(6-11)变为

$$fv + F\frac{\mathrm{d}Z}{\mathrm{d}t} = 0 \tag{6-14}$$

水流进出调压室时,考虑由于转弯、收缩和扩散引起的阻抗水头损失为 $h_c$,则动力方程式(6-12)变为

$$Z = h_w + h_c + \frac{L}{g}\frac{\mathrm{d}v}{\mathrm{d}t} \tag{6-15}$$

式中 $h_w$——引水道通过流量 $Q$ 时的水头损失,$h_w=\alpha v^2=h_{w0}\left(\frac{v}{v_0}\right)^2$,$h_{w0}$ 为流量 $Q_0$ 时在引水道内的水头损失;

$h_c$——流量 $Q$ 进出调压室时的水头损失,$h_c=h_{c0}\left(\frac{v}{v_0}\right)^2$,$h_{c0}$ 为流量 $Q_0$ 时进出调压室时的水头损失。

令 $y=\frac{v}{v_0}$,则 $v=yv_0$,$\mathrm{d}v=v_0\mathrm{d}y$,将以上关系式代入式(6-15),两边除以 $h_{w0}$,令 $\eta=\frac{h_{c0}}{h_{w0}}$($\eta$ 称为阻抗系数,它是在同一流量下阻抗孔水头损失与引水道水头损失之比),则得

$$\frac{Z}{h_{w0}} = (1+\eta)y^2 + \frac{Lv_0}{gh_{w0}}\frac{\mathrm{d}y}{\mathrm{d}t} \tag{6-16}$$

将 $v = yv_0$ 代入式(6-14),并消去式(6-14)和式(6-16)中的 $\mathrm{d}t$,将 $y\frac{\mathrm{d}y}{\mathrm{d}Z}=\frac{1}{2}\frac{\mathrm{d}y^2}{\mathrm{d}Z}$代入,

并令 $\lambda = \frac{Lfv_0^2}{2gFh_{w0}}$，则式(6-16)变为

$$\frac{Z}{h_{w0}} = (1+\eta)y^2 - \lambda\frac{dy^2}{dZ} \tag{6-17}$$

再令 $X = \frac{Z}{\lambda}$，$X_0 = \frac{h_{w0}}{\lambda}$，则 $Z = \lambda X$，$dZ = \lambda dX$，代入上式得

$$\frac{X}{X_0} = (1+\eta)y^2 - \frac{dy^2}{dX} \tag{6-18}$$

$\lambda$ 为有调压室的引水系统的特性系数，具有长度因次。$X$ 和 $X_0$ 均为无因次量。式(6-18)为 $X$ 和 $y^2$ 两个变量的一阶线性微分方程式，积分后得

$$y^2 = \frac{(1+\eta)X+1}{(1+\eta)^2X_0} + \frac{\eta(1+\eta)X_0-1}{(1+\eta)^2X_0}e^{-(1+\eta)(X_0-X)} \tag{6-19}$$

式(6-19)表示了丢弃全负荷调压室水位 $Z = \lambda X$ 和引水道中流速 $v = yv_0$ 之间的关系，但未表示出 $Z$ 和 $v$ 与时间 $t$ 之间的关系，故不能求解水位波动全过程。

为求调压室的最高波动水位 $Z_m$，就需计算 $X_m = \frac{Z_m}{\lambda}$。由调压室工作原理可知，在调压室水位达到最高点的瞬时，引水道中水停止流动，即 $v=0$，$y=0$，代入式(6-19)，两边取对数可得

$$\ln[1+(1+\eta)X_m] - (1+\eta)X_m = \ln[1-(1+\eta)\eta X_0] - (1+\eta)X_0 \tag{6-20}$$

对于简单圆筒式调压室，附加阻抗可忽略不计，即 $\eta=0$，则式(6-20)变为

$$X_0 = X_m - \ln(1+X_m) \tag{6-21}$$

式(6-21)只适于简单圆筒式调压室。以上两式需用试算法求解。

### (二)丢弃全负荷时的第二振幅计算

在丢弃全负荷后，调压室水位先升至最高值 $Z_m$(第一振幅)，然后又降至最低值 $Z_2$(第二振幅)，故需验算在最低库水位时，丢弃全负荷时的第二振幅是否低于增荷时的最低涌波。在调压室水位由 $Z_m$ 降至 $Z_2$ 的过程中，引水道中的水流是由调压室流向水库的，故 $h_w$ 和 $h_c$ 的符号与前述相反，用与前相同的方法可得

$$\ln[1-(1+\eta)X_2] + (1+\eta)X_2 = \ln[1-(1+\eta)X_m] + (1+\eta)X_m \tag{6-22}$$

对简单圆筒式调压室，$\eta=0$，则上式变为

$$\ln(1-X_2) + X_2 = \ln(1-X_m) + X_m \tag{6-23}$$

以上两式中 $X_2 = \frac{Z_2}{\lambda}$，即 $Z_2 = X_2\lambda$，在计算时要注意 $X_m$ 为负号，$X_2$ 为正号。

### (三)增加负荷时最低涌波水位计算

当突然增加负荷时，不能像丢弃负荷那样得出波动微分方程式并进行积分，必须做某些假定后求出近似解。

当机组引用流量由 $mQ_0$ 增加到 $Q_0$ 时，可按下列近似公式求解调压室的最低涌波水位 $Z_{min}$

$$\frac{Z_{min}}{h_{w0}} = 1 + \left(\sqrt{\varepsilon - 0.275\sqrt{m}} + \frac{0.05}{\varepsilon} - 0.9\right)(1-m)\left(1 - \frac{m}{\varepsilon^{0.62}}\right) \tag{6-24}$$

式中，$\varepsilon = \dfrac{Lfv_0^2}{gFh_{w0}^2}$为无因次系数，表示引水道—调压室系统的特性。

## 八、调压室水力计算条件

调压室的水力计算包括以下三个方面的内容：

(1)研究在负荷变化时，引水道—调压室系统波动的稳定性，确定满足波动衰减所需要的调压室最小稳定断面面积。

(2)计算最高涌波水位，以确定调压室的顶部高程。

(3)计算最低涌波水位，以确定调压室和压力管道进口高程。为保证在调压室最低涌波水位时引水道中水位仍为有压流，最低水位应高于引水道顶部高程至少 2 m。

### (一)波动稳定断面计算选择

小波动稳定由托马断面确定(调压室的临界断面)，应按水电站在正常运行中可能出现的最小水头计算。上游的最低水位一般为死水位，但如水电站有初期发电和战备发电的任务，这种特殊最低水位也应加以考虑。

引水系统的糙率是无法精确预测的，只能根据一般的经验选择一个变化范围，根据不同的设计情况，选择偏于安全的数值。计算调压室的临界断面时，引水道应选用可能的最小糙率，压力管道应选用可能的最大糙率。

流速水头、水轮机的效率和电力系统等因素的影响，一般只有在充分论证的基础上才加以考虑。

大波动稳定应采用逐步积分法或电算法按下述原则进行计算：当调压室阻抗孔孔口面积大于引水道面积的 40% 时，可与水锤分开计算调压室的水位波动；否则，应同压力管道水锤联合计算。当调压室断面面积很小并接近引水道面积且调压室很高时，也应与水锤联合计算。

### (二)最高涌波水位计算

鉴于水电站可以在紧急情况下所有机组一起关闭，但只能一台一台开启的操作情况，对于上游引水调压室，上游水库水位应取正常高水位，引水道的糙率应取可能的最小值，负荷的变化情况一般按丢弃全负荷设计。最高洪水位丢弃全负荷或部分负荷进行校核。如研究电站运行情况后，认为不可能同时丢弃全部负荷，亦可按上游校核洪水位、电站丢弃部分负荷进行校核。当丢弃全负荷时，一般假定由最大流量减到空转流量，为安全计，也可按流量减到零。

对于下游尾水调压室，按下游最高尾水位及相应的水位下机组$(m-1)$台增至 $m$ 台的变化流量计算。尾水道糙率采用可能的最大值。

### (三)最低涌波水位计算

根据水电站的实际操作情况，对于上游引水调压室，按上游最低设计水位及相应水位下机组$(m-1)$台增至 $m$ 台的变化流量计算。只有在电站容量占系统比重很小时才有可能出现全部机组由空转到满转的情况。当电站在系统中担任峰荷时，则应根据电站在系统中的实际运行情况确定负荷的增加幅度。引水道糙率采用可能的最大值。此外，对于简单圆筒式调压室，因波动振幅较大，还应校核上游最低设计水位时电站丢失负荷后水位波动的第二振幅，检验其是否低于增荷时的最低涌波水位。此时，引水道糙率应采用可能的最小值。

对于下游尾水调压室，按电站满载运行时可能的最低尾水位瞬时丢弃全负荷（或部分负荷）进行计算。尾水道糙率采用可能的最小值。

如果调压室波动的衰减时间相当长，这时还应补充研究电站在丢弃负荷后不久又重新带上负荷（或相反，带上负荷不久后又丢弃负荷）引起波动叠加的可能，这一点也说明调压室波动迅速衰减是很重要的。

## 九、调压室结构设计概述

根据水电站的具体条件，在初步选定调压室位置和形式，经过水力计算，确定调压室的基本尺寸以后，就需进行结构计算，以确定各构件的具体尺寸和材料的数量并绘制施工图。

调压室可分为塔式和井式两种不同的典型结构。塔式结构是建在地面上，犹如给水用的水塔，其主要荷载为内水压力和风雪作用力。由于它暴露在地面之上，所以应重视温度和地震的影响。结构计算可按水塔的计算方法进行，目前采用不多。井式结构是在地下开挖成圆井或廊道，加以衬砌做成。井式结构应用广泛。

调压井的结构主要可分为：①大井（直井）井壁：一般为埋设在基岩中的钢筋混凝土圆筒；②底板：是一块置于弹性地基上的圆板或环形板；③升管和顶板等。因此，调压井的结构计算，基本上可以看成是圆筒和圆板的计算问题。计算内力时，先分别计算，然后再考虑整体作用。

### （一）调压井结构的荷载及其组合

1. 调压井结构的主要荷载

（1）内水压力：水面高程由水力计算确定，即调压井的最高水位和最低水位。

（2）外水压力、上托力：取决于调压井外的地下水位。常采取排水措施，降低外水位，以保证山坡稳定和减少底板所受的上托力。

（3）灌浆压力：发生在施工灌浆时期，其数值取决于灌浆时所用的压力。

（4）岩石或回填土的主动土压力：当围岩破碎或衬砌完建后，围岩仍有向井内滑动的倾向时，应考虑围岩的主动土压力。此时，不再计入围岩弹性抗力。

（5）衬砌自重：一般影响很小，特别是直井部分，往往略而不计。

（6）温度应力、收缩应力和地震力：温度应力是调压井在运行期，由于温度变化产生的应力；收缩应力，是在施工期间，由于混凝土凝固收缩所产生的应力；地震烈度超过Ⅶ度时，应考虑地震力，并作为校核荷载。

2. 荷载组合

荷载组合主要有下列三种情况：

（1）正常运行情况：最高内水压力＋温度应力及收缩应力＋岩石弹性抗力。

（2）施工情况：灌浆压力＋岩石或回填土的主动压力＋温度应力及收缩应力。

（3）检修情况：最高外水压力或上托力＋岩石或回填土的主动压力＋温度应力及收缩应力。

第一种情况通常是最不利的组合情况，配筋计算多由此情况确定。第二种情况及第三种情况一般可以不考虑，如遇到底板的上托力很大的不利情况，可采取排水措施降低外水压力。

**（二）调压井的结构设计原理**

调压井结构内力可采用结构力学法计算，对于地质条件和结构复杂及尺寸较大的调压室宜用有限元法校核。以下简单地介绍用结构力学法进行调压井结构计算的假定及原理。详细的计算方法可参阅有关文献。

1. 计算的基本假定

（1）直井衬砌假定是一个整体，断面上下一致，半径不变。

（2）直井及底板的相对厚度较小，可用薄板和薄壳理论求解。

（3）直井与岩石紧密连接，其间的摩擦力能够维持衬砌自重，因此可假定筒底垂直变位为零。

（4）岩石为弹性介质，当衬砌变形时，岩石产生的抗力与变形成正比。

（5）底板受井壁传来的径向力所引起的变形很小，可忽略不计。

2. 直井

直井的衬砌是一个埋在岩石中的圆筒，常分成几段浇成，如图 6-13 所示。各段间留有水平收缩缝，或整体浇成而不留缝。直井与底板大多做成刚接，如图 6-14 中的固定式；也可做成铰接，但铰接处需设止水且内力较大，故很少采用。

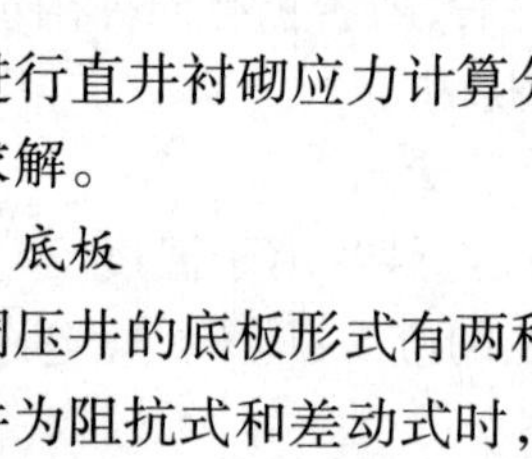


**图 6-13 直井衬砌示意图**

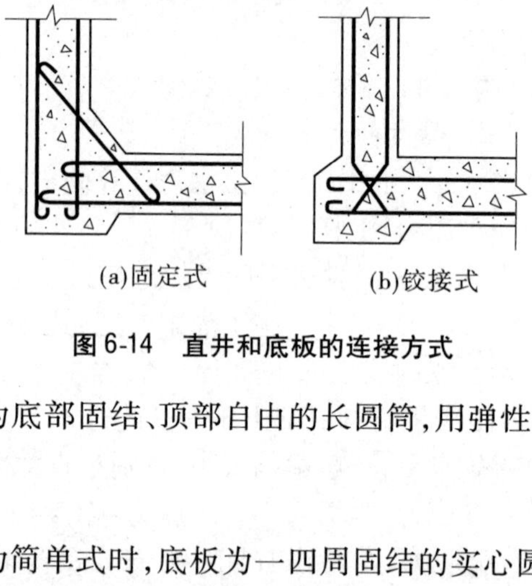


**图 6-14 直井和底板的连接方式**

进行直井衬砌应力计算分析时，假定为底部固结、顶部自由的长圆筒，用弹性力学的方法求解。

3. 底板

调压井的底板形式有两种，当调压井为简单式时，底板为一四周固结的实心圆板；当调压井为阻抗式和差动式时，底板为一中空的圆板，由于隧洞在底板下通过，这时底板下面有一部分与岩石直接接触，另一部分被隧洞穿过而悬空。环形板内缘与升管相连，外缘与外壁相接，因此这种环形板的应力分布是很复杂的。计算环形板时，应考虑底板下隧洞穿过处不与岩石接触的影响；当底板承受外水压力时，这部分板不承受外水压力；当底板承受内水压力时，不受岩石弹性抗力的作用。

板厚与直径相比，小于 1/10 时可以看作薄板，按薄板理论进行计算。

最后将直井底部和底板四周的不平衡弯矩和切应力进行调整，得到端部的实际应力。

4. 顶板

为了防寒和防止山坡上的石块及杂物落入调压室中,有时在调压井上部设顶板;有时把事故快速闸门布置在调压井内,把闸门的启门机放在顶板上面,这时顶板还要承受启门机设备及启门力等荷载。

顶板所承受的荷载与调压井的井壁和底板不同,并按不利的组合情况进行设计。

顶板的结构布置,有圆平顶板和球形顶板两种形式,如图6-15所示。圆平顶板适用在调压室半径不大的情况下,有时还利用差动式调压室升管的突出部分作为支撑,此种形式施工比较简单,其大梁可作施工期间起吊大梁。球形顶板用于半径大的情况下,此种形式可减小弯矩,因而比较经济,但施工复杂。

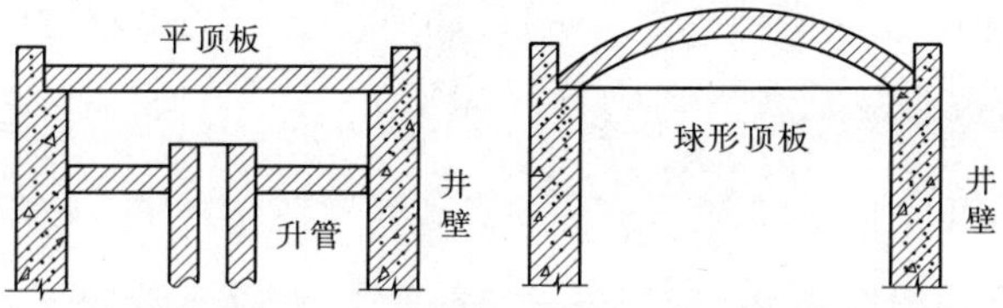


(a)圆平顶板的顶盖　(b)球形顶板

图6-15 顶板结构形式示意图

圆平顶板多简支在井壁上,可作为一简支圆板计算,亦可采用梁板形式。球形顶板应按球壳进行计算。

调压井顶部应留有通气孔,通气孔流量等于隧洞流量。

5. 断面设计

调压室直井和底板都是水下结构,过去断面混凝土以不允许开裂为原则设计。近年来我国设计部门已开始采用允许裂缝开展的断面设计。是否采用允许裂缝开展的断面设计,应根据调压室附近岩层的厚度及破碎情况而定,以免调压室渗水造成岩层坍滑,危及压力管道和厂房的安全。目前,一般仍按不允许开裂计算,但安全系数为1。当计算出的钢筋少于最小含筋率时,可按少筋混凝土设计。

当调压井的高度不大,岩石性质上下均匀时,井壁衬砌上下可用同一厚度,如图6-16(a)所示。若井壁较高或沿高度各层岩石的性质相差较大,也可采用不同的厚度,如图6-16(b)、(c)所示。后面两种受力较为合理,但开挖量较大,应力分析也比较复杂,为了减少开挖和回填,有时亦可做成井壁向内倾斜的形式,如图6-16(b)中的虚线所示。

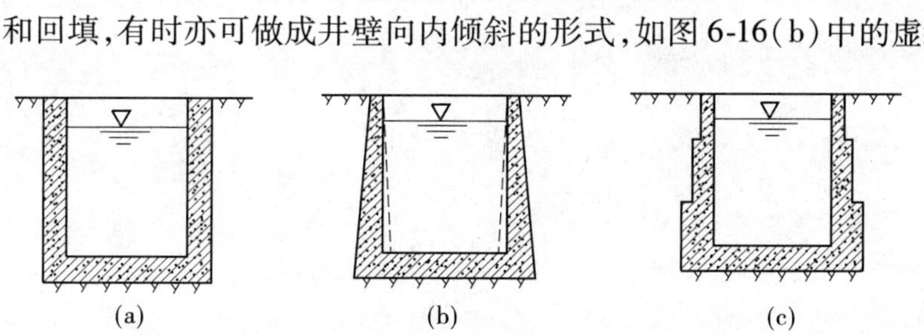

(a)　(b)　(c)

图6-16 调压井衬砌形式示意图

根据岩石的性质、水压力的大小、调压井的高度及断面,先大致确定衬砌的厚度。一般衬砌厚度为50～100 cm或更大些,然后进行强度计算和裂缝校核,如不能满足,则修改衬砌厚度重新计算。初步假定衬砌厚度时,可近似地取其等于0.05~0.1的调压井直径。

为了使岩石和衬砌能联合工作,增加岩石的整体性,并防止渗漏,在衬砌浇筑完成后,需进行回填灌浆和固结灌浆,前者用2~3个大气压,后者用5~8个大气压,孔距2~3 m,孔深3~5 m。

总之,调压井的衬砌与地质情况关系极大。若井身建造在风化破碎的岩层中,那么衬砌自身应具有足够的强度和刚度,以独立承受各种外加荷载。相反,若井身建在完整新鲜的岩石中,而且水质对岩石无侵蚀作用,则衬砌可以做得很薄,仅仅起护面作用,或采用喷锚支护。因此,设计时重要的是全面分析各方面的条件,慎重对待影响比较大的因素,选出最好的方案。

# 项目七　水电站厂房的布置

## 任务一　水电站厂房的功用及组成

### 一、水电站厂房的功用

水电站厂房是将水能转换为机械能进而转换为电能的场所,它通过一系列工程措施,将水流平顺地引入及引出水轮机,将各种必需的机电设备安置在恰当的位置,为这些设备的安装、检修和运行提供方便有效的条件,也为运行人员创造良好的工作环境。

水电站厂房是建筑物及机械、电气设备的综合体,在厂房的设计、施工、安装和运行中需要各专业人员通力协作。水工建筑专业人员主要从事建筑物的设计、施工与运行,因而本书着重从水工建筑的观点来研究水电站厂房。

### 二、水电站厂房的组成

**(一)厂房的机电设备组成**

为了安全可靠地完成变水能为电能并向电网或用户供电的任务,水电站厂房内配置了一系列的机械、电气设备,它们可归纳为以下五大系统:

(1)水力系统。指水轮机及其进出水设备,包括钢管、水轮机前的蝴蝶阀(或球阀)、蜗壳、水轮机、尾水管及尾水闸门等。

(2)电流系统。指电气一次回路系统,包括发电机、发电机引出线、母线、发电机电压配电设备、主变压器、高压开关及配电设备等。

(3)机械控制设备系统。包括水轮机的调速设备,如操作柜、油压装置及接力器,蝴蝶阀的操作控制设备,减压阀或其他闸门、拦污栅等的操作控制设备。

(4)电气控制设备系统。包括机旁盘、励磁设备系统、中央控制室、各种控制及操作设备,如互感器、表计、继电器、控制电缆、自动及远动装置、通信及调度设备等。

(5)辅助设备系统。指为设备安装、检修、维护、运行所必需的各种电气及机械辅助设备,包括:

厂用电系统:厂用变压器、厂用配电装置、直流电系统。

起重设备:厂房内外的桥式起重机、门式起重机、闸门启闭机等。

油系统:透平油及绝缘油的存放、处理、流通设备。

气系统(又称风系统或空压系统):高低压压气设备、贮气筒、气管等。

水系统:技术供水、生活供水、消防供水、渗漏排水、检修排水等。

水力监测系统:用于监测上下游水位、蜗壳进口压力、顶盖真空压力、尾水管真空压力等。

其他:包括各种电气及机械修理室、实验室、工具间、通风采暖设备等。

上述五大系统各有不同的作用和要求,在布置时必须注意它们的相互联系,使其互相协调地发挥作用,如图7-1所示。

**(二)厂房的建筑物组成**

厂房枢纽的建筑物一般可以分为四部分:主厂房、副厂房、变压器场及高压开关站。主厂房(含装配场)是指由主厂房构架及其下的厂房块体结构所形成的建筑物,其内装有水轮发电机组及主要的控制和辅助设备,并提供安装、检修设施和场地。副厂房是指为了布置各种控制或附属设备以及工作生活用房而在主厂房邻近所建的房屋。主厂房及相邻的副厂房习惯上也简称为厂房。变压器场一般设在主厂房旁,场内布置主升压变压器,将发电机输出的电流升压至输电线电压。高压开关站常布置在开阔场地,安装高压母线及开关等配电装置,向电网或用户输电。

## 三、水电站厂房的设计程序

我国大、中型水电站设计一般分为五个阶段:项目建议书、预可行性研究、可行性研究、招标设计及施工详图。

项目建议书阶段主要任务是论证工程建设的必要性,进行初步评价。

预可行性研究的任务是在河流(河段)规划和地区电力负荷发展预测的基础上,对拟建水电站的建设条件进行研究,论证该水电站在近期兴建的必要性、技术上的可行性和经济上的合理性。在这个阶段中,对厂房不进行具体设计,而只基本选定电站规模,初选枢纽布置方式及厂房的形式,绘出厂房在枢纽中的位置,估算工程量。

可行性研究的任务是通过方案比较选定枢纽的总体布置及其参数,决定建筑物的形式和控制尺寸,选择施工方案、进度和总布置,并编制工程投资预算,阐明工程效益。在该阶段中,对厂房设计的要求是根据选定机组机型、电气主接线图及主要机电设备,初步决定厂房的形式、布置及轮廓尺寸,绘出厂区及厂房布置图,进行厂房稳定计算及必要的结构分析,提出厂房工程地质处理措施。

招标设计中要对可行性研究中的遗留问题进行必要的修改与补充,落实选定方案工程建设的技术、施工措施,提出较详细的工程图纸和分项工程的工程量,提出施工、制造与安装的工艺技术要求以及永久设备购置清单,编制招标文件。

在施工详图阶段,则陆续对各项结构进行细部设计和结构计算,并拟定具体施工方法,绘出施工详图。对厂房设计而言,虽然厂房的形式、布置及轮廓尺寸在招标设计中已经决定,但机电设备供货合同尚未签订,详细的结构设计尚未进行,故一切决定都还是近似的。在施工详图阶段,要根据更详尽确凿的各种资料,进行每个构件的细部设计和结构计算,最终确定厂房各部分的尺寸。对于招标设计中的基本决定,一般不会有重大的改变。

本项目以地面厂房为例,研究厂房布置设计的一般规律。

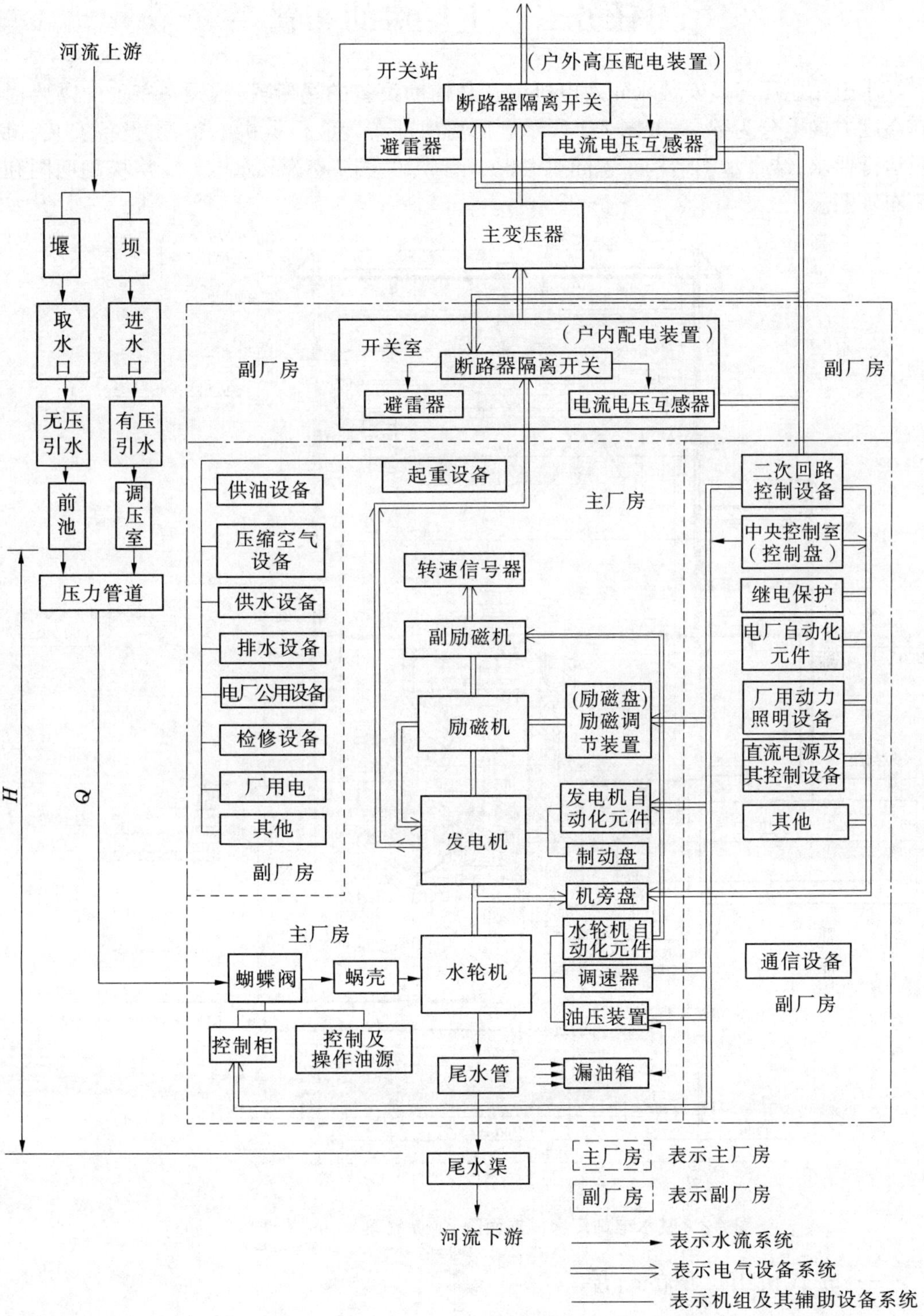


**图 7-1 水电站厂房的组成**

# 任务二　主厂房的布置

水电站主厂房是安装水轮发电机组及其辅助设备的场所，根据设备布置的需要通常在高度方向上分为数层，如图 7-2 所示。厂房内部布置应根据机电布置、设备安装、检修及运行要求，结合水工结构布置同时考虑。图 7-2 ~ 图 7-6 为某水电站厂房横剖面图和平面布置图。

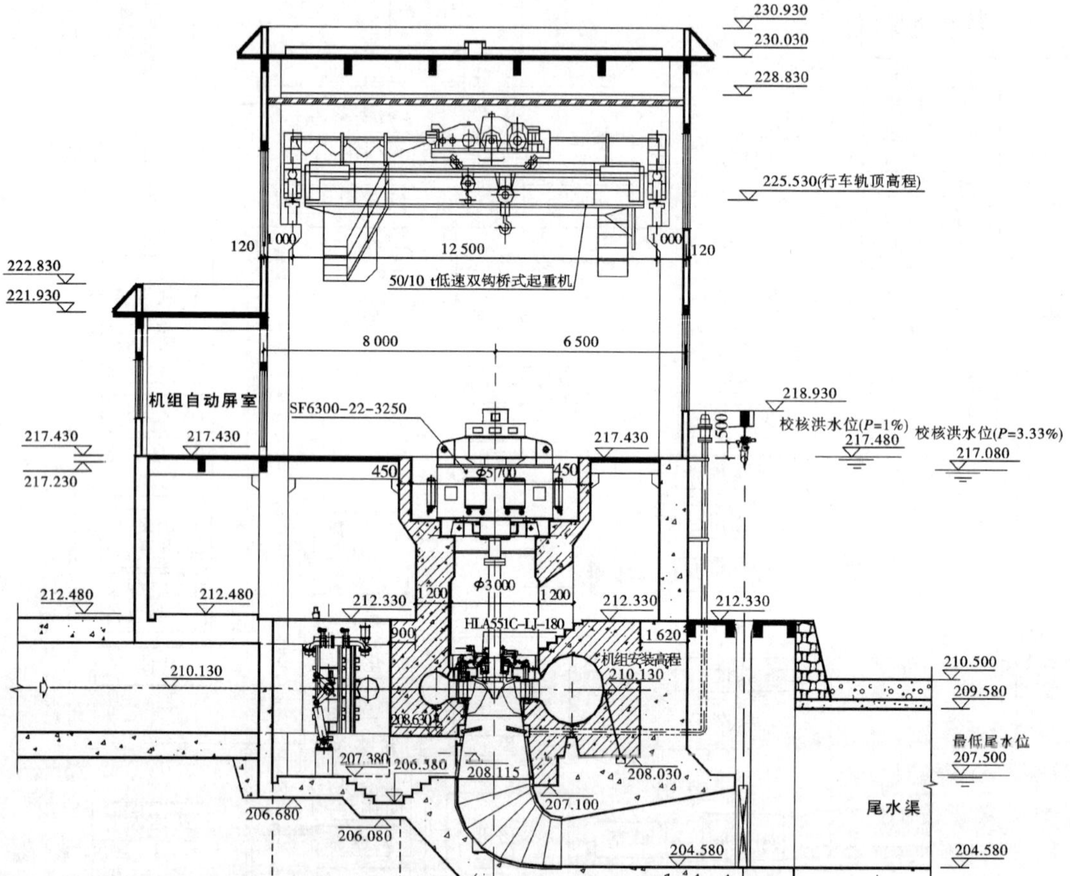


图 7-2　某水电站厂房横剖面图　（高程单位：m；尺寸单位：mm）

## 一、立式机组厂房的分层

立式机组厂房通常以发电机层楼板高程为界（如图 7-2 中 217.430 m 高程），将主厂房分为上部结构和下部结构两部分。

**（一）主厂房的上部结构**

上部结构包括厂房排架柱、牛腿、吊车梁、桁架、楼板、墙体、门窗和屋顶结构等，这些构件多为钢筋混凝土结构。上部结构的设备布置有发电机上机架、调速器、机旁盘、励磁设备、油压装置等。此外，还有走道、楼梯、廊道等内部交通设施及桥式吊车、吊物孔等构筑物及设施。

**（二）主厂房的下部结构**

（1）发电机层。如图7-2中217.430 m高程，即一般水电站厂房的室内地坪高程。

（2）水轮机层。如图7-2中楼板高程为212.330 m，主要布置水轮机的上部结构及其附属设施。

（3）蜗壳层。如图7-2中210.130 m高程，主要布置蜗壳及其附属设施。

（4）尾水管层。如图7-2中楼板高程为207.380 m高程，主要布置尾水管及其进人孔和主阀室。

## 二、发电机层设备布置

发电机层是安放水轮发电机组及辅助设备和仪表表盘的场地，也是运行人员巡回检查机组、监视仪表的场所。主要设备有发电机、调速柜、油压装置、机旁盘、励磁盘、蝶阀孔、楼梯、吊物孔等，如图7-3所示。

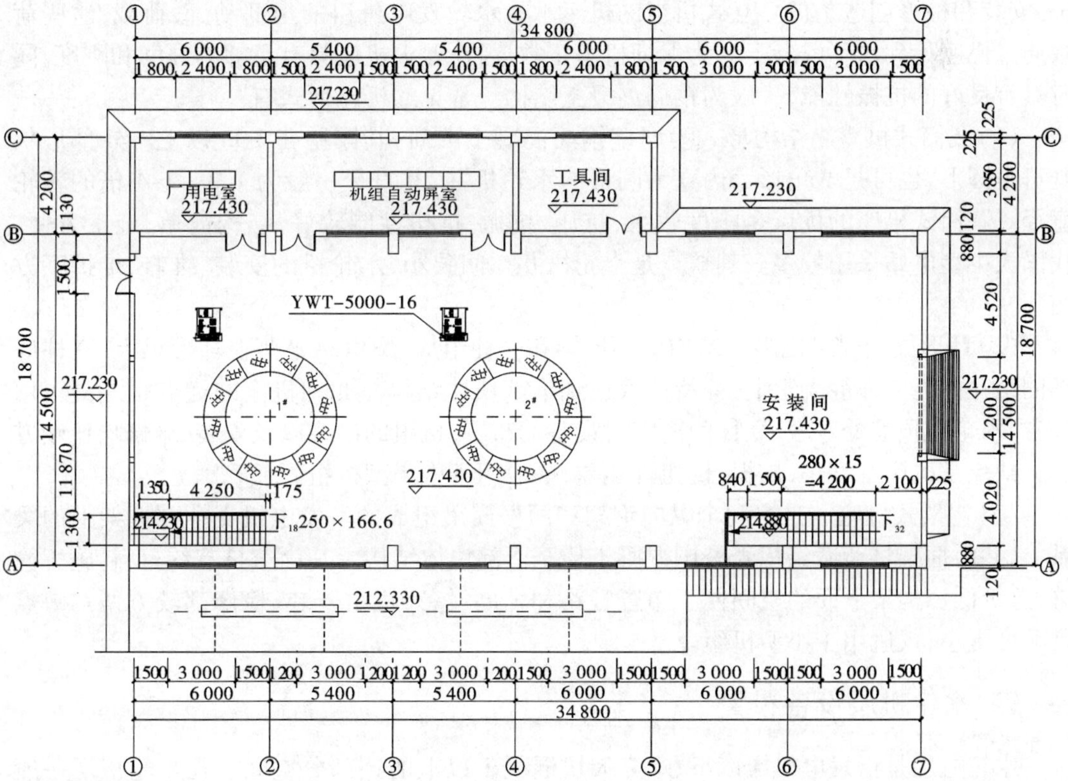


**图7-3 发电机层平面图** （高程单位：m；尺寸单位：mm）

（1）机旁盘（自动、保护、量测、动力盘）。与调速器布置在同一侧，靠近厂房的上游墙或下游墙。

(2)调速柜。应与下层的接力器相协调,尽可能靠近机组,并在吊车的工作范围之内。

(3)励磁盘。为控制励磁机而设置的,常布置在发电机近旁。

(4)蝶阀孔。如果在水轮机前装置蝴蝶阀,则其检修需要在发电机层的安装间内进行,这就需要在发电机层与其相应的部位预留吊孔,以方便检修和安装。

(5)楼梯。每隔一段距离需要设置一个楼梯,一般两台机组设置一个。由发电机层到水轮机层至少设两个楼梯,分设在主厂房的两端,便于运行人员到水轮机层巡视和操作,及时处理事故。楼梯不应破坏发电机层楼板的梁格系统。

(6)吊物孔。在吊车起吊范围内应设供安装检修的吊物孔,以沟通上下层之间的运输。一般布置在既不影响交通,又不影响设备布置的地方,其大小与吊运设备的大小相适应,平时用铁盖板盖住。

发电机层平面设备布置应考虑在吊车主、副钩的工作范围内,以便楼面所有设备都能由厂内吊车起吊。

## 三、发电机的支撑结构(机座或机墩)

机座是发电机的支撑结构,作用是将发电机支撑在预定位置上,并为机组的运行、维护、安装和检修创造条件。立式机组的机座承受水轮发电机组的全部动、静荷载,这些荷载通过机座传到水下混凝土。为保证机组正常运行,要求机座具有足够的强度和刚度,同时具有良好的抗振性能,一般为钢筋混凝土结构。常见的机座形式有:

(1)圆筒式机座。结构形式为厚壁钢筋混凝土圆筒,其厚壁在 1 m 以上。外部形状既可是圆形,也可是八角形。内壁为圆形的水轮机井,其直径一般为 1.3 ~ 1.4 倍的转轮直径。圆筒式机座的优点是刚度较大,抗压、抗振、抗扭性能较好,结构简单,施工方便。我国大中型电站采用较多。其缺点是水轮机井空间狭小,水轮机的安装、维修、维护不方便。

(2)环形梁立柱式机座。结构由环形梁和立柱组成,发电机坐落在环形梁上,立柱底部固结在蜗壳上部混凝土上,并将荷载传到下部块体结构。此种机座的优点是混凝土用量省,水轮机顶盖处宽敞,立柱间净空对设备的布置、机组的出线以及安装、维修均比较方便。缺点是机座刚度小,抗振、抗扭性能差,一般用于中小型机组。

(3)构架式机座。是由两个纵向钢架和两根横梁组成的。发电机支撑在框架上的梁系上,并由框架将荷载经蜗壳外围混凝土传至下部块体结构。其优点是节约材料,施工简单,造价低。构架下面的空间便于布置管路和辅助设备,机组安装、检修都较方便。缺点是刚度更小,仅适用于小型机组。

## 四、水轮机层设备布置

水轮机层是指发电机层以下、蜗壳大块混凝土以上的这部分空间。在水轮机层一般布置调速器的接力器、水力机械的辅助设备(如油、水、气管道)、电气设备(如发电机引出线,中性点引出线,接地、灭磁装置等)、厂用电的配电设备等,如图 7-4 所示。

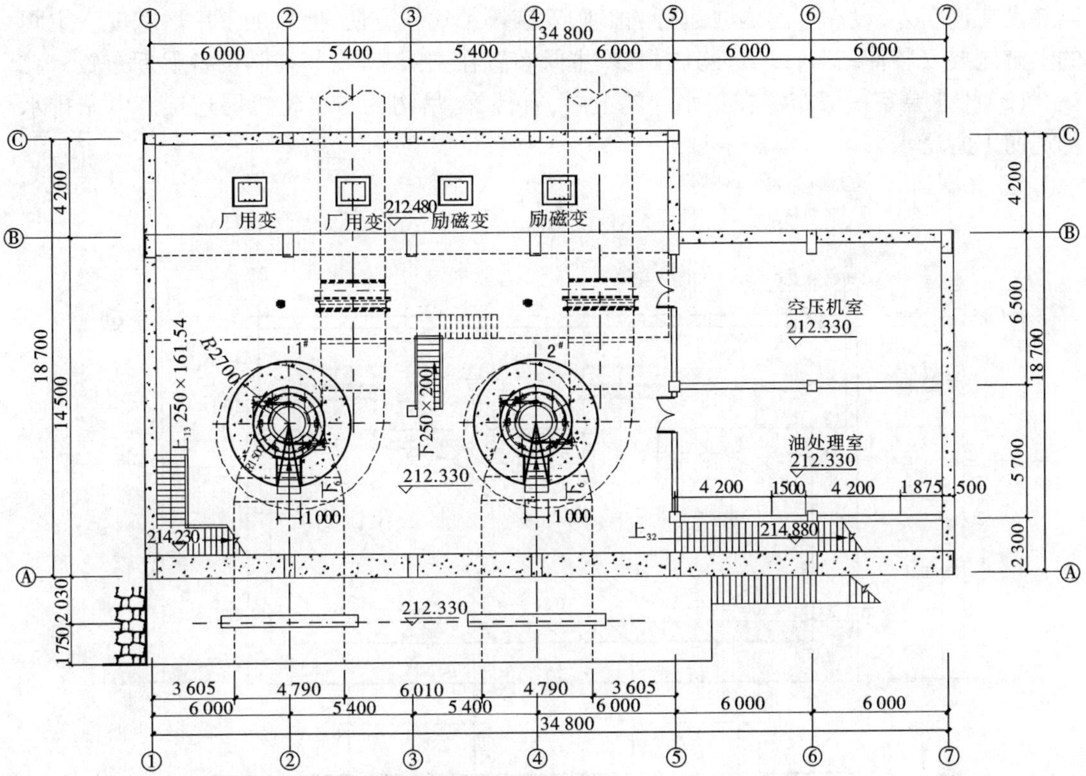


图 7-4　水轮机层平面图　（高程单位：m；尺寸单位：mm）

（1）调速器的接力器。位于调速器柜的下方，与水轮机顶盖连在一起，并布置在蜗壳最小断面处，因为该处的混凝土厚度最大。

（2）电气设备。发电机引出线和中性点侧都装有电流互感器，一般安装在风罩外壁或机座外壁上。小型水电站一般不设专门的出线层，引出母线敷设在水轮机层上方，而各种电缆架设在其下方。水轮机层比较潮湿，对电缆不利。对发电机引出母线要加装保护网。

（3）油、气、水管道。一般沿墙敷设或布置在沟内。管道的布置应与使用和供应地点相协调，同时避免与其他设备相互干扰，且与电缆分别布置在上、下游侧，防止油、气、水渗漏对电缆造成影响。

（4）通道。水轮机层上、下游侧应设必要的过道，主要过道宽度不宜小于 1.2～1.6 m。水轮机机座壁上要设进人孔，进人孔宽度一般为 1.2～1.8 m，高度不小于1.8～2.0 m，且坡度不能太陡。

## 五、蜗壳层的布置

图 7-5 为某水电站厂房蜗壳层平面布置，蜗壳层除过水部分外，均为大体积混凝土，布置较为简单。

（1）当引水式电站采用联合供水或分组供水时，在蜗壳进口前设置一快速阀门，一般称为主阀。主阀依实际情况有闸阀、蝴蝶阀、球阀等类型。主阀可以装设在厂房内，也可以装设在厂房外,设在厂房内时运行、管理、安装等都比较方便,但增加了厂房宽度。主阀的上游侧要安装伸缩节,以方便其拆装。主阀布置在主阀室内,其控制设备就近布置。

(2)排水泵室一般布置在集水井的上层,有楼梯、吊物孔与水轮机层连接。电站排水都通向下游尾水渠。

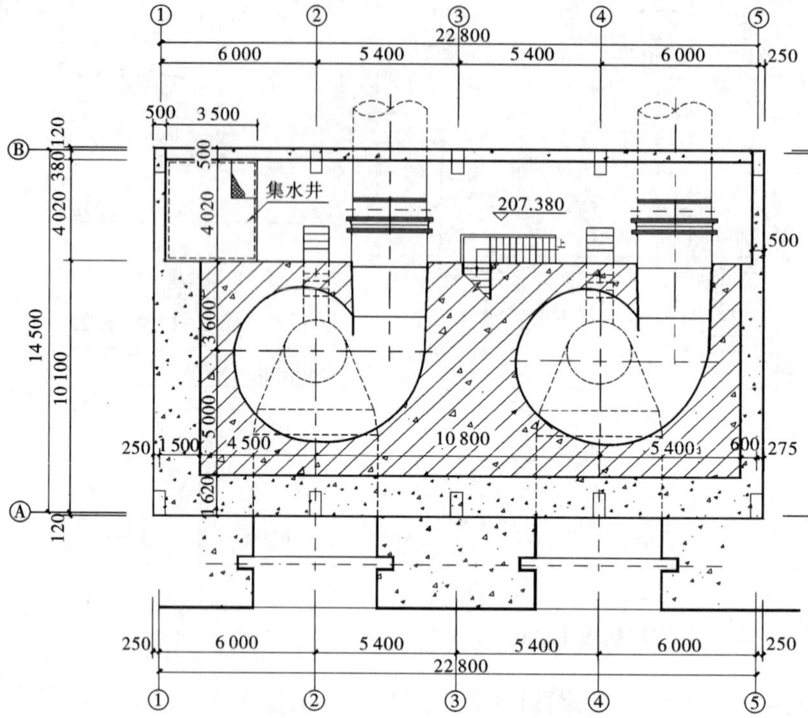


**图 7-5　蜗壳层平面图**　(高程单位:m;尺寸单位:mm)

## 六、尾水管层的布置

图 7-6 为某水电站厂房尾水管层平面布置,该层主要为包围尾水管的大体积混凝土结构,布置较为简单。

(1)进人口。在下部块体结构中要设有通向蜗壳和尾水管的进人口,并设置通道。一般进人孔的直径为 60 cm,进人孔通道尺寸不小于 1 m×1 m。

(2)一般电站在尾水管层设有检测、排水廊道,作为运行人员进入蜗壳、尾水管检查的通道,有的电站还同时兼作到水泵室集水井的过道。

(3)集水井位于全厂最低处,除要求能容纳运行时的渗透水外,还要担负机组检修时的集水、排水任务。

## 七、安装间的布置

### (一)安装间的位置

水电站对外交通运输道路可以是铁路、公路或水路。对于大中型水电站,由于部件大

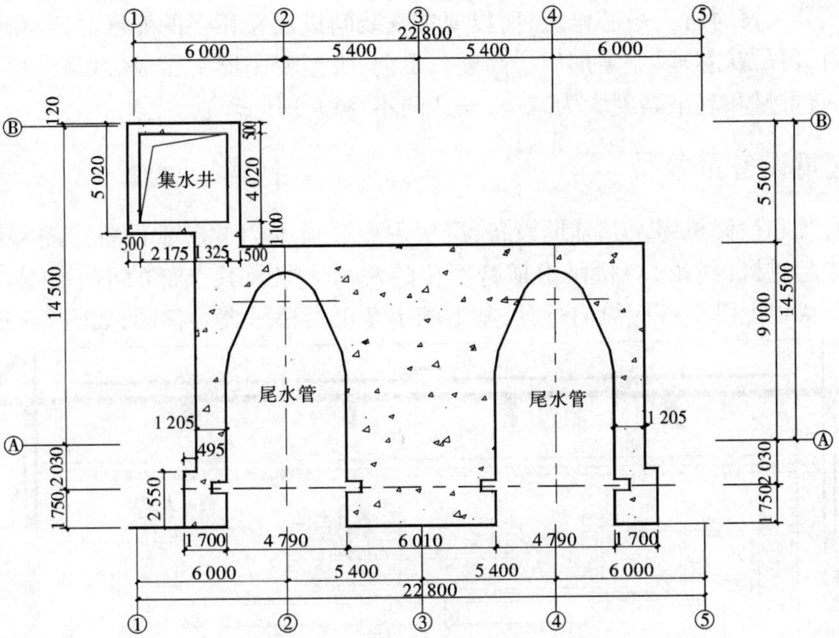


图7-6　尾水管层平面图　(高程单位:m;尺寸单位:mm)

而重,运输量又大,所以常修建专用的铁路线。中小型水电站多采用公路运输。对外交通通道应尽量直达安装间,以便利用主厂房内起吊设备吊卸货,因而安装间一般均布置在主厂房有对外道路的一端,如图 7-3 所示的左侧进口。

**(二)安装间的面积**

安装间与主厂房同宽以便桥吊通行,所以安装间的面积就主要取决于它的长度。安装间的面积可按一台机组扩大性检修的需要确定,一般考虑放置四大部件(即发电机转子、发电机上机架、水轮机转轮、水轮机顶盖)。四大部件要求布置在主钩的工作范围内,其中发电机转子应全部置于主钩起吊范围内。发电机转子和水轮机转轮周围要留有 1 ~ 2 m 的工作场地。在缺乏资料时,安装间的长度可取 1.25 ~ 1.5 倍机组段长。对于多机组电站,安装间面积可根据需要增大或加设副安装间。

**(三)安装间的布置**

安装间平面布置见图 7-3。安装间的大门尺寸要满足运输车辆进厂要求,如通行标准轨距的火车,其宽度不小于 4.2 m,高度不小于 5.4 m。通行载重汽车的大门宽度不小于 3.3 m,高度不小于 4.5 m。

发电机转子放在安装间上检修时,轴要穿过地板,因而须在地板上相应位置设大轴孔,面积要大于大轴盘法兰盘。为了组装转子时使轴直立,在轴下要设大轴承台,并预埋地脚螺栓。

主变压器若是要推入安装间进行大修,这时要考虑主变压器运入的方式及停放地点。因为主变压器的重量很大,尺寸也很大,故常常需对安装间的楼板进行专门加固,地板应设专门轨道,大门也可能要放大。

主变压器大修时常需吊芯修理，所以要在安装间设尺寸相当的变压器坑，将整个变压器吊入坑内，再吊铁芯，以免增加厂房高度。目前，大型变压器常做成钟罩式，检修时吊芯改为吊罩，起重量和起吊高度大为减小，安装间不再设变压器坑。

## 八、起重设备布置

为了安装和检修机组及其辅助设备，厂房内要装设专门的起重设备。最常见的起重设备是桥式起重机（桥吊）。桥吊由横跨厂房的桥吊大梁及其上部的小车组成。桥吊大梁可在吊车梁顶上沿主厂房纵向行驶，其上的小车可沿桥吊大梁移动，如图7-7所示。

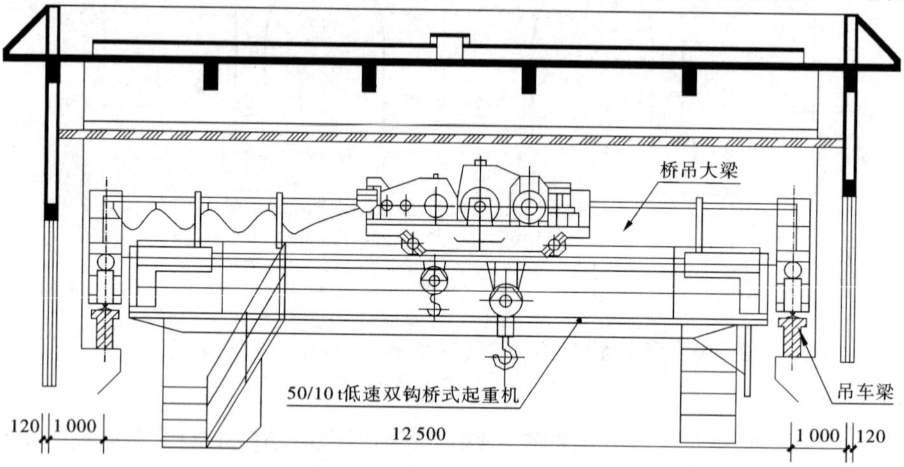


**图7-7 桥吊大梁构造图** （单位：mm）

起重设备的类型和吊运方式对厂房上部结构和尺寸影响较大，正确选择起重设备和吊运方式，可减小厂房的宽度或高度。

### （一）桥吊的起重量和台数

桥吊的最大起重量取决于所吊运的最重部件，一般为发电机转子。悬式发电机的转子需带轴吊运，伞式发电机的转子可带轴吊运，也可不带轴吊运。对于低水头电站，最重部件也可能是带轴或不带轴的水轮机转轮。少数情况下，桥吊的起重量取决于主变压器（主变压器需要在厂内检修时）。

桥式起重机有单小车和双小车两种。单小车设有主钩和副钩，当起重量不大时一般采用一台双钩桥吊；双小车是在桥吊大梁上设有两台可以单独或联合运行的小车，每台小车只有一个起重吊钩，起重量大于75 t时，可采用双小车吊。与单小车相比，双小车桥吊不仅重量轻，外形尺寸小，而且用平衡梁吊运带轴转子时，大轴可以超出主钩极限位置以上，从而可降低主厂房的高度。当机组较大而且台数多于6台时，也可采用两台吊车。两台桥吊可降低厂房高度，运用较灵活。

### （二）桥吊跨度与工作范围

桥式起重机的工作范围是指主钩和副钩所能达到的范围，起重机产品目录上给出的吊钩方向的极限位置构成吊车的工作范围。桥吊跨度是指桥吊大梁两端轮子的中心距。选择桥吊跨度时应综合考虑下列因素：

（1）桥吊跨度要与主厂房下部块体结构的尺寸相适应，使主厂房构架直接坐落在下部块体结构的一期混凝土上。

(2)满足发电机层及安装间布置要求,使主厂房内主要机电设备均在主副钩工作范围之内,以便安装和检修。

(3)尽量采用起重机制造厂家所规定的标准跨度。

# 任务三　主厂房的轮廓尺寸

水电站主厂房布置设计主要就是确定主厂房的结构和空间尺寸,并对设备进行布置。其设计原则是在满足设备布置和安装、维护、运行、管理要求的前提下,尽量减小厂房尺寸,以降低造价。

水电站主厂房的空间尺寸指主厂房的长度、宽度和高度,其中长度和宽度称为厂房的平面尺寸。

## 一、主厂房的长度

主厂房的长度包括机组段长度、安装间长度以及边机组段加长,即

$$L = nL_0 + L_{安} + \Delta L \tag{7-1}$$

式中 $L$——主厂房的长度;

$n$——机组台数;

$L_0$——机组段长度;

$L_{安}$——安装间长度;

$\Delta L$——边机组段加长。

### (一)机组段长度 $L_0$

机组段长度是指相邻两台机组中心线之间的距离,也称机组段间距,如图 7-8 所示。机组段间距一般由下部块体结构中水轮机蜗壳的尺寸控制,在高水头水电站情况下也可能由发电机定子外径控制。

当机组段间距由水轮机蜗壳尺寸控制时,蜗壳平面尺寸确定后,机组段长度 $L_0$ = 蜗壳平面尺寸 + $d$。$d$ 为蜗壳外的混凝土结构厚度,混凝土蜗壳一般取 0.8 ~ 1.0 m,金属蜗壳一般取 1 ~ 2 m,边机组段一般取 1 ~ 3 m。某些情况下(尤其是低水头水电站),下部块体结构的尺寸可能取决于尾水管的平面尺寸。

当机组段间距由发电机定子外径控制时,机组段长度 $L_0 = D_{风} + B$。式中,$D_{风}$ 为发电机风罩外缘直径,$B$ 为相邻两风罩外缘之间通道的宽度,一般取 1.5 ~ 2.0 m。为了减小机组段间距,最好不要将调速器、油压装置和楼梯等布置在两台机组中间。

确定机组段长度时应综合考虑厂房缝隙、蜗壳和尾水管厚度的影响,以及水轮机层和发电机层的布置要求,包块排架柱的布置要求,调速器接力器坑的布置要求,楼梯、楼板孔洞和梁格系统的布置要求。

### (二)边机组段加长

由于远离安装间一端的机组段外侧有主厂房的端墙,为了使机组设备和辅助设备处于桥吊工作范围内,边机组段需要加长 $\Delta L$,一般取 $\Delta L = (0.1 \sim 1.0)D_1$。

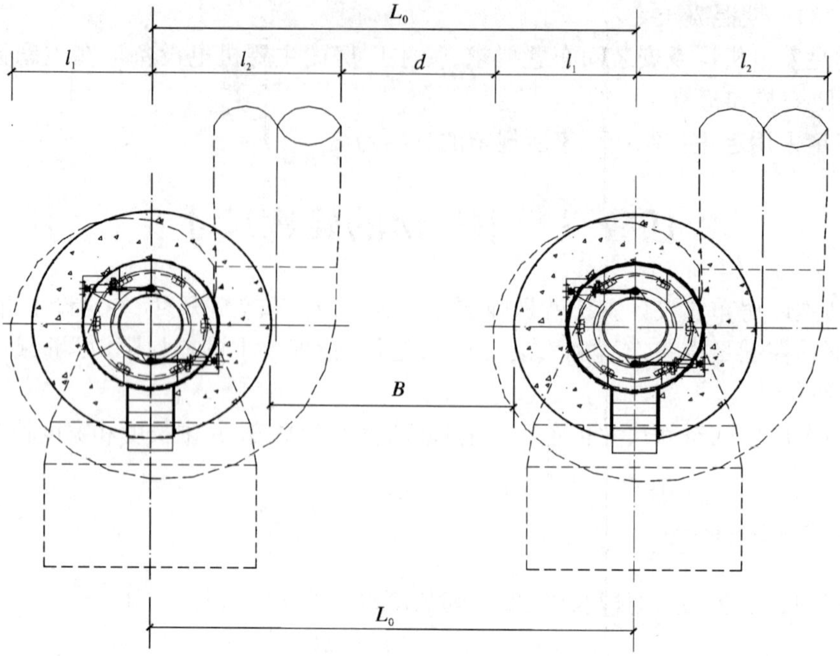


图 7-8 机组段长度示意图

**(三)安装间长度**

安装间的宽度一般与主厂房宽度相同,其面积要求在上节安装间的布置中已讲述,这里不再重复。一般取 $L_{安} = (1.0 \sim 1.5)L_0$。

## 二、主厂房的宽度

如图 7-9 所示,以机组中心线为界,将厂房的上、下部宽度分为上部上游侧宽度 $B_1$、上部下游侧宽度 $B_2$、下部上游侧宽度 $B_3$、下部下游侧宽度 $B_4$,则厂房上、下部宽度为

$$B_{上} = B_1 + B_2 \tag{7-2}$$

$$B_{下} = B_3 + B_4 \tag{7-3}$$

在确定 $B_{上}$ 和 $B_{下}$ 时,应分别考虑发电机层、水轮机层和蜗壳层的布置要求。

发电机层中,首先决定吊运转子(带轴)的方式,即是由上游侧吊运还是由下游侧吊运。若由下游侧吊运,则厂房下游侧宽度主要由吊运转子宽度决定。若从上游侧吊运,则上游侧较宽。此外,发电机层交通应畅通无阻。一般主要通道宽度为 2 ~ 3 m,次要通道宽度为 1 ~ 2 m。在机旁盘前还应留有 1 m 宽的工作场地,盘后应有 0.8 ~ 1 m 宽的检修场地,以便于运行人员操作。

水轮机层中,一般在上、下游侧分别布置水轮机辅助设备(油、水、气管道)和发电机辅助设备(电流电压互感器、电缆等)。以这些设备布置后不影响水轮机层交通来确定水轮机层的宽度。

蜗壳层宽度一般由设置的检查廊道、进人孔等确定。要保证蜗壳的尾水管进人孔交通通畅,集水井水泵房设置应有足够的位置,以此确定蜗壳层平面宽度。

当宽度基本确定后,要用尺寸相近的吊车标准宽度 $L_K$ 验证,厂房宽度必须满足吊车

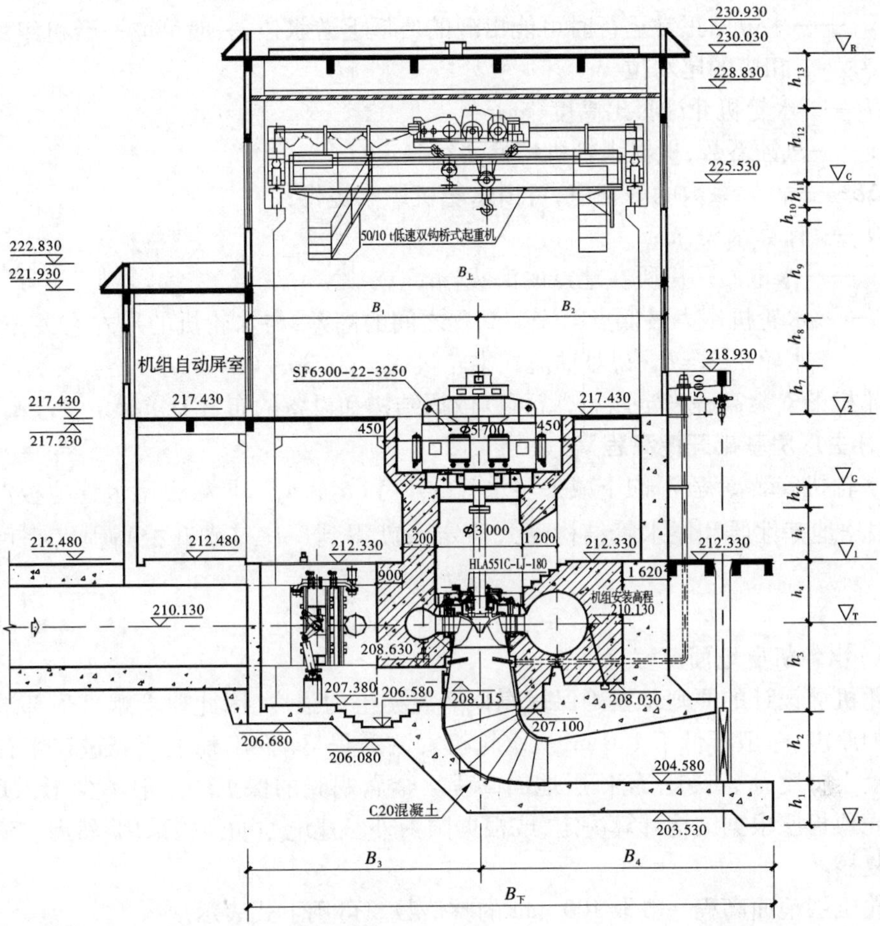


图7-9　主厂房宽度及高度示意图　（高程单位：m；尺寸单位：mm）

安装的要求。

一般在高水头水电站中，常由发电机层布置要求确定厂房宽度，而在低水头水电站中常由下部块体结构确定厂房宽度。

## 三、主厂房的高度及各层高程的确定

水电站厂房的各层高程中，起基准作用的高程是水轮机的安装高程。水轮机的安装高程确定以后，其他高程就可以逐个确定下来。

### （一）水轮机的安装高程$\nabla_T$

水轮机的安装高程是一个基准高程（控制性高程），与水轮机的形式、允许吸出高度和水电站下游尾水位等有关。其计算公式为

$$\nabla_T = \nabla_W + H_s + X \tag{7-4}$$

$$H_s = 10 - (\sigma + \Delta\sigma)H - \frac{\nabla}{900} \tag{7-5}$$

式中　$\nabla_T$——水轮机安装高程，m；

$\nabla_W$——水电站正常运行时可能出现的最低下游水位，一般可取一台机组的过流量相应的尾水位，m；

$H_s$——水轮机允许吸出高度，m；

$\sigma$——汽蚀系数，根据水轮机特性曲线确定；

$\Delta\sigma$——汽蚀系数的修正值，可由水轮机厂家提供；

$H$——计算水头，m；

$\nabla$——水电站厂房所在地点的海拔，m；

$X$——水轮机压力最低点与安装高程之间的高差，与水轮机的形式有关，对混流式水轮机 $X = b_0/2$，对轴流式水轮机 $X = (0.36 \sim 0.41)D_1$。

水轮机的安装高程确定以后，就可以依据结构和设备的布置要求确定各层高程了。

**（二）主厂房基础开挖高程 $\nabla_F$**

从水轮机安装高程 $\nabla_T$ 向下减去尾水管的尺寸（$h_2 + h_3$），再减去尾水管地板混凝土厚度 $h_1$（根据地基性质和尾水管结构形式而定），就得到厂房基础开挖高程 $\nabla_F$。可用下式表示

$$\nabla_F = \nabla_T - (h_3 + h_2 + h_1) \tag{7-6}$$

**（三）水轮机层地面高程 $\nabla_1$**

水轮机层设计的原则是要确保蜗壳顶部混凝土的强度，因此要求蜗壳顶部混凝土要有足够的厚度，一般不低于 1.0 m，从水轮机安装高程 $\nabla_T$ 向上加上蜗壳进口半径和蜗壳顶部混凝土层度 $h_4$，可得水轮机层地面高程。金属蜗壳的保护层一般不少于 1.0 m。混凝土蜗壳顶板厚根据结构计算决定，或根据国内外已建电站的经验采用，然后在结构设计时进行复核。

水轮机层地面高程一般取 100 mm 的整倍数。可用下式表示

$$\nabla_1 = \nabla_T + h_4 \tag{7-7}$$

**（四）发电机装置高程 $\nabla_G$**

水轮机层地面高程加上发电机机墩进人孔高度 $h_5$（一般取 1.8 ~ 2.0 m）和进入孔顶部厚度 $h_6$（由混凝土强度要求决定，一般为 1.0 m 左右），就可得发电机定子装置高程。可用下式表示

$$\nabla_G = \nabla_1 + h_5 + h_6 \tag{7-8}$$

式中，$h_5$ 还须满足水轮机层附属设备（油、气、水管道）和发电机出线布置要求。

**（五）发电机层楼板高程 $\nabla_2$**

发电机层地面高程除应满足发电机层布置要求外，还应考虑水轮机层设备布置及母线电缆的敷设和下游尾水位的影响。一般情况下，发电机层楼板高程 $\nabla_2$ 应满足下列条件：

（1）保证水轮机层的净高不少于 3.5 ~ 4.0 m，否则发电机出线和油、气、水管道布置困难。如果发电机层楼板与水轮机层地面之间加设出线层，则出线层底面到水轮机层地面净高也不宜少于 3.5 m。

（2）保证下游设计洪水不淹厂房。一般情况下，发电机层楼板高程和装配场楼板高程齐平。大中型水电站厂房总是希望将发电机层楼板设在下游设计洪水位以上 0.5 ~

1.0 m(由厂房等级而定)。

上述条件并不是在任何情况下均必须满足的。有时河流洪水期水位与枯水期水位相差悬殊,山区河流尤其如此,因而在这种情况下将发电机层楼板设在下游设计洪水位以上是不经济的。这样不仅会增加厂房下部结构部分的混凝土工程量,而且机组主轴增长,既增加了金属的消耗,又对机组运行稳定性带来了不利影响。这时,可将发电机层楼板高程布置在下游设计洪水位以下,但必须采取相应的措施:①在厂房大门和对外的交通口上,设置临时性插板以挡洪水;②窗台下的墙体采用混凝土防渗,沿进厂的交通道路设防水墙;③使装配场楼板高出发电机层楼板并高于洪水位。

**(六)起重机(吊车)的安装高程$\nabla_C$**

起重机的安装高程是指吊车轨顶高程,它是确定主厂房上部结构高度的重要因素。它取决于下列要求:机组拆卸检修起吊最大和最长部件(往往是发电机转子带轮或水轮机转轮带轴)时,与固定的机组、设备、墙柱、地面之间保持水平净距0.3 m,垂直净距0.6~1.0 m(如采用刚性夹具,垂直净距可减小为0.25~0.5 m),以免由于挂索松弛或吊件摆动而碰坏设备或墙柱;在装配场检修变压器时,还需满足吊起变压器铁芯所需要的高度。可用下式表示

$$\nabla_C = \nabla_2 + h_7 + h_8 + h_9 + h_{10} + h_{11} \tag{7-9}$$

式中　$h_7$——发电机定子高度和上机架高度之和(如果发电机定子为埋入式布置,$h_7$就仅为上机架高度);

$h_8$——吊运部件与固定的机组或设备间的垂直净距;

$h_9$——最大吊运部件的高度;

$h_{10}$——吊运部件与吊钩间的距离(一般为1.0~1.5 m),取决于发电机的起吊方式和挂索、卡具的类型,如图7-10所示;

$h_{11}$——主钩最高位置(上极限位置)至轨顶面距离,可从起重机主要参数表查取。

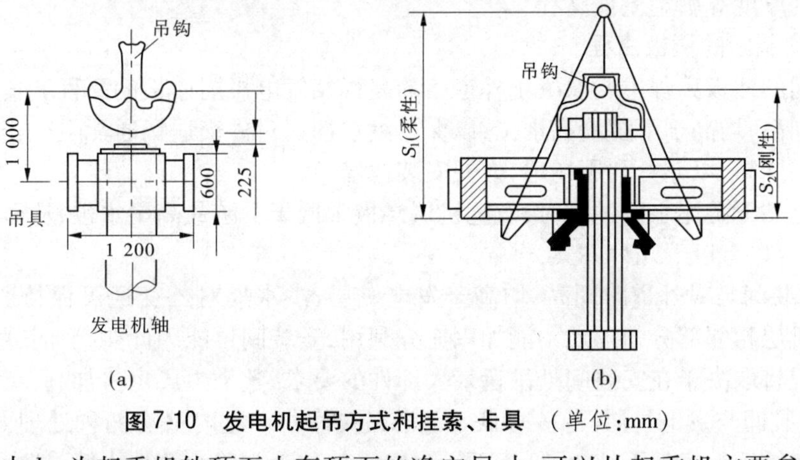


**图7-10　发电机起吊方式和挂索、卡具**　(单位:mm)

图7-9中$h_{12}$为起重机轨顶至小车顶面的净空尺寸,可以从起重机主要参数表查出;而$h_{13}$为小车顶面与屋面大梁或屋架弦底面的净距。当采用肋形结构或屋架时$h_{13}$=0.2~0.3 m,小车可在两根屋架间或两根大梁间进行检修;当采用整片屋面厚板时,可在装配场上方留出小车检修用的空间或在厂顶预留吊孔,而不必过多地抬高厂房的高度。

大型水电站机组台数较多，为了降低主厂房的高度，同时为避免只设置一台吊车而使起重量太大，常设两台吊车来吊装发电机和水轮机。这时，用平衡梁作连接构件，如图 7-11 所示。

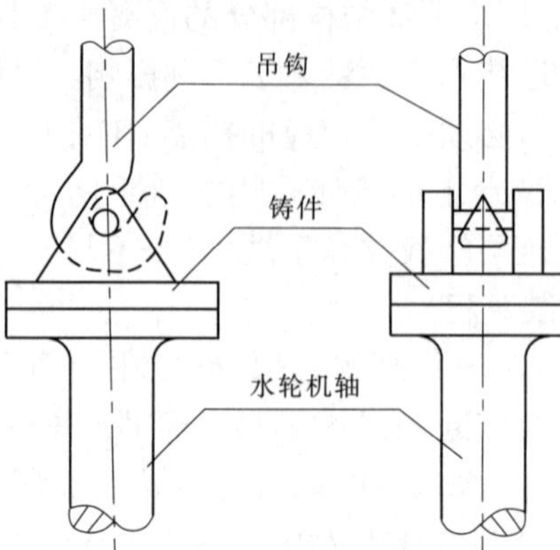


**图 7-11　平衡梁连接构件**

因此，除吊装部件外，还需考虑平衡梁的质量，通常约增加质量的 10%。当两台吊车联合运行时，水轮机轴用法兰连接于平衡梁上，而发电机转子轴可穿过平衡梁孔，用固定装置连接在平衡梁上。装有两台吊车的水电站厂房可以降低轨顶高程，但在厂房纵轴方向需要加长几米。

**（七）屋顶高程 $\nabla_R$**

屋顶高程根据屋顶结构尺寸和形式确定，并应满足起重机部件安装和检修、厂房吊顶和照明设施布置等方面的要求。

吊车轨顶高程确定以后，就可由已知轨顶至吊车上小车顶面的净距 $h_{12}$，检修吊车需要在小车上方留有的净距 $h_{13}$（一般取 0.5 m），以及屋面大梁的高度、屋面板厚度、屋面保温防水层的厚度等确定屋顶高程 $\nabla_R$。

**（八）安装间的楼板高程**

安装间的楼板高程主要取决于外道路的高程及发电机层楼板的高程。安装间最好与对外道路同高，均高于下游最高水位，以保持洪水期间对外交通畅通无阻。安装间最好也与发电机层同高，以充分利用场地，方便安装检修。

当水电站下游尾水位过高时，发电机层楼板常低于下游最高尾水位，从而也低于对外道路，这时可以有以下几种方案：

（1）安装间与对外道路同高，均高于发电机层，洪水期对外交通可保持通畅，但安装间与发电机层相邻部分的场地不能加以充分利用，安装间可能因此要稍加长些，同时桥吊的安装高程将取决于在安装间处吊运最大部件的要求，整个主厂房将加高。

（2）安装间与发电机层同高，均低于下游最高水位。这时又有两种处理方式，一种是对外道路在靠近厂房处下坡，由低于下游最高水位处起在路边筑挡水墙，挡水墙一直接主厂房。这种方式的好处是可保持对外交通通畅，但下游水位很高时挡水墙的工程量将太大。二是将主厂房大门做成挡水闸门，洪水时将大门关闭，断绝对外运输，工作人员可以由高处的通道进入厂房。

(3)安装间与发电机层同高,且在安装间上专门划出一块停车卸货处,此停车处高于安装间而与对外道路同高。这时安装间场地不能充分利用,而厂房的高度可能取决于卸货的要求。

## 任务四　副厂房的布置

为了保证机组正常运行,在主厂房近旁布置着各种辅助机电设备,这种安装了辅助机电设备的房间以及供控制、试验、管理和运行人员工作及生活的房间,称为副厂房。

### 一、副厂房的组成

副厂房的组成、面积和内部布置取决于水电站装机容量、机组台数、水电站在电力系统中的作用等因素。大中型水电站的副厂房,按性质可分为三类,即直接生产副厂房、检修试验副厂房和管理生活副厂房,其参考面积见表7-1。

表7-1　大中型水电站副厂房所需面积

| 副厂房名称 | 面积($m^2$) | 副厂房名称 | 面积($m^2$) |
| --- | --- | --- | --- |
| 一、直接生产用房 | | | |
| 中央控制室,电缆室 | 按需要确定 | 电工修理间 | 20~40 |
| 继电保护盘室 | 按需要确定 | 机械修理间 | 40~60 |
| 厂用动力盘室 | 按需要确定 | 工具间 | 15 |
| 蓄电池室 | 40~50 | 仓库(器材) | 10~25 |
| 储酸室和套间 | 10~15 | 油处理室 | 按需要确定 |
| 充电机室 | 15~20 | 油化验室 | 10~20 |
| 蓄电池室的通风机室 | 15~20 | 三、管理生活用房 | |
| 直流盘室 | 15~20 | 交接班室 | 20~25 |
| 载波电话室 | 20~50 | 保安工具室 | 5~10 |
| 油、水、气系统 | 按需要确定 | 办公室 | 每间15~20 |
| 厂用变压器室 | 按需要确定 | 会议室 | 15~20 |
| 二、检修试验用房 | | 浴室 | 按需要确定 |
| 测量表计实验室 | 30~50 | 夜班休息室 | 按需要确定 |
| 精密仪表修理室 | 15~25 | 仓库(生活用品,可不设) | 15 |
| 仪表室 | 10~15 | 警卫室 | 10 |
| 高压实验室 | 20~40 | 厕所 | 按标准确定 |

### 二、副厂房的位置

副厂房的位置应紧靠主厂房,基本上布置在主厂房的上游侧、下游侧和端部,可集中在一处,也可分两处布置。

#### （一）副厂房设在主厂房的上游侧

这种布置方式的优点是布置紧凑，电缆线路短，监视机组方便，主厂房下游侧采光通风条件良好；缺点是电气设备线路与进水系统设备互相交叉干扰，引水道可能要增长。适用于引水式、坝后式水电站，坝后式水电站副厂房主要是利用厂坝之间的空间。

#### （二）副厂房设在主厂房的下游侧

其优点是电气设备的线路集中在下游侧，与水轮机进水设备互不交叉干扰，监视机组方便；缺点是主厂房的通风和采光受到影响，且由于发电机引出母线和变压器布置在主厂房的下游侧，引水管的振动影响较严重，容易引起电气设备的误操作。另外，副厂房布置在下游侧需延长泄水管的长度，相应增加厂房下部结构尺寸和工程量，电器出线较复杂。这种布置方式适用于河床式水电站，如葛洲坝、富春江水电站。

#### （三）副厂房设在主厂房靠对外交通的一端

其优点是主、副厂房的总宽度较小，采光通风良好，给运行人员创造了良好的工作条件，能适应电站分期建设、分期发电的要求，运行与机电设备安装干扰小，可减轻机组噪声对中央控制室的影响；缺点是母线与电缆线路较长，投资加大，当机组台数较多时，监视、维护距离较长。这种布置方式适用于引水式水电站。

### 三、副厂房平面布置设计的原则和要求

#### （一）中央控制室（简称中控室）

中控室是整个水电站发电、配电、变电等设备以及水位、流量等集中控制和集中监视的地方，是电站的神经中枢。中控室一般布置控制盘、直流盘、继电保护盘和信号盘、厂用盘、自动调频盘等。中控室的位置要便于电站的控制、监视并迅速消除故障，电缆长度尽量短，一般布置在发电机层的中部。中控室不宜布置在主变压器场的下层或尾水平台上，因为出现的噪声和振动将会影响继电保护设备的整定值，并使值班人员过度疲劳和注意力分散。

中控室要求宽敞明亮、干燥舒适、安静，具有良好的工作环境。最好采用玻璃隔音墙与外界隔开，这样既便于观察，又可收到隔音效果。此外，还要求室内通风良好，光线均匀柔和，无噪声干扰，室内温度、湿度适当，避免阳光直射仪表盘面，并设有防晒的隔音遮阳措施，以保证仪表的灵敏度和准确性。

中控室面积根据电站规模、性质和对水电站的要求而定，一般为 60 ~ 100 $m^2$。室内净高一般为 4 ~ 5 m。

#### （二）集缆室

集缆室又称电缆夹层，布置在中控室和继电保护盘室的下层，面积等于或稍大于中控室。室内只有电缆和电缆吊架，布置简单，室内净高一般为 2 ~ 3 m，以工作人员能站立工作为宜。该层汇集来自主厂房和变电站的各种操作电缆，然后通往中控室的控制盘、操作盘。集缆室安全出口不少于两个，并应做好防潮设计。

#### （三）继电保护盘室

继电保护盘室布置在中控室附近。当开关站距主厂房距离较远，尤其是在高程相差很大的情况下，可将输电线路继电保护盘室布置在开关站。

### (四)发电机电压配电装置室(低压开关室)

低压开关室主要布置发电机电压母线和发电机电压断路器等设备,通常这些设备成套地集成于一个金属柜中,称为开关柜。这些开关柜布置在一个高度为4～5 m、宽度为6～8 m的房间中。低压开关室布置在主变压器与发电机之间、与发电机层同高程的副厂房内。

低压开关室一般不设窗户,要满足通风、防潮、防火、防爆的要求。开关室长度超过7 m时,必须两端设出口;出口门朝外开,两个出口距离不宜超过30 m。开关室不宜布置在浴室或者厕所下面,耐火等级不宜低于2级。采用自然通风,当不能满足温度要求或发生事故排烟困难时,可考虑增设机械通风装置。

### (五)通信室及远动装置室

当输电电压在110 kV以上时,为了便于电站与系统调度中心联系,由系统调度中心指挥电站运行,专设载波电话通信室、自动电话交换室、微波或其他无线电通信室和远动装置室等。这些房间要与中控室毗邻且处于同一高程,室内最小高度为3.2～3.5 m。要求防尘防振,避免过大的噪声,不应与蓄电池室或强电设备相邻。微波或其他无线通信室,应在其屋顶或附近设无线或微波发射塔。

### (六)直流设备室

直流设备室包括蓄电池室、储酸室、充电机室、通风机室及套间等。这些房间作为整套布置在一起,一般布置在副厂房的一端,并靠近用电设备,以缩短直流配电盘的电缆长度。不允许布置在中控室、配电装置室(开关室)和通信室的上方,以免酸性残液渗到下面房间。

蓄电池室向厂房内电气设备提供直流电源,并作为备用电源。室内采用人工照明,不设窗户,避免硫酸气产生的氢气在阳光直晒下引起爆炸。门、墙壁、顶棚、蓄电池台架和调配池均应用耐酸材料铺设,地面和墙裙用白色瓷砖铺设(缝中填耐酸砂浆)或采用耐酸性沥青地面,并有适当的排水坡度。

储酸室储存电池所用的酸类,应尽量靠近蓄电池室。为了防止酸气外溢,室内一般用套间与其他房间分开,墙壁要较厚,地板、墙壁、顶棚要考虑耐酸问题。

通风机室和套间的作用是排除有害气体,防止有害气体扩散,应采用单独的通风系统。

充电机室是向蓄电池充电的,最好布置在与蓄电池室毗邻的房间内。

### (七)厂用电设备

厂用变压器可布置在厂外主变压器旁。如厂内有空间,也可布置在厂内,尽可能靠近开关室,以缩短连接母线的长度。每台厂用变压器应布置在防火、防爆的单独小间,并与水轮机层同高,且设专门走廊。厂用变压器一般就地检修,门朝外开,地面有2%坡度倾向集油槽(干式变压器可不设坡)。

厂用高压成套开关柜通常布置在水轮机层母线室附近,不宜布置在发电机层或距中控室太近。厂房低压配电装置又称动力盘,一般应集中布置在单独房间内。

### (八)母线廊道、母线室或母线竖井

发电机与主变压器之间的母线,一般要经过母线廊道、母线室或母线竖井引到主变压

器。其布置要满足安装、维修的要求。发电机母线廊道宜布置在发电机出线方向的一侧，并靠近主变压器和厂用变压器，其面积和层高取决于母线的数量和带电安全距离的要求。母线竖井应设有巡视、检修用的电梯和楼梯，每隔4～5 m设维修平台，平台和楼梯宽度均不宜小于0.8 m。

**（九）各种实验室和车间**

电气实验室的试验对象是二次回路的设备和500 V以下的电气设备，最好布置在中控室附近。电气实验室要求采取通风、防尘和防潮措施，不宜布置在尾水管上部。

高压实验室的试验对象是3 kV以上的电气设备，这些设备一般比较笨重，搬运不便，因此高压实验室应布置在与发电机同高程的安装间附近或副厂房内。

电工修理间和电器工具间应布置在靠近发电机层的交通方便处。机修车间可单独布置在厂外，尽量靠近厂房。

**（十）办公室及生活用房**

值班室和调度室一般与中控室邻近，要求与主厂房联系快捷、方便。行政办公室及生活用房可设在厂外单独房间内，要求布置在较安静的地方。

副厂房可采用两层或两层以上的砖混结构，根据副厂房各层的平面布置要求，协调上下层关系，定出副厂房的长度和宽度。根据工程经验，副厂房的宽度一般为6～9 m。

副厂房的面积和内部各房间布置应根据机电布置、维修、试验及管理需要，结合厂房具体条件综合考虑确定。

## 任务五　厂房的采光、通风、防潮及交通

水电站厂房必须妥善考虑采光、通风、取暖、防潮、防火、保安、交通运输等问题，以确保水电站的正常运行，并给运行人员提供良好的工作环境。

### 一、采光

地面厂房应尽可能采用自然采光，布置主、副厂房时要考虑开窗的要求。主厂房自然采光主要靠厂房两侧的大窗，吊车梁以上的窗户主要起通风的作用。大窗开在构架柱之间的墙上，为长形独立窗。窗宽度不要太小，否则照明就不均匀。窗的高度一般不小于房间进深的1/4。窗下槛在发电机层楼板以上不宜超过1～2 m，以保证窗户附近有足够的光线，并便于通风。

夜间及地下式、坝内式、溢流式厂房或地面厂房水下部分的房间，要设计人工照明。人工照明分为工作照明、事故照明（当交流电源中断时自动投入的直流电照明）、安全照明（设有防触电措施或采用36 V及以下电压的照明）、检修照明及警卫照明。中控室及主机房内的照明不能使仪表盘面上产生反光，以保证运行人员能清晰地观察仪表。

### 二、通风

地面厂房应尽量采用自然通风。当自然通风达不到要求，或当下游水位过高而不能有效地采用自然通风，或在产生过多热量的房间（如变压器室、配电装置室等），或在产生

有害气体的房间(如蓄电池室、油处理室等),才装设人工通风装置。

主、副厂房的通风量应根据设备的发热量、散湿量和送排风参数等因素确定。要合理安排进、出风口的位置,以达到最佳的通风效果。水轮机层、水泵机室、蝴蝶阀室等厂内潮湿部位采用以排湿为主的通风方式;对于产生有害气体的房间,要设置专用的排风系统,以免有害气体渗入其他房间。人工通风系统的进风口要设在排风口上风,低于排风口但高于室外地面2 m以上,要考虑防虫及防灰尘的措施。主通风机室的位置除满足通风系统气流组织的合理性外,还应远离中控室、载波机室等安静场所,以免噪声干扰。

盛夏酷热地区或人工通风仍不能满足厂内温度、湿度要求时,可采用局部或全部的空气调节装置。空气调节装置的冷源应尽量采用天然低温水或其他天然冷源。无条件时,经过技术、经济论证可局部或全部地采用机械制冷设备。

## 三、取暖

冬天厂房内的温度不能过低,以保证机电设备的正常运行。冬季水电站若正常发电,发电机层、出线层、水轮机层、母线道等处靠机电设备发出的热量即可维持必需的温度。热量不足以维持必需温度的房间,可用电辐射取暖或电热取暖。中控室可装设空气调节器,以便冬天取暖、夏季降温。

## 四、防潮

地面厂房水下部分的房间要注意防潮,坝内及地下厂房的防潮问题更为突出。过分潮湿能造成电气设备的短路、误动作或失灵,可能使机械设备加速锈蚀,运行人员工作条件恶化。防潮的措施不外乎以下四项:

(1)防潮防漏。外墙混凝土要满足抗渗要求,必要时可设防潮夹层;要减少设备水,伸缩缝及沉降缝处要设止水;冷却水管、混凝土墙及岩石表面如有结露滴水,则要用绝缘材料包扎。

(2)加强排水。已渗漏进厂房或防潮夹层的水要迅速排除,不能让其积存。

(3)加强通风。防潮部位宜采用以排湿为主的通风方式,减小空气中的湿度。

(4)局部烘烤。以电炉或红外线烘烤,防止设备受潮。

## 五、厂内交通

厂房对外开设有大门,以便运输大部件,大门尺寸很大,可采用旁推门、上卷门或活动钢门。为了保持厂房内部的清洁、干燥与温度,不运输大部件时大门应关闭。安排各种房门部位时要考虑防火要求,安全出口的门净宽不小于0.8 m,门向外开。某些可产生负压的房间,如闸门室,门最好向里开,以便出现负压时门可自动开启。

主厂房内各层及副厂房布置机电设备的房间内都要有通道,以便运输设备和进行安装,并供工作人员通行。发电机层及水轮机层常设贯穿全场的水平通道,通道一般宽1～2 m。为了吊运各种设备,要布置相应的吊物孔、水泵吊孔、公用吊孔等。

主、副厂房不同高程的各层之间可设斜坡道、楼梯、攀梯、转梯或电梯。斜坡道坡度在20°以下,一般以12°为宜。楼梯的坡度为20°～46°,以34°为宜。单人楼梯宽0.9 m,双人楼梯宽 1.2 ~1.4 m。每台机组最好有专用楼梯,至少每两台机组要设一道楼梯,并且全厂应不少于两道。楼梯设置要能使运行人员巡视方便,并要保证发生事故时迅速到达现场。只供少数人员偶然使用的楼梯可做成钢攀梯,坡度常在 60° ~90°,宽 0.7 m。转梯可节省空间,适用于不经常上下的地方。电梯用于厂房高度较大或各层间高差太大时。

# 任务六　厂区布置

厂区布置是指水电站的主厂房、副厂房、主变压器场、高压开关站、引水道、尾水渠及厂区交通道路的相互位置的安排。进行厂区布置时,要综合考虑水电站枢纽总体布置、地形地质条件、水轮发电机组尾水出流顺畅、运行管理、环境设计等各方面的因素,根据具体情况,拟订出合理的布置方案。

## 一、主厂房

主厂房是厂区布置的核心,对厂区布置起决定性作用。其位置的选择在水利工程枢纽总体布置中进行,除注意厂区各部分的协调配合外,还应该考虑下列因素:

(1)尽量减小压力水管的长度。对于坝后式水电站,主厂房应尽量靠近拦河坝;对于引水式水电站,主厂房应尽量靠近压力前池或调压室。

(2)尾水渠尽量远离溢洪道或泄洪洞出口,防止水位波动对机组运行不利。尾水渠与下游河道衔接要平顺。

(3)主厂房的地基条件要好,对外交通和出线方便,并不受施工导流干扰。

## 二、副厂房

副厂房可选的位置:

(1)主厂房的上游侧。适用于坝后式水电站。如用于引水式水电站,可能导致开挖量增加,且通风采光不好。这种布置运行管理比较方便,电缆线路短,造价经济。

(2)尾水管顶板上。这种布置影响主厂房的通风采光,需加长尾水管,从而增加工程量。由于尾水管在机组运行时振动较大,其顶板上不宜布置中控室及继电保护设备。

(3)主厂房的两端。当机组台数多时,这种布置会增加母线及电缆的长度。

## 三、主变压器场

### (一)主变压器场的布置原则

主变压器场一般露天布置,布置原则如下:

(1)尽量靠近厂房,以缩短昂贵的发电机电压母线长度,减小电能损失和故障机会,并满足防火、防爆、防雷、防水雾和通风冷却的要求,安全可靠。

(2)尽量与安装间在同一高程上,便于利用轨道将主变压器推进厂房的安装间进行检修。

(3)应保证变压器的运输和高压侧出线的方便,变压器之间要留必要的空间。

(4)高程应高于下游最高防洪水位,且四周设置排水沟。

**(二)升压变压器可能布置的位置**

(1)对于坝后式厂房,可以利用厂坝之间的空间布置升压变压器。

(2)对于河床式厂房,尾水管较长,升压变压器可布置在尾水平台上。这时尾水平台的宽度,应使升压变压器在检修移出时符合最小安全净距的要求(详见电气设备相关规范)。

(3)对于引水式地面厂房,升压变压器可能布置的位置是厂房的一端进场公路旁、尾水渠旁、厂房上游侧或尾水平台上。引水式地面厂房一般靠山布置,厂房上游侧场地狭窄,若布置变压器需增加土石开挖量,且通风散热条件差;变压器布置在尾水平台上需增大尾水管长度。所以,这两种布置一般较少采用。

(4)由于受地形和场地的限制,个别水电站有可能将主变压器布置在厂房顶上,地下厂房的主变压器可布置在地下洞室内。

## 四、高压开关站

高压开关站用于布置各种高压配电和保护设备,如电缆、母线、各种互感器、各种开关继电保护装置、防雷保护装置、输电线路以及杆塔构架等。这些设备的规格、数量、布置方式和需要的场地面积,是根据电气主接线图,主变压器的位置、地形地质条件及运行要求而确定的。其布置原则为:

(1)要求高压进出线及低压控制电缆安排方便而且短,出线要避免交叉跨越水跃区、挑流区等。

(2)地基及边坡要稳定。

(3)场地布置整齐、清晰、紧凑,便于设备运输、维护、巡视和检修。

(4)土建结构经济合理,符合防火保安要求。

高压开关站一般露天布置。应尽量靠近主变压器和中央控制室,且在同一高程上,但由于地形限制,往往有一高程差。通常布置在附近山坡上,也有布置在主厂房顶上的。当地形较陡时,可布置成阶梯式和高架式,以减少挖方。当高压出线不止一个等级时,可分设两个或多个开关站。

## 五、引水道、尾水渠、对外交通及厂区防洪排水

引水道一般为正向引进,尽可能保证进、出水水流平顺。当水管直径很小且根数较少时,也可侧向引水。

水电站的尾水渠一般为明渠,正向将尾水导入下游河道,少数情况下也可侧向导入下游河道。水轮机的安装高程较低,为与天然河道相接,尾水渠常为倒坡。尾水管出口水流紊乱,流速分布不均匀,需设衬砌加以保护。布置尾水渠时要考虑泄洪的影响,避免泄洪时在尾水渠中形成较大的壅高和漩涡,避免出现淤积。必要时要加设导墙,将电站尾水与泄洪分开,减少水电站尾水波动而影响水电站的出力。

对外交通一般为公路,也有采用铁路和水路的。引水式厂房一般沿河岸布置,进厂公路可沿等高线从厂房一端进入厂房。坝式水电站进厂公路一般从下游侧进入。

公路、铁路要直接通入主厂房的安装间,临近厂房一段应是水平的,长度不小于20

m,并有回车场地。公路的坡度不宜大于10% ~12%,转弯半径应大于20 m。

对于布置沿等高线进厂交通有困难的水电站厂房,或尾水位陡涨陡落、洪峰历时较短的厂房,经论证,其进厂交通线也可低于非常运用洪水位,此时厂房应满足防洪要求(采用尾水挡墙或防洪堤),同时另设非常运用洪水位时不受阻断的人行通道。

主、副厂房周围应采取有效的排水和保护措施,以防山洪、暴雨的侵袭。整个厂区可利用路边沟、雨水明暗沟等构成排水系统,以迅速排除地面雨水。位于洪水位以下的厂区,在低处修建集水井,并设置机械排水装置。

图7-12 为水电站厂区布置方案示意图。

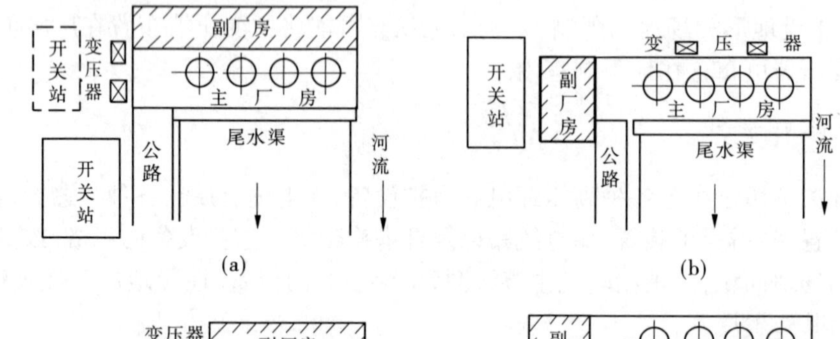


图7-12 水电站厂区布置方案示意

# 任务七 水电站厂房的结构特点

## 一、水电站厂房的结构组成及作用

水电站地面厂房结构可分为上部结构和下部结构两大部分。上部结构包括屋面系统、构架、吊车梁、维护结构（外墙）及楼板，基本上属板、梁、柱系统，通常为钢筋混凝土结构。上部结构设计方法与一般工业建筑相同。下部结构主要由机座、蜗壳、尾水管、基础板和外墙组成，为大体积钢筋混凝土结构，其结构设计比较复杂，要符合《水工混凝土结构设计规范》（SL 191—2006）。

水电站厂房结构组成如图 7-13 所示。各组成构件的作用如下。

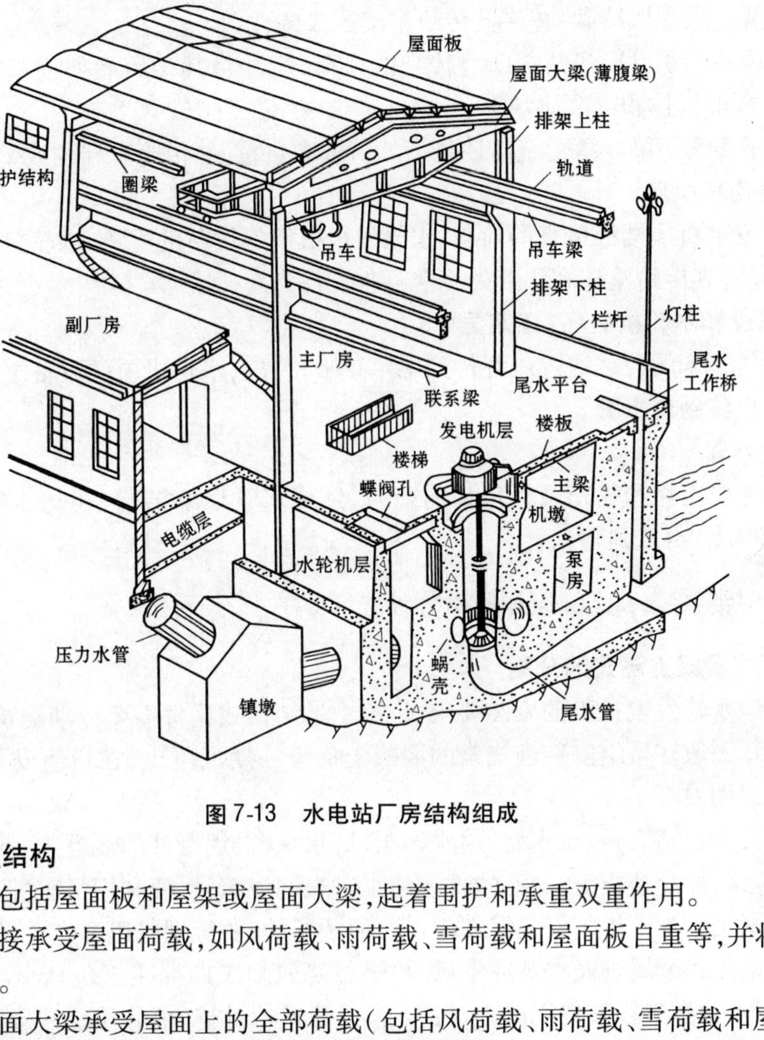


图 7-13　水电站厂房结构组成

### （一）屋盖结构

屋盖结构包括屋面板和屋架或屋面大梁，起着围护和承重双重作用。

屋面板直接承受屋面荷载，如风荷载、雨荷载、雪荷载和屋面板自重等，并将其传给屋架或屋面大梁。

屋架或屋面大梁承受屋面上的全部荷载（包括风荷载、雨荷载、雪荷载和屋面板自重等）及屋架或屋面大梁自重，并将其传到排架柱或壁柱。

### （二）吊车梁

承受吊车荷载（包括起吊部件在厂房内部运行时的移动集中垂直荷载）以及吊车在起吊部件时，启动或制动时产生的纵、横向水平荷载，并将其传给排架柱或壁柱。

### （三）排架柱或壁柱

承受屋架或屋面大梁、吊车梁、外墙传来的荷载和排架柱或壁柱自重，并将其传给厂房下部结构。如果排架柱与屋面大梁刚接，称为刚架，其荷载包括屋盖上的全部荷载，作用同排架柱。

**(四)发电机层楼板和安装间楼板**

发电机层楼板承受着自重、机电设备静荷载和人的活荷载,将其传给梁并部分传到厂房下部的发电机机座和水轮机层的排架柱。安装间楼板承受自重、检修或安装时的机组荷载和活荷载,并把其传到基础。当安装间设有下层时就传给排架柱。

**(五)围护结构**

(1)外墙。承受风荷载,并将其传给排架柱或壁柱。

(2)抗风柱。承受厂房两端山墙传来的风荷载,并将其传给屋架或屋面大梁以及基础或厂房下部的大体积混凝土块体。

(3)圈梁和联系梁。承受上砖墙传下的荷载和自重,并传给排架柱或壁柱。

**(六)发电机机座**

承受从发电机层楼板传来的荷载、水轮发电机组等设备的重量、水轮机轴向水压力和机座自重,并将其传给座环和蜗壳外围混凝土。

**(七)蜗壳和水轮机座环(固定导叶)**

将机座传下来的荷载通过座环传到尾水管上,另外,水轮机层的设备重量和活荷载通过蜗壳顶板也传到尾水管。

**(八)尾水管**

承受水轮机座环和蜗壳顶板传来的荷载,经尾水管框架结构(由尾水管顶板、闸墩、边墩和底板构成)再传到基础上。

## 二、厂房混凝土浇筑的分期和分块

**(一)厂房混凝土浇筑的分期**

为了适应水轮发电机组的安装要求,厂房中的结构式构件需要分期浇筑,称为一期和二期混凝土。一般在机组安装前浇筑的混凝土称为一期混凝土,在机组安装时才浇筑的混凝土称为二期混凝土。

一期混凝上包括底板、尾水管、尾水闸墩、尾水平台、蜗壳外的混凝土、上下游边墙、厂房构架、吊车梁、部分楼板等,这些构件在施工时先期浇筑,以便利用吊车进行机组安装。

二期混凝土是为了机组安装和埋件需要而预留的,要等到机组和有关设备到货,以及尾水管圆锥钢管和金属蜗壳安装完毕后,再进行浇筑。二期混凝土包括金属蜗壳外的部分混凝土、尾水管直锥段外包混凝土、机座、发电机风罩外壁、部分楼层的楼板等。

**(二)混凝土分层、分块**

水电站厂房水下部分属于大体积块体混凝土结构。其特点是现场浇筑量大,结构几何形状复杂,基础高差大,对裂缝要求严格。受混凝土浇筑能力的限制,为了适应厂房形状的变化,每期混凝土要分层、分块浇筑。厂房一、二期混凝土浇筑的分层、分块,视具体情况而定,一般原则如下:

(1)分层、分块必须保证机组安装方便。

(2)应分在构件内力最小部位。这常与施工的方便有矛盾,有时不易做到。

(3)分块的大小应与混凝土的生产能力、振捣工作强度及浇筑方法相适应。

(4)在保证质量的前提下,混凝土分块应尽量大些、高些,以加快施工进度。

(5)分块必须尽量使工作过程具有最大的重复性,以简化施工和重复利用,同时最有效地利用机械设备。

### 三、厂房结构的分缝和止水

#### (一)分缝

水电站厂房为防止不均匀沉陷,减少下部结构受基础约束产生的温度应力和干缩应力,必须沿厂房长度方向设置伸缩缝和沉降缝。通常两缝合一,称为沉降伸缩缝。此种缝一般都贯通至地基,只在地基相当好时,伸缩缝才仅设在水上部分,但也需每隔数道伸缩缝设一道贯通地基的沉降伸缩缝。伸缩缝和沉降缝统称为永久缝。

根据施工条件设置的混凝土浇筑缝,称为施工缝,相对永久缝而言是一种临时缝。

基岩上大型厂房通常一台机组段设一条永久缝,中小型水电站可增至2~3台机组设一条永久缝。在安装间与主机房之间、主副厂房高低跨分界处,由于荷载悬殊,需设沉降缝。坝后式厂房的厂坝之间沿整个厂房的上游外侧设一条贯通地基的纵缝。

永久缝的宽度一般为1~2 cm,软基上可宽些,但不超过6 cm。

#### (二)止水

厂房水上部分的永久缝中常填充一定弹性的防渗、防水材料,以防止在施工或运行中被泥沙或杂物填死和风雨对厂房内部的侵袭。

厂房水下部分的永久缝应设置止水,以防止沿缝隙的渗漏。重要部位设两道止水,中间设沥青井。止水布置主要取决于厂房类型、结构特点、地基特性等,应采用可靠、耐久而经济的止水形式。

## 任务八　厂房整体稳定及地基应力

地面厂房在水平荷载如水压力和土压力等,以及扬压力的作用下应保持整体稳定,厂基面上垂直正应力应满足规范要求。稳定不能保证、地基应力不满足要求时,应采取措施,如设置灌浆帷幕和排水孔降低扬压力,对坝后式厂房可以考虑采用厂坝整体连接方式,利用坝体帮助稳定。

厂房整体稳定和地基应力计算的内容一般包括沿地基面的抗滑稳定、抗浮稳定和厂基面垂直正应力计算。河床式厂房本身是挡水建筑物,厂房地基内部存在软弱层面时,还应进行深层抗滑稳定计算。

厂房在运行、施工和检修期间,在抗滑、抗倾与抗浮方面必须有足够的安全系数,以保证厂房的整体稳定性。厂房地基应力必须满足承载能力的要求,不允许发生有害的不均匀沉陷。

### 一、厂房主要荷载

(1)厂房结构自重,压力水管、蜗壳及尾水管自重。

(2)厂房内机电设备自重,机组运转时的动荷载。

(3)静水压力,包括尾水压力,基底扬压力,压力管道、蜗壳及尾水管内的水压力,永久缝内的水压力,河床式厂房的上游水压力。

(4)厂房四周的土压力。

(5)活荷载,包括吊车运输荷载、人群荷载及运输工具荷载。

(6)其他荷载,包括温度荷载、风荷载、雪荷载、严寒地区的冰压力、地震力等。

厂房在施工安装期、运行期和检修期的荷载是不同的。在结构计算中应根据厂房在不同工作条件下可能同时发生的荷载进行组合,并取最不利的组合作为设计的控制情况。

## 二、计算情况和荷载组合

厂房稳定和地基应力计算要考虑厂房施工、运行和扩大检修期的各种不利情况,主要计算情况如下。

### (一)正常运行

对河床式厂房来说,正常运行情况中应考虑以下两种水位组合:

(1)上游正常蓄水位和下游最低水位。这种组合情况下,厂房承受的水头最大,但扬压力不大。

(2)上游设计洪水位和下游相应水位。这种组合情况下,扬压力较大,对稳定不利。

对坝后式厂房和引水式厂房来说,引起稳定问题的水平荷载为下游水压力,正常运行情况中取下游设计洪水位进行组合。作用在厂房上游面的荷载有压力管道和下部结构纵缝面上的水压力,后者作用的面积与止水的布置方式有关,前者则与厂房地基面扬压力分布图有关,根据具体情况确定。

正常运行情况中要考虑厂房内部结构、设备和水的重量。

### (二)机组检修

河床式厂房机组检修情况计算中,上、下游水位分别取上游正常蓄水位和下游检修水位,机组设备重及流道内的水重均不考虑。在这种情况下,厂房承受的水头大,而厂房的重量轻,只有结构自重,对稳定不利。

坝后式厂房和引水式厂房机组检修情况计算中,下游取检修水位,其余同上。

### (三)施工情况

厂房施工一般是先完成一期混凝土浇筑和上部结构,以后顺序逐台安装机组并浇筑二期混凝土。机组安装周期较长,如机组是分期安装的,厂房的施工安装周期将更长,所以要进行施工情况的稳定计算。在这种计算情况中,二期混凝土和设备重不计,厂房重量最轻,而厂房已经承受水压力,对抗滑和抗浮不利。这种计算情况也称为机组未安装情况。

河床式厂房机组未安装情况下,上游水位取正常蓄水位或设计洪水位,下游取相应最不利水位。坝后式厂房和引水式厂房下游取设计洪水位。

如厂房位于软基上,地基承载力低,施工期还需考虑机组的安装、吊车满载通过的情况。如厂房尚未承受水压,则厂房地基面无扬压力作用,流道中也无水重。

**(四)非常运行情况**

非常运行情况时,河床式厂房上游取校核洪水位,下游取相应最不利水位。坝后式厂房和引水式厂房下游取校核洪水位。

**(五)地震情况**

地震情况时,河床式厂房上游取校核蓄水位,下游取相应最不利水位。坝后式厂房和引水式厂房下游取满载运行尾水位。

以上所述各种情况中,正常运行情况的荷载组合为基本组合,其他为特殊组合。厂房基础设有排水孔时,特殊组合中还要考虑排水失效的情况。

厂房整体稳定和地基应力计算应以中间机组段、边机组段和安装间段作为一个独立的整体,按荷载组合分别进行。边机组段和安装间段,除有上游水压力作用外,还可能受侧向水压力作用,或者还有侧向土压力存在,所以必须核算双向水压力作用下的整体稳定性和地基应力。

## 三、计算方法和要求

**(一)抗滑稳定计算**

厂房抗滑稳定性可按抗剪断强度公式或抗剪强度公式计算。

(1)抗剪断强度计算公式

$$K' = (\tan\phi \sum W + cA)/\sum P \tag{7-10}$$

式中 $K'$——抗剪断强度计算的抗滑稳定安全系数;

$\phi$——滑动面的抗剪断内摩擦角;

$c$——滑动面的抗剪断黏结力,kPa;

$A$——基础面受压部分的计算面积,$m^2$;

$\sum W$——全部荷载对滑动面的法向分力(含扬压力)总和,kN;

$\sum P$——全部荷载对滑动面的切向分力(含扬压力)总和,kN。

(2)抗剪强度计算公式

$$K = f\sum W/\sum P \tag{7-11}$$

式中 $K$——按抗剪强度计算的抗滑稳定安全系数;

$f$——滑动面的抗剪摩擦系数。

整体抗滑稳定安全系数按表7-2选用。

**表7-2 抗滑稳定安全系数**

| 抗滑稳定安全系数 | 荷载组合 | | |
|---|---|---|---|
| | 基本组合 | 特殊组合 | |
| | | 无地震 | 有地震 |
| $K$ | 1.1 | 1.05 | 1.0 |
| $K'$ | 3.0 | 2.5 | 2.3 |

**(二)抗浮稳定计算**

厂房抗浮稳定性可按下式计算

$$K_{\mathrm{f}} = \sum W/U \tag{7-12}$$

式中 $K_{\mathrm{f}}$——抗浮稳定安全系数；

$\sum W$——机组段的全部重量，kN；

$U$——作用于机组段的扬压力总和，kN。

根据《水电站厂房设计规范》(NB/T 35011—2013)，抗浮稳定安全系数 $K_{\mathrm{f}}$ 在任何情况下不得小于1.1。

**(三)地基应力计算**

厂房地基面上的法向应力，可按下式计算

$$\sigma = \frac{\sum W}{A} \pm \frac{\sum M_x y}{J_x} \pm \frac{\sum M_y x}{J_y} \tag{7-13}$$

式中 $\sigma$——厂房地基面上的垂直正应力，kPa；

$\sum W$——作用于机组段上的全部荷载在厂房地基面上的法向分力总和，kN；

$\sum M_x$、$\sum M_y$——作用于机组段上的全部荷载对厂房地基面计算截面形心轴 $x$、$y$ 的力矩总和，kN · m；

$x$、$y$——计算截面上任意点对形心轴的坐标值，m；

$J_x$、$J_y$——计算截面对 $x$、$y$ 形心轴的惯性矩，$\mathrm{m}^4$；

$A$——厂房地基面计算截面面积，$\mathrm{m}^2$。

该公式假定厂房基础为刚体，厂房地基面地基应力为线性分布。

厂房地基面上的垂直正应力应符合下列要求：

(1)厂房地基面上承受的最大垂直正应力，不论是何种形式的厂房，在任何情况下均不应超过基岩的允许应力，在地震情况下基岩的允许应力可适当提高。

(2)厂房地基面上承受的最小垂直正应力(计入扬压力)，对于河床式厂房，不论是正常运行情况还是非常运行情况都大于零，只有在地震情况下才出现不大于100 kPa的拉应力。

对于坝后式厂房和引水式厂房，正常运行情况下，厂房地基面上承受的最小垂直正应力一般大于零；非常运行情况下，允许出现不大于100～200 kPa的局部拉应力。地震情况下，如出现大于100～200 kPa的拉应力，应进行专门论证。

厂房整体稳定和地基应力计算不满足要求时，应在厂房的地基中采取防渗和排水措施。

# 项目八　水利水电工程法规及相关知识

## 任务一　《水法》与工程建设有关的规定

《中华人民共和国水法》(简称《水法》)于2002年8月29日经第九届全国人民代表大会常务委员会第二十九次会议通过,自2002年10月1日起施行。《水法》共分为总则,水资源规划,水资源开发利用,水资源、水域和水工程的保护,水资源配置和节约使用,水事纠纷处理与执法监督检查,法律责任,附则等八章。

### 一、水资源的归属及水资源规划方面的水工程建设许可要求

(1)《水法》第三条规定:水资源属于国家所有。水资源的所有权由国务院代表国家行使。农村集体经济组织的水塘和由农村集体经济组织修建管理的水库中的水,归各该农村集体经济组织使用。

(2)《水法》第七条规定:国家对水资源依法实行取水许可制度和有偿使用制度。但是,农村集体经济组织及其成员使用本集体经济组织的水塘、水库中的水的除外。国务院水行政主管部门负责全国取水许可制度和水资源有偿使用制度的组织实施。

(3)《水法》第十四条规定:国家制定全国水资源战略规划。

开发、利用、节约、保护水资源和防治水害,应当按照流域、区域统一制定规划。规划分为流域规划和区域规划。流域规划包括流域综合规划和流域专业规划;区域规划包括区域综合规划和区域专业规划。

前款所称综合规划,是指根据经济社会发展需要和水资源开发利用现状编制的开发、利用、节约、保护水资源和防治水害的总体部署。前款所称专业规划,是指防洪、治涝、灌溉、航运、供水、水力发电、竹木流放、渔业、水资源保护、水土保持、防沙治沙、节约用水等规划。

(4)《水法》第十五条规定:流域范围内的区域规划应当服从流域规划,专业规划应当服从综合规划。

(5)《水法》第十九条规定:建设水工程,必须符合流域综合规划。在国家确定的重要江河、湖泊和跨省、自治区、直辖市的江河、湖泊上建设水工程,其工程可行性研究报告报请批准前,有关流域管理机构应当对水工程的建设是否符合流域综合规划进行审查并签署意见;在其他江河、湖泊上建设水工程,其工程可行性研究报告报请批准前,县级以上地方人民政府水行政主管部门应当按照管理权限对水工程的建设是否符合流域综合规划进行审查并签署意见。水工程建设涉及防洪的,依照防洪法的有关规定执行;涉及其他地区和行业的,建设单位应当事先征求有关地区和部门的意见。

## 二、水资源的开发及修建永久性水工程的补救补偿措施的相关要求

(1)《水法》第二十条规定:开发、利用水资源,应当坚持兴利与除害相结合,兼顾上下游、左右岸和有关地区之间的利益,充分发挥水资源的综合效益,并服从防洪的总体安排。

(2)《水法》第二十一条规定:开发、利用水资源,应当首先满足城乡居民生活用水,并兼顾农业、工业、生态环境用水以及航运等需要。

在干旱和半干旱地区开发、利用水资源,应当充分考虑生态环境用水需要。

(3)《水法》第二十六条规定:国家鼓励开发、利用水能资源。在水能丰富的河流,应当有计划地进行多目标梯级开发。

建设水力发电站,应当保护生态环境,兼顾防洪、供水、灌溉、航运、竹木流放和渔业等方面的需要。

(4)《水法》第二十七条规定:国家鼓励开发、利用水运资源。在水生生物洄游通道、通航或者竹木流放的河流上修建永久性拦河闸坝,建设单位应当同时修建过鱼、过船、过木设施,或者经国务院授权的部门批准采取其他补救措施,并妥善安排施工和蓄水期间的水生生物保护、航运和竹木流放,所需费用由建设单位承担。

在不通航的河流或者人工水道上修建闸坝后可以通航的,闸坝建设单位应当同时修建过船设施或者预留过船设施位置。

(5)《水法》第二十九条规定:国家对水工程建设移民实行开发性移民的方针,按照前期补偿、补助与后期扶持相结合的原则,妥善安排移民的生产和生活,保护移民的合法权益。

移民安置应当与工程建设同步进行。建设单位应当根据安置地区的环境容量和可持续发展的原则,因地制宜,编制移民安置规划,经依法批准后,由有关地方人民政府组织实施。所需移民经费列入工程建设投资计划。

(6)《水法》第三十五条规定:从事工程建设,占用农业灌溉水源、灌排工程设施,或者对原有灌溉用水、供水水源有不利影响的,建设单位应当采取相应的补救措施;造成损失的,依法给予补偿。

## 三、对水资源及水工程实施保护的规定

(1)《水法》第三十条规定:县级以上人民政府水行政主管部门、流域管理机构以及其他有关部门在制定水资源开发、利用规划和调度水资源时,应当注意维持江河的合理流量和湖泊、水库以及地下水的合理水位,维护水体的自然净化能力。

(2)《水法》第三十一条规定:从事水资源开发、利用、节约、保护和防治水害等水事活动,应当遵守经批准的规划;因违反规划造成江河和湖泊水域使用功能降低、地下水超采、地面沉降、水体污染的,应当承担治理责任。

开采矿藏或者建设地下工程,因疏干排水导致地下水水位下降、水源枯竭或者地面塌陷,采矿单位或者建设单位应当采取补救措施;对他人生活和生产造成损失的,依法给予补偿。

(3)《水法》第三十四条规定:禁止在饮用水水源保护区内设置排污口。

在江河、湖泊新建、改建或者扩大排污口,应当经过有管辖权的水行政主管部门或者流域管理机构同意,由环境保护行政主管部门负责对该建设项目的环境影响报告书进行审批。

(4)《水法》第三十五条规定:从事工程建设,占用农业灌溉水源、灌排工程设施,或者对原有灌溉用水、供水水源有不利影响的,建设单位应当采取相应的补救措施;造成损失的,依法给予补偿。

(5)《水法》第三十八条规定:在河道管理范围内建设桥梁、码头和其他拦河、跨河、临河建筑物、构筑物,铺设跨河管道、电缆,应当符合国家规定的防洪标准和其他有关的技术要求,工程建设方案应当依照防洪法的有关规定报经有关水行政主管部门审查同意。

(6)《水法》第四十条规定:禁止围湖造地。已经围垦的,应当按照国家规定的防洪标准有计划地退地还湖。

禁止围垦河道。确需围垦的,应当经过科学论证,经省、自治区、直辖市人民政府水行政主管部门或者国务院水行政主管部门同意后,报本级人民政府批准。

(7)《水法》第四十一条规定:单位和个人有保护水工程的义务,不得侵占、毁坏堤防、护岸、防汛、水文监测、水文地质监测等工程设施。

(8)《水法》第四十二条规定:县级以上地方人民政府应当采取措施,保障本行政区域内水工程,特别是水坝和堤防的安全,限期消除险情。水行政主管部门应当加强对水工程安全的监督管理。

(9)《水法》第四十三条规定:国家对水工程实施保护。国家所有的水工程应当按照国务院的规定划定工程管理和保护范围。

国务院水行政主管部门或者流域管理机构管理的水工程,由主管部门或者流域管理机构商有关省、自治区、直辖市人民政府划定工程管理和保护范围。

前款规定以外的其他水工程,应当按照省、自治区、直辖市人民政府的规定,划定工程保护范围和保护职责。

在水工程保护范围内,禁止从事影响水工程运行和危害水工程安全的爆破、打井、采石、取土等活动。

## 任务二　《防洪法》与工程建设有关的规定

《中华人民共和国防洪法》(简称《防洪法》)于1997年8月29日经第八届全国人民代表大会常务委员会第二十七次会议通过,自1998年1月1日起实施。2009年8月27日和2015年4月24日分别进行了两次修正。《防洪法》共分为总则、防洪规划、治理与防护、防洪区和防洪工程设施的管理、防汛抗洪、保障措施、法律责任、附则等八章。

### 一、防洪规划方面及与建设有关的规定

(1)《防洪法》第二条规定:防洪工作实行全面规划、统筹兼顾、预防为主、综合治理、局部利益服从全局利益的原则。

(2)《防洪法》第四条规定:开发利用和保护水资源,应当服从防洪总体安排,实行兴利与除害相结合的原则。

江河、湖泊治理以及防洪工程设施建设,应当符合流域综合规划,与流域水资源的综合开发相结合。

(3)《防洪法》第五条规定：防洪工作按照流域或者区域实行统一规划、分级实施和流域管理与行政区域管理相结合的制度。

(4)《防洪法》第九条规定：防洪规划是指为防治某一流域、河段或者区域的洪涝灾害而制定的总体部署，包括国家确定的重要江河、湖泊的流域防洪规划，其他江河、河段、湖泊的防洪规划以及区域防洪规划。

防洪规划应当服从所在流域、区域的综合规划；区域防洪规划应当服从所在流域的流域防洪规划。

防洪规划是江河、湖泊治理和防洪工程设施建设的基本依据。

(5)《防洪法》第十七条规定：在江河、湖泊上建设防洪工程和其他水工程、水电站等，应当符合防洪规划的要求；水库应当按照防洪规划的要求留足防洪库容。

前款规定的防洪工程和其他水工程、水电站的可行性研究报告按照国家规定的基本建设程序报请批准时，应当附具有关水行政主管部门签署的符合防洪规划要求的规划同意书。

(6)《防洪法》第三十三条规定：在洪泛区、蓄滞洪区内建设非防洪建设项目，应当就洪水对建设项目可能产生的影响和建设项目对防洪可能产生的影响作出评价，编制洪水影响评价报告，提出防御措施。建设项目可行性研究报告按照国家规定的基本建设程序报请批准时，应当附具有关水行政主管部门审查批准的洪水影响评价报告。

在蓄滞洪区内建设的油田、铁路、公路、矿山、电厂、电信设施和管道，其洪水影响评价报告应当包括建设单位自行安排的防洪避洪方案。建设项目投入生产或者使用时，其防洪工程设施应当经水行政主管部门验收。

在蓄滞洪区内建造房屋应当采用平顶式结构。

## 二、在河道、湖泊上建设工程设施的防洪要求

(1)《防洪法》第十九条规定：整治河道和修建控制引导河水流向、保护堤岸等工程，应当兼顾上下游、左右岸的关系，按照规划治导线实施，不得任意改变河水流向。

(2)《防洪法》第二十条规定：整治河道、湖泊，涉及航道的，应当兼顾航运需要，并事先征求交通主管部门的意见。整治航道，应当符合江河、湖泊防洪安全要求，并事先征求水行政主管部门的意见。

(3)《防洪法》第二十二条规定：河道、湖泊管理范围内的土地和岸线的利用，应当符合行洪、输水的要求。

禁止在河道、湖泊管理范围内建设妨碍行洪的建筑物、构筑物，倾倒垃圾、渣土，从事影响河势稳定、危害河岸堤防安全和其他妨碍河道行洪的活动。

(4)《防洪法》第二十三条规定：禁止围湖造地。已经围垦的，应当按照国家规定的防洪标准进行治理，有计划地退地还湖。

禁止围垦河道。确需围垦的，应当进行科学论证，经水行政主管部门确认不妨碍行洪、输水后，报省级以上人民政府批准。

(5)《防洪法》第二十七条规定：建设跨河、穿河、穿堤、临河的桥梁、码头、道路、渡口、管道、缆线、取水、排水等工程设施，应当符合防洪标准、岸线规划、航运要求和其他技术要求，不得危害堤防安全，影响河势稳定、妨碍行洪畅通；其可行性研究报告按照国家规定的

基本建设程序报请批准前，其中的工程建设方案应当经有关水行政主管部门根据前述防洪要求审查同意。

(6)《防洪法》第三十五条规定：属于国家所有的防洪工程设施，应当按照经批准的设计，在竣工验收前由县级以上人民政府按照国家规定，划定管理和保护范围。

属于集体所有的防洪工程设施，应当按照省、自治区、直辖市人民政府的规定，划定保护范围。

在防洪工程设施保护范围内，禁止进行爆破、打井、采石、取土等危害防洪工程设施安全的活动。

(7)《防洪法》第三十六条规定：各级人民政府应当组织有关部门加强对水库大坝的定期检查和监督管理。对未达到设计洪水标准、抗震设防要求或者有严重质量缺陷的险坝，大坝主管部门应当组织有关单位采取除险加固措施，限期消除危险或者重建，有关人民政府应当优先安排所需资金。对可能出现垮坝的水库，应当事先制定应急抢险和居民临时撤离方案。

(8)《防洪法》第三十七条规定：任何单位和个人不得破坏、侵占、毁损水库大坝、堤防、水闸、护岸、抽水站、排水渠系等防洪工程和水文、通信设施以及防汛备用的器材、物料等。

## 三、防汛抗洪方面的紧急措施

(1)《防洪法》第三十八条规定：防汛抗洪工作实行各级人民政府行政首长负责制，统一指挥、分级分部门负责。

(2)《防洪法》第三十九条规定：国务院设立国家防汛指挥机构，负责领导、组织全国的防汛抗洪工作，其办事机构设在国务院水行政主管部门。

在国家确定的重要江河、湖泊可以设立由有关省、自治区、直辖市人民政府和该江河、湖泊的流域管理机构负责人等组成的防汛指挥机构，指挥所管辖范围内的防汛抗洪工作，其办事机构设在流域管理机构。

有防汛抗洪任务的县级以上地方人民政府设立由有关部门、当地驻军、人民武装部负责人等组成的防汛指挥机构，在上级防汛指挥机构和本级人民政府的领导下，指挥本地区的防汛抗洪工作，其办事机构设在同级水行政主管部门；必要时，经城市人民政府决定，防汛指挥机构也可以在建设行政主管部门设城市市区办事机构，在防汛指挥机构的统一领导下，负责城市市区的防汛抗洪日常工作。

(3)《防洪法》第四十二条规定：对河道、湖泊范围内阻碍行洪的障碍物，按照谁设障、谁清除的原则，由防汛指挥机构责令限期清除；逾期不清除的，由防汛指挥机构组织强行清除，所需费用由设障者承担。

在紧急防汛期，国家防汛指挥机构或者其授权的流域、省、自治区、直辖市防汛指挥机构有权对壅水、阻水严重的桥梁、引道、码头和其他跨河工程设施作出紧急处置。

(4)《防洪法》第四十三条规定：在汛期，气象、水文、海洋等有关部门应当按照各自的职责，及时向有关防汛指挥机构提供天气、水文等实时信息和风暴潮预报；电信部门应当优先提供防汛抗洪通信的服务；运输、电力、物资材料供应等有关部门应当优先为防汛抗洪服务。

(5)《防洪法》第四十四条规定:在汛期,水库、闸坝和其他水工程设施的运用,必须服从有关的防汛指挥机构的调度指挥和监督。

(6)《防洪法》第四十五条规定:在紧急防汛期,防汛指挥机构根据防汛抗洪的需要,有权在其管辖范围内调用物资、设备、交通运输工具和人力,决定采取取土占地、砍伐林木、清除阻水障碍物和其他必要的紧急措施;必要时,公安、交通等有关部门按照防汛指挥机构的决定,依法实施陆地和水面交通管制。

## 任务三 《水土保持法》与工程建设有关的规定

《中华人民共和国水土保持法》(简称《水土保持法》)由中华人民共和国第十一届全国人民代表大会常务委员会第十八次会议于2010年12月25日修订通过,自2011年3月1日起施行。该法共分为总则、规划、预防、治理、监测和监督、法律责任、附则等七章。

### 一、水土保持规划的编制及水土保持工作的管理和监督

(1)《水土保持法》第二条规定:本法所称水土保持,是指对自然因素和人为活动造成水土流失所采取的预防和治理措施。

(2)《水土保持法》第三条规定:水土保持工作实行预防为主、保护优先、全面规划、综合治理、因地制宜、突出重点、科学管理、注重效益的方针。

(3)《水土保持法》第五条规定:国务院水行政主管部门在国家确定的重要江河、湖泊设立的流域管理机构(以下简称流域管理机构),在所管辖范围内依法承担水土保持监督管理职责。

县级以上地方人民政府水行政主管部门主管本行政区域的水土保持工作。

县级以上人民政府林业、农业、国土资源等有关部门按照各自职责,做好有关的水土流失预防和治理工作。

(4)《水土保持法》第八条规定:任何单位和个人都有保护水土资源、预防和治理水土流失的义务,并有权对破坏水土资源、造成水土流失的行为进行举报。

(5)《水土保持法》第四十条规定:县级以上人民政府水行政主管部门应当加强水土保持监测工作,发挥水土保持监测工作在政府决策、经济社会发展和社会公众服务中的作用。县级以上人民政府应当保障水土保持监测工作经费。

国务院水行政主管部门应当完善全国水土保持监测网络,对全国水土流失进行动态监测。

(6)《水土保持法》第四十三条规定:县级以上人民政府水行政主管部门负责对水土保持情况进行监督检查。流域管理机构在其管辖范围内可以行使国务院水行政主管部门的监督检查职权。

### 二、修建工程设施的水土保持预防规定

(1)《水土保持法》第十七条规定:地方各级人民政府应当加强对取土、挖砂、采石等活动的管理,预防和减轻水土流失。

禁止在崩塌、滑坡危险区和泥石流易发区从事取土、挖砂、采石等可能造成水土流失的活动。崩塌、滑坡危险区和泥石流易发区的范围，由县级以上地方人民政府划定并公告。崩塌、滑坡危险区和泥石流易发区的划定，应当与地质灾害防治规划确定的地质灾害易发区、重点防治区相衔接。

(2)《水土保持法》第二十条规定：禁止在二十五度以上陡坡地开垦种植农作物。在二十五度以上陡坡地种植经济林的，应当科学选择树种，合理确定规模，采取水土保持措施，防止造成水土流失。

省、自治区、直辖市根据本行政区域的实际情况，可以规定小于二十五度的禁止开垦坡度。禁止开垦的陡坡地的范围由当地县级人民政府划定并公告。

(3)《水土保持法》第二十五条规定：在山区、丘陵区、风沙区以及水土保持规划确定的容易发生水土流失的其他区域开办可能造成水土流失的生产建设项目，生产建设单位应当编制水土保持方案，报县级以上人民政府水行政主管部门审批，并按照经批准的水土保持方案，采取水土流失预防和治理措施。没有能力编制水土保持方案的，应当委托具备相应技术条件的机构编制。

水土保持方案应当包括水土流失预防和治理的范围、目标、措施和投资等内容。

水土保持方案经批准后，生产建设项目的地点、规模发生重大变化的，应当补充或者修改水土保持方案并报原审批机关批准。水土保持方案实施过程中，水土保持措施需要作出重大变更的，应当经原审批机关批准。

(4)《水土保持法》第三十八条规定：生产建设活动所占用土地的地表土应当进行分层剥离、保存和利用，做到土石方挖填平衡，减少地表扰动范围；对废弃的砂、石、土、矸石、尾矿、废渣等存放地，应当采取拦挡、坡面防护、防洪排导等措施。生产建设活动结束后，应当及时在取土场、开挖面和存放地的裸露土地上植树种草、恢复植被，对闭库的尾矿库进行复垦。

在干旱缺水地区从事生产建设活动，应当采取防止风力侵蚀措施，设置降水蓄渗设施，充分利用降水资源。

## 任务四　《水污染防治法》与工程建设有关的规定

新修改的《中华人民共和国水污染防治法》(简称《水污染防治法》)已由中华人民共和国第十届全国人民代表大会常务委员会第三十二次会议于 2008 年 2 月 28 日修订通过，自 2008 年 6 月 1 日起施行。该法共分为总则、水污染防治的标准和规划、水污染防治的监督管理、水污染防治措施、饮用水水源和其他特殊水体保护、水污染事故处置、法律责任、附则等八章。

### 一、水污染防治的原则及水污染防治工作的规划与管理

(1)《水污染防治法》第三条规定：水污染防治应当坚持预防为主、防治结合、综合治理的原则，优先保护饮用水水源，严格控制工业污染、城镇生活污染，防治农业面源污染，积极推进生态治理工程建设，预防、控制和减少水环境污染和生态破坏。

(2)《水污染防治法》第五条规定:国家实行水环境保护目标责任制和考核评价制度,将水环境保护目标完成情况作为对地方人民政府及其负责人考核评价的内容。

(3)《水污染防治法》第八条规定:县级以上人民政府环境保护主管部门对水污染防治实施统一监督管理。

交通主管部门的海事管理机构对船舶污染水域的防治实施监督管理。

县级以上人民政府水行政、国土资源、卫生、建设、农业、渔业等部门以及重要江河、湖泊的流域水资源保护机构,在各自的职责范围内,对有关水污染防治实施监督管理。

(4)《水污染防治法》第十五条规定:防治水污染应当按流域或者按区域进行统一规划。国家确定的重要江河、湖泊的流域水污染防治规划,由国务院环境保护主管部门会同国务院经济综合宏观调控、水行政等部门和有关省、自治区、直辖市人民政府编制,报国务院批准。

前款规定外的其他跨省、自治区、直辖市江河、湖泊的流域水污染防治规划,根据国家确定的重要江河、湖泊的流域水污染防治规划和本地实际情况,由有关省、自治区、直辖市人民政府环境保护主管部门会同同级水行政等部门和有关市、县人民政府编制,经有关省、自治区、直辖市人民政府审核,报国务院批准。

省、自治区、直辖市内跨县江河、湖泊的流域水污染防治规划,根据国家确定的重要江河、湖泊的流域水污染防治规划和本地实际情况,由省、自治区、直辖市人民政府环境保护主管部门会同同级水行政等部门编制,报省、自治区、直辖市人民政府批准,并报国务院备案。

经批准的水污染防治规划是防治水污染的基本依据,规划的修订须经原批准机关批准。

县级以上地方人民政府应当根据依法批准的江河、湖泊的流域水污染防治规划,组织制定本行政区域的水污染防治规划。

## 二、水污染防治与工程建设相关内容的规定

(1)《水污染防治法》第十七条规定:新建、改建、扩建直接或者间接向水体排放污染物的建设项目和其他水上设施,应当依法进行环境影响评价。

建设单位在江河、湖泊新建、改建、扩建排污口的,应当取得水行政主管部门或者流域管理机构同意;涉及通航、渔业水域的,环境保护主管部门在审批环境影响评价文件时,应当征求交通、渔业主管部门的意见。

建设项目的水污染防治设施,应当与主体工程同时设计、同时施工、同时投入使用。水污染防治设施应当经过环境保护主管部门验收,验收不合格的,该建设项目不得投入生产或者使用。

(2)《水污染防治法》第二十条规定:国家实行排污许可制度。

直接或者间接向水体排放工业废水和医疗污水以及其他按照规定应当取得排污许可证方可排放的废水、污水的企业事业单位,应当取得排污许可证;城镇污水集中处理设施的运营单位,也应当取得排污许可证。排污许可的具体办法和实施步骤由国务院规定。

禁止企业事业单位无排污许可证或者违反排污许可证的规定向水体排放前款规定的废水、污水。

(3)《水污染防治法》第二十三条规定:重点排污单位应当安装水污染物排放自动监

测设备，与环境保护主管部门的监控设备联网，并保证监测设备正常运行。排放工业废水的企业，应当对其所排放的工业废水进行监测，并保存原始监测记录。具体办法由国务院环境保护主管部门规定。

应当安装水污染物排放自动监测设备的重点排污单位名录，由设区的市级以上地方人民政府环境保护主管部门根据本行政区域的环境容量、重点水污染物排放总量控制指标的要求以及排污单位排放水污染物的种类、数量和浓度等因素，商同级有关部门确定。

(4)《水污染防治法》第二十四条规定：直接向水体排放污染物的企业事业单位和个体工商户，应当按照排放水污染物的种类、数量和排污费征收标准缴纳排污费。

排污费应当用于污染的防治，不得挪作他用。

## 任务五 《土地管理法》的主要规定

《中华人民共和国土地管理法》(简称《土地管理法》)于1986年6月25日第六届全国人民代表大会常务委员会第十六次会议通过，1998年8月进行了第一次修正，2004年8月进行了第二次修正。该法共八章，分别从土地的所有权和使用权、总体规划、耕地保护、建设用地、监督检查、法律责任等六个方面作出规定。

### 一、土地的所有权和使用权

(1)《土地管理法》第二条规定：中华人民共和国实行土地的社会主义公有制，即全民所有制和劳动群众集体所有制。

任何单位和个人不得侵占、买卖或者以其他形式非法转让土地。土地使用权可以依法转让。

(2)《土地管理法》第四条规定：国家实行土地用途管制制度。

国家编制土地利用总体规划，规定土地用途，将土地分为农用地、建设用地和未利用地。

使用土地的单位和个人必须严格按照土地利用总体规划确定的用途使用土地。

(3)《土地管理法》第八条规定：城市市区的土地属于国家所有。

农村和城市郊区的土地，除由法律规定属于国家所有的以外，属于农民集体所有；宅基地和自留地、自留山，属于农民集体所有。

(4)《土地管理法》第十二条规定：依法改变土地权属和用途的，应当办理土地变更登记手续。

(5)《土地管理法》第十五条规定：国有土地可以由单位或者个人承包经营，从事种植业、林业、畜牧业、渔业生产。农民集体所有的土地，可以由本集体经济组织以外的单位或者个人承包经营，从事种植业、林业、畜牧业、渔业生产。发包方和承包方应当订立承包合同，约定双方的权利和义务。

### 二、总体规划

(1)《土地管理法》第十七条规定：各级人民政府应当依据国民经济和社会发展规划、国土整治和资源环境保护的要求、土地供给能力以及各项建设对土地的需求，组织编制土地利用总体规划。

(2)《土地管理法》第十八条规定：下级土地利用总体规划应当依据上一级土地利用总体规划编制。

(3)《土地管理法》第二十一条规定：土地利用总体规划一经批准，必须严格执行。

(4)《土地管理法》第二十六条规定：经批准的土地利用总体规划的修改，须经原批准机关批准；未经批准，不得改变土地利用总体规划确定的土地用途。

## 三、耕地保护

(1)《土地管理法》第三十一条规定：国家保护耕地，严格控制耕地转为非耕地。

国家实行占用耕地补偿制度。非农业建设经批准占用耕地的，按照“占多少，垦多少”的原则，由占用耕地的单位负责开垦与所占用耕地的数量和质量相当的耕地；没有条件开垦或者开垦的耕地不符合要求的，应当按照省、自治区、直辖市的规定缴纳耕地开垦费，专款用于开垦新的耕地。

(2)《土地管理法》第三十三条规定：个别省、直辖市确因土地后备资源匮乏，新增建设用地后，新开垦耕地的数量不足以补偿所占用耕地的数量的，必须报经国务院批准减免本行政区域内开垦耕地的数量，进行易地开垦。

(3)《土地管理法》第三十四条规定：国家实行基本农田保护制度。

各省、自治区、直辖市划定的基本农田应当占本行政区域内耕地的百分之八十以上。

基本农田保护区以乡(镇)为单位进行划区定界，由县级人民政府土地行政主管部门会同同级农业行政主管部门组织实施。

(4)《土地管理法》第三十六条规定：非农业建设必须节约使用土地，可以利用荒地的，不得占用耕地；可以利用劣地的，不得占用好地。

禁止占用耕地建窑、建坟或者擅自在耕地上建房、挖砂、采石、采矿、取土等。

禁止占用基本农田发展林果业和挖塘养鱼。

(5)《土地管理法》第三十九条规定：开垦未利用的土地，必须经过科学论证和评估，在土地利用总体规划划定的可开垦的区域内，经依法批准后进行。禁止毁坏森林、草原开垦耕地，禁止围湖造田和侵占江河滩地。

## 四、建设用地

(1)《土地管理法》第四十三条规定：任何单位和个人进行建设，需要使用土地的，必须依法申请使用国有土地。

前款所依法申请使用的国有土地包括国家所有的土地和国家征收的原属于农民集体所有的土地。但是，兴办乡镇企业和村民建设住宅经依法批准使用本集体经济组织农民集体所有的土地的，或者乡(镇)村公共设施和公益事业建设经依法批准使用农民集体所有的土地的除外。

(2)《土地管理法》第四十四条规定：建设占用土地，涉及农用地转为建设用地的，应当办理农用地转用审批手续。

(3)《土地管理法》第四十五条规定：征收下列土地的，由国务院批准：

（一）基本农田；

（二）基本农田以外的耕地超过三十五公顷的；

（三）其他土地超过七十公顷的。

(4)《土地管理法》第五十四条规定：建设单位使用国有土地，应当以出让等有偿使用方式取得，但是，下列建设用地，经县级以上人民政府依法批准，可以以划拨方式取得：

（一）国家机关用地和军事用地；

（二）城市基础设施用地和公益事业用地；

（三）国家重点扶持的能源、交通、水利等基础设施用地；

（四）法律、行政法规规定的其他用地。

(5)《土地管理法》第五十五条规定：以出让等有偿使用方式取得国有土地使用权的建设单位，按照国务院规定的标准和办法，缴纳土地使用权出让金等土地有偿使用费和其他费用后，方可使用土地。

(6)《土地管理法》第五十七条规定：建设项目施工和地质勘查需要临时使用国有土地或者农民集体所有的土地的，由县级以上人民政府土地行政主管部门批准。其中，在城市规划区内的临时用地，在报批前，应当先经有关城市规划行政主管部门同意。土地使用者应当根据土地权属，与有关土地行政主管部门或农村集体经济组织、村民委员会签订临时使用土地合同，并按照合同的约定支付临时使用土地补偿费。

临时使用土地期限一般不超过二年。

### 五、监督检查

(1)《土地管理法》第六十六条规定：县级以上人民政府土地行政主管部门对违反土地管理法律、法规的行为进行监督检查。

(2)《土地管理法》第六十七条规定：县级以上人民政府土地行政主管部门履行监督检查职责时，有权采取下列措施：

（一）要求被检查的单位或者个人提供有关土地权利的文件和资料，进行查阅或者予以复制；

（二）要求被检查的单位或者个人就有关土地权利的问题作出说明；

（三）进入被检查单位或者个人非法占用的土地现场进行勘测；

（四）责令非法占用土地的单位或者个人停止违反土地管理法律、法规的行为。

(3)《土地管理法》第六十九条规定：有关单位和个人对县级以上人民政府土地行政主管部门就土地违法行为进行的监督检查应当支持与配合，并提供工作方便，不得拒绝与阻碍土地管理监督检查人员依法执行职务。

## 任务六　《大中型水利水电工程建设征地补偿和移民安置条例》的主要规定

《大中型水利水电工程建设征地补偿和移民安置条例》（简称《条例》）于 1991 年 2 月 15 日颁布实施，2006 年进行了修改并于同年 9 月 1 日重新颁布了修改之后新的《条例》。

全文共八章六十三条，分别从移民安置规划、征地补偿、移民安置、后期扶持、监督管理、法律责任等六个方面作了明确的规定。

## 一、在移民安置规划方面所作的规定

《条例》规定：项目法人必须编制移民安置规划大纲并根据已批准的大纲编制移民安置规划，没有成立项目法人的由项目主管部门牵头编写。移民安置规划大纲的主要内容是：移民安置的任务、去向、标准和农村移民生产安置方式以及移民生活水平评价和搬迁后生活水平预测、水库移民后期扶持政策、淹没线以上受影响范围的划定原则、移民安置规划编制原则等内容。《条例》明确了编制规划的基本原则是，应当以资源环境承载能力为基础，遵循本地安置与异地安置、集中安置与分散安置、政府安置与移民自找门路安置相结合的原则。《条例》强调了安置规划的严肃性，即经批准的移民安置规划应当严格执行，不得随意调整或者修改；确需调整或者修改的，应当依照《条例》的规定重新报批。未编制移民安置规划或者移民安置规划未经审核的大中型水利水电工程建设项目，有关部门不得批准或者核准其建设，不得为其办理用地等有关手续。

## 二、对移民补偿补助问题所作的规定

### （一）明确了征收耕地的补偿补助标准

《条例》规定：大中型水利水电工程建设征收耕地的，土地补偿费和安置补助费之和为该耕地被征收前三年平均年产值的16倍；仍不能使移民保持原有生活水平的，经项目审批或者核准部门同意，可以进一步提高标准。

对于征收耕地以外其他土地的补偿补助标准以及被征收土地上的零星树木、青苗等补偿标准，《条例》授权按照工程所在省、自治区、直辖市规定的标准执行。

### （二）明确了对移民财产的补偿补助范围

《条例》规定：被征收土地上的附着建筑物按照其原规模、原标准或者恢复原功能的原则补偿；移民远迁后，在水库周边淹没线以上属于移民个人所有的零星树木、房屋等，也纳入了补偿范围；对于补偿费用不足以修建基本用房的贫困移民，还要给予适当补助。

### （三）落实补偿补助资金来源，规范补偿补助资金的发放制度

《条例》规定：为了确保补偿补助制度落到实处，征地补偿和移民安置资金要列入工程概算；搬迁费以及移民个人房屋和附属建筑物、个人所有的零星树木、青苗、农副业设施等个人财产补偿费，由移民区县级人民政府直接全额兑付给移民；土地补偿费、安置补助费，由安置区县级人民政府与承担安置任务的村民委员会等签订协议，按照妥善安排移民生产生活的原则，落实资金的发放。

## 三、对移民安置问题所作的规定

### （一）规范移民安置规划的编制程序，强化移民安置规划的法律地位

《条例》规定：建设大中型水利水电工程必须编制移民安置规划，并对编制规划的指导思想、应当遵循的基本原则和程序等作了详细规定。移民安置达到阶段性目标和移民安置工作完毕后，省级人民政府或者国务院移民管理机构应当组织有关单位进行验收，未

经验收或者验收不合格的,不得对工程进行阶段性验收和竣工验收。

**(二)规范移民安置资金的支付程序**

项目法人应当与移民区和移民安置区所在的省级人民政府或者市、县人民政府签订移民安置协议;签订协议的省级、地市级人民政府还可以与下一级人民政府签订移民安置协议,明确各自权责关系。项目法人将资金支付给与其签订协议的地方人民政府,由安置区人民政府统一用于安排移民生产生活。

**(三)明确移民安置形式,加强安置资金的使用管理**

《条例》规定:农村移民在本县通过新开发土地或者调剂土地集中安置的,县级人民政府应当将土地补偿费、安置补助费和集体财产补偿费直接全额兑付给该村集体经济组织或者村民委员会;农村移民分散安置到本县其他村的,应当由移民安置村与县级人民政府签订协议,按照协议兑付土地补偿费、安置补助费;农村移民在本省跨县或者跨省安置的,项目法人或者移民区地方人民政府应当及时将资金交给移民安置区地方人民政府,由安置区人民政府统筹安排移民的生产和生活;移民自愿投亲靠友的,应将土地补偿费、安置补助费交给接收地县级人民政府,统筹安排移民的生产和生活。

## 四、对移民后期扶持问题所作的规定

对于大中型水利水电工程来说,需要安置的移民数量往往比较多而移民的安置资源却往往有限,要实现移民生活逐步达到当地农村平均水平的目标,国家必须要拿出切实可行的移民后期扶持政策。为此,新《条例》在第五章后期扶持中从第三十八至第四十六条共9条作了以下几方面的规定。

**(一)建立后期扶持规划制度**

移民安置区县级以上地方人民政府应当编制水库移民后期扶持规划,报上一级人民政府或者其移民管理机构批准后实施;经批准的水库移民后期扶持规划是后期扶持工作的基本依据,应当严格执行;未编制水库移民后期扶持规划或者水库移民后期扶持规划未经批准,有关单位不得拨付水库移民后期扶持资金。

**(二)明确后期扶持的对象**

后期扶持主要针对大中型水库农村移民。

**(三)明确了扶持规划的具体内容**

水库移民后期扶持规划应当包括后期扶持的范围、期限、具体措施和预期达到的目标等内容。

**(四)规范后期扶持具体形式**

后期扶持资金能够直接发放给移民个人的,应当尽量发放给移民个人,用于移民生产生活补助;也可以实行项目扶持;还可以采取两者相结合的方式。此外,各级人民政府在交通、能源、水利、教育等基础设施建设方面,应当对移民安置区予以照顾,国家在移民安置区和工程受益地区兴办的生产建设项目,应当优先吸收移民就业。

# 参考文献


[1] 李前杰,龙建明.水电站[M].郑州:黄河水利出版社,2011.

[2] 郭雪莽.水电站[EB/OL].(2015-06-18)http://www.icve.com.cn/portal/courseinfo?courseid=r2reabkkmabftcbsn-1kdlw.

[3] 郑源,鞠小明,程云山.水轮机[M].北京:中国水利水电出版社,2007.

[4] 左光壁.水轮机[M].北京:中国水利水电出版社,1995.

[5] 侯才水,胡天舒.水电站[M].北京:中国水利水电出版社,2005.

[6] 金钟元,伏仪淑.水轮机[M].北京:中国水利水电出版社,1994.

[7] 韩菊红,温新丽,马跃先.水电站[M].郑州:黄河水利出版社,2003.

[8] 袁俊森.水电站[M].郑州:黄河水利出版社,2002.

[9] 吕宏兴,裴国霞,杨玲霞.水力学[M].北京:中国农业出版社,2002.

[10] 陆德民,张叔峰.水电站[M].北京:中国水利水电出版社,1993.

[11] 王恩润.小水电站[M].北京:水利电力出版社,1990.

[12] 马善定,汪如泽.水电站建筑物[M].北京:水利电力出版社,1996.

[13] 湖北省水利勘测设计院.小型水电站机电设计手册[M].北京:水利电力出版社,1985.